山西大同大学出版基金资助

基于PH分布的多状态可修系统建模及可靠性分析

温艳清 著

MODELING and Reliability Analysis of Multistate Repairable Systems Based on PH Distribution

中国财经出版传媒集团
经济科学出版社
Economic Science Press
·北京·

图书在版编目（CIP）数据

基于PH分布的多状态可修系统建模及可靠性分析/温艳清著. --北京：经济科学出版社，2023.5
ISBN 978-7-5218-4760-4

Ⅰ.①基… Ⅱ.①温… Ⅲ.①可靠性-系统建模②可靠性-系统分析 Ⅳ.①TB114.3

中国国家版本馆CIP数据核字（2023）第081319号

责任编辑：宋艳波
责任校对：靳玉环
责任印制：邱 天

基于PH分布的多状态可修系统建模及可靠性分析
温艳清 著
经济科学出版社出版、发行 新华书店经销
社址：北京市海淀区阜成路甲28号 邮编：100142
总编部电话：010-88191217 发行部电话：010-88191522
网址：www.esp.com.cn
电子邮箱：esp@esp.com.cn
天猫网店：经济科学出版社旗舰店
网址：http://jjkxcbs.tmall.com
固安华明印业有限公司印装
710×1000 16开 11印张 170000字
2023年5月第1版 2023年5月第1次印刷
ISBN 978-7-5218-4760-4 定价：68.00元
（图书出现印装问题，本社负责调换。电话：010-88191545）

前 言

多状态系统是可靠性理论研究中的热点问题之一，由于它克服了以往的二值状态系统只存在工作和故障两个状态的局限性，且更能准确刻画由不同运行水平和不同故障模式的多状态部件组成的系统。因此多状态系统在机械工程、计算机和网络工程、电力系统、航空系统、供给系统等领域得到了广泛的应用。以往文献在对多状态系统的研究中通常假定组成系统部件的寿命、故障部件的维修时间服从指数分布，或者是指数分布的扩展，如爱尔朗分布（Erlang distribution）、威布尔分布（Weibulll distribution）、伽玛分布（Gamma distribution）等；同时系统中没有故障部件时，修理工就处于闲置状态，这使研究结果的应用范围比较狭隘。事实上，寿命服从指数分布的部件失效率是常数，忽视了部件由于使用而使寿命递减的累积效应，且闲置的修理工造成了人力资源的极大浪费。即以往文献对多状态系统的研究存在如下三方面的局限：（1）系统中所涉及的随机时间分布不具有一般性；（2）修理工的休假策略太过于简单，不能把修理工这个人力资源充分利用起来；（3）备件冗余策略过于简单。为了克服以上三方面的局限性，本书构建基于位相型（phase – type，PH）分布的修理工休假状态聚合可修系统模型。

本书以修理工的休假策略、随机时间分布用 PH 分布及连续事件发生的相依性用马尔可夫到达过程（Markovian arrival process，MAP）为基础，构建基于 PH 分布的修理工休假状态聚合可修系统模型，运用聚合随机过程理论、矩阵论方法及 Kronecker 算子理论对系统进行了可靠性评估，全书共 10 章：第 1 章介绍 PH 分布和多状态系统的研究背景；第 2 章给出本书中用到的一些基础理论；第3章分别建立了连续时间和离散时间情形下修理工多重休假的两部件冷贮备多状态可修系统模型；第4章建立了连续时间情形下修理工多重休假和休假中止的两部件冷贮备多状态可修系统模型；第5章建立了连续时间情形下修理工多重休假的δ冲击多部件温贮备多状态可修系统模型；第6章建立了连续时间情形下修理工多重休假和维修N策略的多部件温贮备多状态可修系统模型；第7章对混合冲击模式下多状态系统可靠性评估和维修替换策略进行了研究；第8章建立了K－混合冗余策略情形下多状态可修系统模型；第9章建立了G－混合冗余策略情形下四部件多状态可修系统模型；第10章给出了一个工程实例应用。

本书对上述建立的基于PH分布的修理工休假的多状态可修系统模型进行了可靠性分析，运用矩阵表示的方法分别推导出了系统在瞬态和稳态情形下的一些可靠性指标，并结合数值算例验证了模型的有效性。因为任何一个非负随机变量都可以用一个PH分布逼近到任意的精度，且PH分布的矩阵表示便于计算机求解，所以本研究不但有重要的理论意义而且有丰富的工程应用价值，所得结论不仅可以推动修理工休假的多状态系统模型和随机过程的发展，还可以对提高复杂设备的可靠性建模及评估、可靠性优化设计及维修和保修管理等提供决策指导。

本书是在笔者主持的山西省高等学校科技创新项目和山西大同大学博士科研启动基金项目资助下完成的。限于笔者水平，疏漏和不足之处仍在所难免，真诚欢迎读者批评指正。

温艳清

2022年12月

目 录

CONTENTS

第 1 章

PH 分布与多状态系统

近年来，复杂系统以复杂的组件交互、越来越多的组件以及组件和子系统之间的共享功能向设计人员提出了挑战，且变得越来越昂贵，为了满足客户的需求，这些系统的复杂性不断增加，并带来了新的创新工程解决方案。例如，复杂系统包括车辆、飞机、机器人以及由机械、电气、热力、流体和控制等多个领域组成的工业系统。因此，对于这些复杂系统，如果没有合理的建模策略，将会发生难以估计的故障影响。在设计复杂系统时，设计者必须考虑如下几个因素：开发时间、成本、可靠性、安全性、寿命、可持续性等。虽然这些指标对系统的成功都至关重要，但可靠性是成功的基石。系统故障代价高昂，最终可能决定一个给定系统的成功程度。现有的工程设计方法中，产品早期失效期是不可避免的。

设计工程师的一个目标是将可靠性和故障分析作为一个“从摇篮到坟墓”的过程，允许结果影响整个系统设计或开发过程中的决策。虽然有很多这样的方法，但我们仍然缺乏适用于早期设计阶段的方法。早期的设计方法可以提供一些优点，包括降低设计和分析费用、对设计将有较大影响地增加决策的自由度，以及将方法应用于更多设计方案的潜力。然而，目前的局限性包括缺乏可用的历史数据或设计行为，以及解释决策对最终设计影响的能力。

在工程系统中，为了满足其安全和可靠性的要求，通常采用冗余设计的方法，尤其是那些如航空航天、发电、飞行控制和计算等对可靠性要求特别高的关键任务系统。贮备冗余是工程上广泛使用的冗余技术之一，贮备冗余是一个或者几个在线部件工作，冗余部件作为贮备部件备用。当在线工作的部件发生故障，贮备部件替代故障部件开始工作。根据贮备部件在替换在线工作部件前的故障特征，贮备部件一般可分为热贮备、温贮备和冷贮备。热贮备部件和在线工作部件一样同时开始工作，并且在任意时刻都可以替代在线工作部件。在这种情形下，热贮备部件和在线工作部件不仅具有相同的失效率，而且具有相同的负载。冷贮备部件不通电且没有任何负载，具有零失效率；而温贮备部件的负载低于在线工作部件，它的失效率也是介于热贮备部件和冷贮备部件之间，即失效率小于在线工作部件。显然，热贮备和冷贮备是温贮备的特殊情况（谢千跃等，2012）。

贮备冗余虽然能提高系统的可靠性，但现代产品要求其具备小型化、微型化的特点，给产品设计者带来新的挑战，而且随着产品部件数的增加，系统的状态数将急剧增大，同时需要一定数量的维修人员对系统进行维修保养。在这种情况下，如何对工程实际中的多状态复杂系统进行建模及可靠性评估、如何合理地给系统配备维修保养人员以及如何降低企业的生产费用是可靠性工程实践人员面临的一个挑战。

可靠性这门学科在过去60多年的研究中取得了很大的成就，但仍然有一些问题亟待解决。模型与实际有一定差距，覆盖面小、修理工休假策略简单、离散时间情形的休假冗余系统研究甚少、可靠性指标大多是传统的且种类偏少，不能满足实际需要。本书拟从工程实际出发，围绕休假冗余系统的可靠性展开研究，拟从两方面入手对休假冗余系统模型的假设进行扩展，一方面假定部件寿命、维修时间等服从位相型（phase-type，PH）分布，可以大大提高模型的适应能力，且PH分布的各位相很适合描述部件的维修和退化过程；另一方面假定部件故障发生的随机过程、故障部件修复的随机过程及修理工休假结束的随机过程用 MAP 描述，而不再是以往冗余系统建模所使用的 Poisson 过程、几何过程或者更新过程，这样“事件”发生的时间间隔就存在相依性，不再是以往的相互独立情形。PH 分布和 MAP 的“位相”比较大时，借助离子通道建模理论和聚合随机过程理论，对多状态冗余系统进行状态空间压缩，对休假冗余系统可靠性模型的求解、可靠性评估指标的计算带来很大的方便。

1.1 PH 分布在可靠性建模中的应用

（1）连续 PH 分布在可靠性建模中的应用

以往学者们在研究可修系统的可靠性时，借助于指数分布无记忆性的良好性质，常常假定所涉及的随机分布是指数分布、伽玛分布（Gamma distribution）、威布尔分布（Weibulll distribution）、爱尔朗分布（Erlang distribution）等，导致研究结果的应用范围比较狭隘。指数分布的失效率是常数，具有无记忆性，部件不会由于使用而寿命递减。虽然指数分布能把系统模型的分析过程大大简化，但是指数分布并不能刻画机械设备的整体寿命，所以在一些工程实际中使用它并不恰当。为了克服指数分布的局限性，纽斯（Neuts）在 1975 年首次提出了位相型分布（PH 分布），随后在 1981 年纽斯详细讨论了 PH 分布的有关性质以及它在排队论中的应用。PH 分布具有如下特点：①任意一个非负连续随机变量都可以用 PH 分布逼近到任意的精度，且任意取值为正整数的离散概率分布可以用一个离散 PH 分布表示；②PH 分布和指数分布一样易于求解；③PH 分布的矩阵表示便于计算机求解。事实上，自从 PH 分布被提出后，它被广泛应用于电信、金融、可靠性、生物统计和排队论等领域里的随机建模中，因为在随机建模中使用 PH 分布使模型假设更切合实际。

近年来把 PH 分布应用于可靠性建模中的国外学者主要有西班牙的蒙托罗 - 卡索拉（Montoro - Cazorla）教授、佩雷斯 - 奥孔（Pérez - Ocón

Rafael）教授、鲁伊斯－卡斯特罗（Ruiz－Castro）教授，国内学者有四川师范大学唐应辉教授研究团队和北京理工大学崔利荣教授研究团队。纽斯等研究了一个设备遭受三种类型故障情形下的可靠性，假设设备的寿命、故障后的维修时间都是PH分布，通过运用几何过程理论，推导出系统的一些可靠性指标。在工程实践中，通过增加贮备部件可以极大地提高系统的可靠性，如医院的急救系统、医院进行大型手术时的供电系统、飞机上的引擎等。佩雷斯－奥孔和鲁伊斯－卡斯特罗（Pérez－Ocón & Ruiz－Castro，2004）在假设部件的寿命和故障后的维修时间是PH分布的条件下，研究了两部件冷贮备退化多状态可修系统的可靠性。蒙托罗－卡索拉和佩雷斯－奥孔（2006）假设部件的寿命和故障后的维修时间是PH分布且两种维修模式下，运用矩阵分析的方法对两部件冷贮备多状态系统的可靠性进行了分析。运用通过水平依赖的类生死过程，蒙托罗－卡索拉和佩雷斯－奥孔研究了 n 部件温贮备可修系统的可靠性，模型中假定涉及的随机分布用不同的PH分布表示，且随机检测可以确定部件退化的状态。在工程实践中，设备的故障不只是由于使用磨损导致性能的衰退，也可能是设备受到外界环境偶然的“冲击”造成的故障，这种外界环境的“冲击”可能是由于电压、温度、潮湿、震动等因素。蒙托罗－卡索拉等（2009）讨论了一个遭受外界冲击设备的可靠性，假设设备自身的磨损寿命是PH分布，随机冲击到达的时间间隔用另一个PH分布刻画，设备只能承受有限次外界冲击。设备老化经过若干次维修后，再进行维修就失去了意义，为了减少企业由于停工而造成的损失，在设备还没有完全淘汰的阶段就要向供货商订购新的设备，这样既能避免提前囤货造成的保管设备的费用，又能避免老化设备淘汰造成企业暂时停工的经济损失。余玅妙等（2014）研究了包含修理工多重休假和设备订购策略系统的可靠性，假设设备的寿命和故障后的维修时间是PH分布，且对设备维修后使用时间越来越短而维修时间越来越长用几何过程刻画，推导出系统的一些可靠性指标，并且讨论了设备的最优订购策略。余玅妙等（2014）提出了一个遭受随机冲击系统的最优替换策略，假设连续两次冲击到达的时间间隔是 PH 分布且冲击是极端冲击，设备故障后的维修时间是几何 PH 分布，且经过若干次维修后就要提前和供货商订购新的设备，设备从订购到交付使用的时间是 PH 分布。

随着科技的发展，产品的可靠性越来越高，一个新的设备投入使用的一段时间内，暂时就没必要配备修理工对它进行服务，修理工在这个阶段可以去做一些其他工作，这样可以极大地提高修理工的利用率。针对修理工多重休假和休假中止的两部件冷贮备可修系统模型，刘宝亮等（2013）假设运用 PH 分布和马尔可夫到达过程对模型进行了构建。针对修理工多重休假的 n 部件温贮备可修系统模型，温艳清等（Wen et al.，2017）把 δ 冲击因素考虑进去，运用 PH 分布对系统的可靠性进行了研究。

（2）离散 PH 分布在可靠性建模中的应用

在工程实际中，虽然连续时间情形下的可修系统模型有广泛的应用，但仍然有一些系统由于自身内部结构的原因而不能够连续地去监测其状态，只能获得其离散时间点的状态，如航空航天设备。因为任何取值为正整数的离散概率分布是一个离散 PH 分布，所以把 PH 分布运用到离散时间可靠性模型中所得结论更具有一般性。近年来，包含离散 PH 分布的离散时间系统可靠性的研究越来越得到学者们的重视。鲁伊斯 - 卡斯特罗等（2008；2009）研究了 n 部件冷贮备离散时间可修系统的可靠性，模型中假设在线部件的寿命和故障部件的维修时间均为离散 PH 分布，运用矩阵分析的方法，研究了系统的可靠性。系统中部件的故障来自两个方面：一方面是自身损耗，另一方面是外部环境冲击。鲁伊斯 - 卡斯特罗等（Ruiz - Castro et al.，2009）进一步研究了 n 部件冷贮备离散时间可修系统的可靠性，模型中假设部件由于自身损耗的内部故障是不可修的，而由于外部环境冲击导致的故障以概率 p 可修，$1-p$ 不可修。鲁伊斯 - 卡斯特罗和费尔南德斯 - 维洛德（Ruiz - Castro & Fernández - Villodre，2012）在随机分布为 PH 分布的假设下研究了 n 部件温贮备离散时间可修系统的可靠性，贮备部件自身损耗的寿命分布是几何分布，外部环境冲击的间隔时间是离散 PH 分布。以往文献总是假设系统中只有一个修理工负责故障部件的维修，事实上，随着系统结构的复杂，修理工的配备也必须适应系统结构的需要，多个修理工的离散时间可靠性系统模型也受到学者的关注。鲁伊斯 - 卡斯特罗和李泉林（Ruiz - Castro & Li，2011）讨论了包含多个修理工的 n 中取 k 离散时间可修系统模型的可靠性。针对 n 部件温贮备离散时间可修系统模型，鲁伊斯 - 卡斯特罗（2016）把多个修理工的思想加入可靠性系统模型，且假设所涉及的随机时间服从离散 PH 分布，并对系统的可靠性进行了研究。

这些学者使用向量值的马尔可夫过程和矩阵分析的方法，推导出了系统稳态情形下的一些结构优美的性能测度表达式。更为重要的是，由于学者们在可靠性分析中运用了 PH 分布的性质，使推导的这些系统性能测度表达式易于数值求解，通过使用一种恰当的软件包 Maple、Mathematic 或者 Matlab 就能很容易模拟这些结果的数值解。

1.2　MAP 在可靠性建模中的应用

马尔可夫到达过程（MAP）是纽斯于 1979 年首次提出的。它是一个与有限吸收马尔可夫链相关联的一个随机点过程，是 PH 分布的一个扩展。之后 MAP 在排队论、交通系统、统计信号系统、可靠性理论、金融理论等领域中得到了广泛应用（Schellhaas，1994；Alfa et al.，2000；Gomez - Corral，2002；Baumann & Sandmann，2017；Alfa & Neuts，1995；Kang & Kim，1997；Ahn & Badescu，2007；Li & Ren，2013；Okamura & Dohi，2013）。而以往学者们在研究系统可靠性模型时，往往假定设备两次故障到达的时间间隔是相互独立的，而 MAP 允许设备两次故障到达的时间间隔存在某种相依关系，即当设备发生了一次故障时，MAP 进入了吸收态，这个 MAP 将重新从先前进入吸收态的那个瞬时态开始运行，这样两次故障到达的时间间隔不再是独立同分布，它们存在一种马尔可夫依赖关系。在可靠性理论里，蒙托罗 - 卡索拉和佩雷斯 - 奥孔（2006）

首次假设系统外部环境所引起的故障到达是一个 MAP，而系统自身磨损寿命服从一个 PH 分布，运用矩阵分析的方法，推导出该系统模型稳态情形下的几个重要可靠性指标。蒙托罗 – 卡索拉和佩雷斯 – 奥孔（2008）研究了一种退化可修系统的可靠性，导致系统内部和外部的故障分别由两个不同的 MAP 刻画，随机检测用来确定检测时所处的退化水平，随机检测的到达也是一个 MAP，系统处于不同退化水平所需的维修时间用 PH 分布刻画。佩雷斯 – 奥孔和塞戈维亚（Pérez – Ocón & Segovia，2009）用 MAP 的方法研究了经典冲击系统模型。以往的研究中，研究者们主要关注的是简单系统模型，而对于空间探索和卫星系统，在短时间内不太可能获得新的备件，所以对冗余系统模型可靠性的研究非常重要。蒙托罗 – 卡索拉和佩雷斯 – 奥孔（2014）研究了经典的 n 部件冷贮备可修系统模型，但是假定导致部件故障的外部冲击到达是一个 MAP，而部件故障后连续的维修时间用另一个 MAP 刻画，运用矩阵分析的方法推导出系统分别在瞬态和稳态情形下的一些可靠性指标。

为了降低企业成本投入，创造更多利润，把人力资源修理工充分利用起来，刘宝亮等（2015）研究了修理工休假和休假中止的冷贮备可修系统模型，模型中假定修理工休假返回用一个 MAP 刻画，这样连续两次休假时间就不是相互独立，而是存在一种马尔可夫依赖关系。以往的研究主要是利用 PH 分布和 MAP 进行可靠性建模，而对 PH 分布和 MAP 中的参数进行估计的研究涉及很少。事实上，PH 分布和 MAP 中的参数估计是一个很广泛的研究方向。前人发表的文献，主要采用两种方法对 PH 分布和 MAP 中的参数进行估计：似然法估计和矩法估计。EM 算法是寻找参数估计且使似然函数最大化的比较有效的一种方法，但是由于 MAP 中包含很多未知参数使这种方法计算负担很大（Buchholz et al.，2010）。EM 算法是期望步（E 步）和最大步（M 步）交替迭代的过程，通过这样反复迭代，使估计值在每个循环中的可能性逐渐增大（Breuer，2002；Klemm et al.，2003）。当 MAP 的位相不是太大时，用 EM 算法进行参数的最大似然估计仍然是比较不错的方法（Okamura et al.，2003；Khayari et al.，2003；Asmussen et al.，1996）。

1.3 可靠性模型中修理工的休假策略

在可靠性工程中，维修是改善系统可靠性的一种重要手段。因此，可修系统成为可靠性理论研究中的一类重要系统。既然部件的故障维修对于改善系统的可靠性具有如此重大的意义，那么研究修理工的个人行为对系统可靠性的影响有着重要的理论意义和巨大的实用价值。莫布里（Mobley）在2002年关于维修性的学术专著《预防性维修简介》（*An Introduction to Predictive Maintenance*）中指出：由于没必要或不恰当的维修，使得1/3的维修费用被浪费。贝克拉夸和布拉利亚（Becilacqua & Braglia，2000）指出制造业企业维修项目的费用能占到总生产费用的15%～70%。在机器维修模型中，研究者大多假定机器在出现故障前修理工一直是“空闲的”，且当系统（部件）发生故障时立即维修，但实际情况并非如此，有时预约修理工就需要一定的时间。在工程实际中，通过合理的系统结构优化不但可以大大提高系统的可靠性，而且可以降低系统的维修成本。并联、表决、贮备是可靠性工程中常见的几种冗余方式。冷贮备系统由于贮备部件不会失效的特点，被广泛应用于工业、医疗和军事领域。由于冷贮备系统结构能够提供很高的系统可靠性，所以负责此类系统修理工作的修理工需要负责多个系统的修理工作。对冷贮备可修系统进行可靠性研究时，修理工的休假策略是影响系统可靠性和企业利润的重要因素之一。在许多企业中，修理工在“空闲”时通常被指派去做其他辅助性工作。这个“空闲”可以理解为是一种休假策略，合理制定休假策略能够极大提高修理工的利用率。

排队论中服务员的休假策略已经得到了学者们的深入研究（Gao & Wang，2013；Li & Tian，2007；Takagi，2007；De Kok，1989；Lee，1988），排队论中的服务员休假的思想可以用于可修系统中修理工的休假，这激发了研究人员对修理工带休假的可修系统可靠性研究。

现有的对部件发生故障以后不能修复如新的单部件系统所做的可靠性研究，仅仅是将系统中的延迟维修时间看成一个固定不变的常量，完全不考虑修理工的休假因素对系统可靠性所产生的影响。在很多情况下，这种假设方式是与事实不相符的，从而导致研究结果不能很好地体现系统的实际能力。唐应辉和刘晓云（2004，2003）运用补充变量法和拉普拉斯变换，研究了修理工具有休假的单部件可修系统的可靠性。余玅妙等（2012，2009）在离散时间情形下研究了修理工带单重休假的两部件并联可修系统。修理工具有休假的退化系统的可靠性也是可靠性领域的一个研究热点，袁和徐（Yuan & Xu，2011）利用几何过程对退化可修系统的可靠性进行了研究；于等（Yu et al.，2013）研究了修理工带有多重休假和备用设备采购的位相型几何过程可修系统的可靠性。

1.4　多状态系统与聚合随机过程

在传统的可靠性理论中，由于工程实践中系统或者零部件都比较简单且结构单一，研究者们常常认为系统或其中的元器件仅有工作和故障两个状态，即二值状态。然而，随着科技的发展，现代工业中系统往往是大规模的，而且功能多样化，结构越来越复杂，如果继续用二值状态对其进行描述刻画显然是行不通的。例如，在由发电机组组成的供电系统中（Eryilmaz，2015；Lisnianski et al.，2010），发电机组是多个部件的复杂组件，且发电机组中不同部件的故障往往导致发电机组以较低的功率进行工作。所以应根据发电功率的不同，给发电机组定义不同的状态。当发电机组的发电功率是 50MW 时，我们假定它处于状态 2；当它的发电功率是 30MW 时，可以假定它处于状态 1；而当它完全故障不能进行发电时，则假定其处于状态 0。多状态系统（multi - state system，MSS）是由于部件的不同运行水平和不同故障模式而导致具有不同的性能输出（Lisnianski & Levitin，2003）。由于多状态系统既能反映系统性能和部件性能之间的关系，又能真实地表征复杂系统多状态运行的特点，所以近年来在工业界和学术界得到广泛的关注，并在计算机和网络通信系统、交通系统及供电系统等领域得到了广泛的应用（刘宇，2011）。为了处理多状态系统的可靠性，学者们提出了五种有效的方法（Gu & Li，2012）：二态布尔代数扩展法、随机过程法、通用生成函数法（universal generating function，UGF）、蒙特卡罗模拟法、递推算法。通用生成函数法是经常使用的方法之一，系统的性能分布能够通过运用组成其部件的性能分布和通用生成函数法得到（Levitin，2005；Levitin & Lisnianski，1999）。然而这些方法都有各自的局限性，如二态布尔代数扩展法和随机过程法只对状态数目较少的系统适用；通用生成函数法（UGF）只适用于结构相对简单的系统，而且很难得到系统的时间分布型的可靠性指标；使用蒙特卡罗模拟法时，对模型的执行和构造费时且得不到精确解。

假设一个多状态系统的状态空间为 $S=\{0,1,\cdots,M\}$，不同的状态对应系统以不同的效率工作，其中状态0表示系统故障且效率为零，状态 M 表示系统以最高效率工作，其余中间状态表示系统以相对应的较低效率工作，即该系统是一个多状态退化系统，马尔可夫过程是描绘该多状态退化系统动态演化的有效方法。刘永文和卡普尔（Liu & Kapur，2006）假定多状态退化不可修系统能够从较高的状态直接退化到任意较低状态的情形下，得到了系统的瞬态概率向量。通用生成函数法和随机过程法相互结合对多状态系统进行动态可靠性评估也是一种有效的方法（Eryilmazg，2010；Xue & Yang，1995）。为了评估多状态系统的可靠性，莱辛斯基（Lisnianski，2012）提出了 Lz - 变换技术。在多状态部件退化是非时齐连续时间马尔可夫链的情形下，谢惠秀和张哲（Sheu & Zhang，2013）运用 Lz - 变换技术研究了多状态退化系统的可靠性。多状态系统中系统状态之间以及组成系统各个部件的状态之间的相依性建模及可靠性分析是可靠性工程中面临的一大挑战（王丽英、崔利荣，2017）。马氏相依系统（Yun et al.，2007）、环境相依系统（Liu et al.，2016；Soszynska，2010）、历史相依系统是描述系统状态之间相依的几种常见系统，共因失效系统、经济相依系统、冗余相依系统（Wang et al.，

2013)、故障相依系统、空间相依系统（王丽英、司书宾，2014）是部件相依的几种常见系统。

近年来，北京理工大学崔利荣教授注意到离子通道理论与系统可靠性理论有许多相似之处，特别是部分可靠性维修模型可以借鉴离子通道理论（Colquhoun & Hawkes，1982）。聚合随机过程理论是用基本的马尔可夫过程进行表示，它是离子通道建模理论的基础（Burke & Rosenblatt，1958）。聚合随机过程理论是处理多状态可修系统中“维数灾难”的另一个有效的方法。离子通道理论中状态的不同聚合模式能够运用在可靠性维修模型中的状态聚合上，可以把二者结合起来，建立不同的可靠性维修模型。在离子通道理论中，逗留时间比较短的闭合状态无法被分辨出来，因而这部分较短的闭合状态可以看成开集状态的一部分。在可靠性工程实际中，如果故障的部件能在较短的时间内得到维修，那么可以认为这段故障时间中系统仍处于工作状态，即这段故障时间可以忽略。基于以上工程实际背景，郑治华等（2006）首次把故障时间可忽略思想引入单部件马尔可夫可修系统的建模中。之后学者们围绕着故障时间可忽略的思想，对各种可修系统进行了建模和可靠性分析。考虑到工程实际中，一些可修系统具有“惯性”的特征，即有一类状态集有时候是开状态集有时候是关状态集，它属于哪一类状态集完全取决于先前系统所处的状态，崔利荣等（2007）建立了历史相依的马尔可夫可修系统模型，并进行了深入的可靠性分析，得到了系统的一些常用可靠性指标：可用度、平均开工时间、平均停工时间等。随后，郑治华等（2008）把上述模型推广到半马尔可夫的情形。由于传统的可靠性指标很难满足实际工程的需要，崔利荣等（2013）首次给出了可靠性理论中的几个新型可靠性指标的定义：多点可用度、多区间可用度及点区间混合可用度等，并运用聚合随机过程理论给出了它们在马尔可夫可修系统中相应的表达式。杜时佳等（2013）得到了 n 中取 k 及连续 n 中取 k 多状态系统的联合可用度的表达式。刘宝亮等（2015）构建了随机需求和随机供应模式下的多状态马尔可夫可修系统模型，得到单区间及多区间可用度的表达式；温艳清等（2016）进一步给出了上述系统的一些新的可靠性度量指标，包括一个周期长度的分布、一个周期内顾客需求得到满足的时间分布。在可靠性工程实际中，许多系统的运行方式随外界环境的变化而变化，不同环境需要用不同的马尔可夫过程刻画描述，为了对这类系统的演化和可靠性进行分析，霍克斯等（Hawkes et al.，2011）建立了交替环境下的马尔可夫可修系统模型；王丽英等（2011）构建了多运行机制的马尔可夫可修系统模型，并对其进行了可靠性评估。

第2章 相关的理论基础

2.1 连续时间PH分布及其相关性质

定义2-1 连续时间PH分布（纽斯，1981）

令$H(\cdot)$是一个非负连续型随机变量的分布函数，如果它是一个有限状态马尔可夫过程进入吸收状态前时间的分布，那么称它是位相型分布或连续PH分布。马尔可夫过程的状态空间为$\{1,2,\cdots,m,m+1\}$，其中$\{1,2,\cdots,m\}$为瞬过状态，状态$m+1$是吸收状态，转移率矩阵为：

$$\boldsymbol{Q}=\begin{pmatrix}\boldsymbol{S} & \boldsymbol{S}^0 \\ \boldsymbol{0} & 0\end{pmatrix}$$

其中，初始概率向量为$(\boldsymbol{\alpha},\alpha_{m+1})$，$\boldsymbol{\alpha}$是一个$m$阶的行向量。矩阵$\boldsymbol{S}$是一个阶数为$m$的非奇异矩阵，它的对角线都为负，非对角线元素都是非负的，表示这m个瞬过状态之间的转移率；列向量$\boldsymbol{S}^0$阶数为m，它的元素表示瞬过状态到吸收状态的吸收率。容易得到$-Se=S^0\geqslant 0$，这个位相型分布记为$PH(\boldsymbol{\alpha},\boldsymbol{S})$，分布函数为$H(x)=1-\boldsymbol{\alpha}\exp(\boldsymbol{S}x)\boldsymbol{e}$。

在本书以后的讨论中，e表示所有元素都为1的列向量，它的阶数由所在的情形决定；$\boldsymbol{e}_r$表示所有元素都为1的r阶列向量；$\boldsymbol{I}$表示单位矩阵。

2.2 离散时间 PH 分布及其相关性质

定义 2-2 离散时间 PH 分布（纽斯，1981）

如果一个离散型随机变量概率分布是一个有1个吸收状态，m 个瞬过状态的有限不可约马尔可夫过程进入吸收状态前时间的分布，那么称它是位相型分布或离散 PH 分布。

因此，一个非负整值的概率分布列 $\{p_k\}$ 称为位相型的当且仅当一个阶数为 $m+1$ 有限马尔可夫链的转移概率矩阵 $\boldsymbol{P}$ 具有如下形式：

$$P=\begin{pmatrix}\boldsymbol{T} & \boldsymbol{T}^0\\ \boldsymbol{0} & \boldsymbol{1}\end{pmatrix}$$

其中，初始概率向量为$(\boldsymbol{\beta},\beta_{m+1})$，$\boldsymbol{\beta}$ 是一个 m 阶的行向量。$\boldsymbol{T}$ 是一个子随机矩阵，满足 $\boldsymbol{Te}+\boldsymbol{T}^0=\boldsymbol{e}$，$(\boldsymbol{I}-\boldsymbol{T})$ 是一个非奇异矩阵，$\boldsymbol{e}$ 是所有元素都为1的 m 阶列向量。因此，列向量 $\boldsymbol{T}^0$ 等于 $\boldsymbol{e}-\boldsymbol{Te}$。矩阵 $\boldsymbol{T}$ 的阶数和这个位相型分布的阶数相等，它是这些瞬过状态之间互相转移的转移概率矩阵。矩阵 $\boldsymbol{T}^0$ 是一个列向量，它的元素表示每个瞬过状态转移到吸收状态的概率。因此，向量 $\boldsymbol{e}-\boldsymbol{T}^0$ 表示每个瞬过状态的生存概率。

这个马尔可夫链到达吸收状态前时间的分布如下：

$$p_0=\beta_{m+1}$$

$$p_k=\boldsymbol{\beta}\boldsymbol{T}^{k-1}\boldsymbol{T}^0,k\geqslant 1$$

其中，p_0 表示初始时刻该马尔可夫链在吸收状态的概率，p_k 表示时刻 k 该马尔可夫链到达吸收状态的概率。初始时刻马尔可夫链以概率 β_i 处于位相 i，在随后的 $k-1$ 个时间区间内，马尔可夫链在这些瞬过状态之间转移（$\boldsymbol{T}^{k-1}$），再下一个时刻马尔可夫链转移到吸收状态（$\boldsymbol{T}^0$）。这个位相型分布记为 $PH(\boldsymbol{\beta},\boldsymbol{T})$。为了避免特殊情况，在随后的讨论中假设 $p_0=0$。

2.3 克罗内克（Kronecker）算子理论

定义 2-3 克罗内克（Kronecker）积

如果 $\boldsymbol{A}$ 和 $\boldsymbol{B}$ 分别为 $m_1 \times m_2$ 和 $n_1 \times n_2$ 的矩阵，则它们的克罗内克积 $\boldsymbol{A} \otimes \boldsymbol{B}$ 定义为：

$$A \otimes B = (a_{ij}\boldsymbol{B}) = \begin{pmatrix} a_{11}\boldsymbol{B} & a_{12}\boldsymbol{B} & \cdots & a_{1m_2}\boldsymbol{B} \\ a_{21}\boldsymbol{B} & a_{22}\boldsymbol{B} & \cdots & a_{2m_2}\boldsymbol{B} \\ \vdots & \vdots & \ddots & \vdots \\ a_{m_11}\boldsymbol{B} & a_{m_12}\boldsymbol{B} & \cdots & a_{m_1m_2}\boldsymbol{B} \end{pmatrix}$$

且其阶数为 $m_1 n_1 \times m_2 n_2$。

定义 2-4 克罗内克和

如果 $\boldsymbol{A}$ 和 $\boldsymbol{B}$ 分别为 m 阶和 n 阶方阵，则克罗内克和定义为：

$$\boldsymbol{A} \oplus \boldsymbol{B} = \boldsymbol{A} \otimes \boldsymbol{I}_n + \boldsymbol{I}_m \otimes \boldsymbol{B}$$

其中，$\boldsymbol{I}_n$ 和 $\boldsymbol{I}_m$ 分别为 m 阶和 n 阶单位矩阵。

克罗内克算子的几个性质：

（1）$(\boldsymbol{A} \otimes \boldsymbol{B})(\boldsymbol{C} \otimes \boldsymbol{D}) = (\boldsymbol{AC}) \otimes (\boldsymbol{BD})$；

（2）$(\boldsymbol{A} + \boldsymbol{B}) \otimes (\boldsymbol{C} + \boldsymbol{D}) = \boldsymbol{A} \otimes \boldsymbol{C} + \boldsymbol{A} \otimes \boldsymbol{D} + \boldsymbol{B} \otimes \boldsymbol{C} + \boldsymbol{B} \otimes \boldsymbol{D}$；

（3）$\exp(\boldsymbol{A}) \otimes \exp(\boldsymbol{B}) = \exp(\boldsymbol{A} \oplus \boldsymbol{B})$。

2.4 马尔可夫到达过程

定义 2-5 马尔可夫到达过程

设 $\boldsymbol{D}$ 是一个马尔可夫过程的 m 阶不可约无穷小生成元，$\boldsymbol{D}_k(k=1, 2,\cdots,n)$ 是一列非负维数是 $m \times m$ 矩阵，矩阵 $\boldsymbol{D}_0$ 是一个对角线元素为负且非对角线元素非负的 $m \times m$ 非奇异矩阵，$\boldsymbol{D} = \boldsymbol{D}_0 + \sum_{k=1}^{n} \boldsymbol{D}_k$。存在一个与该马尔可夫过程相关联的马尔可夫更新过程 $\{(J_n, X_n), n \geq 0\}$，J_n 表示系

统所处的状态，X_n 表示系统在离开这个状态的逗留时间，L_n 表示在系统每次状态转移时刻到达的类型，它是一个与马尔可夫更新过程相关联的正整数。转移概率矩阵中的元素（i，j）定义如下：

$$P(J_n = j, L_n = k, X_n \leqslant x \mid J_{n-1} = i) = \int_0^x \exp(\boldsymbol{D}_0 u)\,\mathrm{d}u \boldsymbol{D}_k, k \geqslant 1, x \geqslant 0$$

其中，矩阵 $\boldsymbol{D}_0$ 刻画间隔到达时间，矩阵 $\boldsymbol{D}_k$ 刻画到达类型 k。

为了对马尔可夫到达过程的定义有更深入的理解，下面以一个具有两个状态的马尔可夫到达过程为例进行详细介绍。

考虑一个状态空间为 $S = \{1,2\}$ 的连续时间马尔可夫过程 $\{J(t), t \geqslant 0\}$，转移率矩阵为 $\boldsymbol{D}$，初始概率向量为 $\boldsymbol{\alpha} = (\alpha, 1-\alpha)$。过程以指数分布（参数为 $\lambda_i > 0$，$i = 1$，2）的形式在状态空间中的状态 i（$i = 1$，2）停留，过程在离开状态 i 有两种可能的转移：

（1）马尔可夫到达过程以概率 p_{ij1} 进入状态 $j \in S$，一次到达发生了；

（2）马尔可夫到达过程以概率 p_{ij0} 进入状态 $j \neq i$，到达没有发生。

该二状态的马尔可夫过程可以记为 $M = \{\boldsymbol{\alpha}, \boldsymbol{\lambda}, \boldsymbol{P}_0, \boldsymbol{P}_1\}$，其中 M 中的矩阵 $\boldsymbol{\lambda} = \{\lambda_1, \lambda_2\}$，$\boldsymbol{P}_0 = \begin{pmatrix} 0 & p_{120} \\ p_{210} & 0 \end{pmatrix}$，$\boldsymbol{P}_1 = \begin{pmatrix} p_{111} & p_{121} \\ p_{211} & p_{221} \end{pmatrix}$。

该二状态的马尔可夫过程也可以记为 $M = \{\boldsymbol{\alpha}, \boldsymbol{D}_0, \boldsymbol{D}_1\}$，其中 M 中的矩阵 $\boldsymbol{D}_0 = \begin{pmatrix} -\lambda_1 & \lambda_1 p_{120} \\ \lambda_2 p_{210} & -\lambda_2 \end{pmatrix}$，$\boldsymbol{D}_1 = \begin{pmatrix} \lambda_1 p_{111} & \lambda_1 - \lambda_1 p_{120} - \lambda_1 p_{111} \\ \lambda_2 p_{211} & -\lambda_2 p_{210} + \lambda_2 - \lambda_2 p_{211} \end{pmatrix}$。矩阵 $\boldsymbol{D} = \boldsymbol{D}_0 + \boldsymbol{D}_1$ 为马尔可夫过程 $\{J(t), t \geqslant 0\}$ 的无穷小生成元。

当一个 $PH(\boldsymbol{\alpha}, \boldsymbol{T})$ 分布运行时，与它相关联的马尔可夫过程随机地处于不同的位相（状态），一旦马尔可夫过程进入吸收状态，该 PH 分布也结束了。如果该 PH 分布以矩阵率 $\boldsymbol{T}^0 \boldsymbol{\alpha}$ 立即重新开始运行，那么与之相关联的马尔可夫过程就可以看作一个 *PH* 更新过程。马尔可夫到达过程 $M = \{\boldsymbol{\alpha}, \boldsymbol{D}_0, \boldsymbol{D}_1\}$ 扩展了 *PH* 更新过程的概念，即在完成了一次更新后，下一个周期以上次更新发生时过程所处的位相相关的转移率开始，矩阵 $\boldsymbol{D}_1$ 包含着更新后过程不同的起始率，矩阵 $\boldsymbol{D}_0$ 表示没有更新时位相之间的变化。

通常用到的泊松过程、马尔可夫调制的泊松过程、PH 更新过程等都是马尔可夫到达过程的特殊情况。

2.5 冲击模型

冲击模型是可靠性中常常用到的数学模型，根据冲击的损坏量及冲击到达过程类型的不同，经典的随机冲击模型包括如下五种类型：① 累积冲击模型（cumulative shock model）：在该模型中，一旦冲击的累积损坏量超过设备承受阈值，硬件故障发生；② 极端冲击模型（extrem shock model）：在该模型中，只要一次冲击的损坏量超过设备承受阈值，硬件故障就发生；③ m 冲击模型（m shock model）：在该模型中，只要 m 次冲击的损坏量超过设备承受阈值，硬件故障就发生；④ 运行冲击模型（run shock model）：在该模型中，只要连续几次冲击的损坏量超过设备承受阈值，硬件故障就发生；⑤ δ 冲击模型（δ shock model）：在该模型中，只要连续两次冲击到达的时间间隔小于 δ，硬件故障就发生。在以上五种类型的冲击模型中，模型①和模型②主要关注冲击的损坏量，而模型③和模型④主要关注冲击超过阈值的个数，模型⑤则关注冲击到达的时间。在本书中，第 5 章涉及 δ 冲击模型，第 6 章涉及极端冲击模型。

2.6 多重休假和休假中止策略

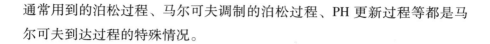

为了提高排队服务系统的效率，服务员常常采用多重休假和休假中止策略，在可靠性工程中，为了提高修理工的利用率也被广泛采用。多重休假策略：当修理工结束了第一次休假返回系统中，可能面临以下三种情况：①如果系统中的没有故障部件等待维修，那么修理工开始他的第二次休假。②如果系统中有部分故障部件等待维修，那么修理工按照维修规则立即开始维修这些故障部件，其余完好部件继续工作。如果这

些故障部件维修完成时，而先前在线工作的部件依然完好，那么修理工开始他的第二次休假；如果先前在线工作的部件也出现了故障，那么修理工继续维修刚出现故障的部件，直到系统中所有部件都完好之后，修理工才开始他的第二次休假。③如果系统中所有部件都发生了故障，那么修理工则按照“先故障先维修”的规则维修这些故障部件，直到系统中所有部件都维修完成，才开始他的第二次休假。休假中止策略：在 $t=0$ 时刻系统中的两个部件都是新的，其中一个在线工作，另一个为冷贮备部件，修理工开始第一次休假。如果修理工在进行第一次休假期间，在线工作的部件一直完好，那么修理工在结束第一次休假后立即开始第二次休假；如果修理工在进行第一次休假期间，在线工作的部件发生了故障，那么修理工仍然处于休假状态并以较低的速率维修故障部件，同时冷贮备部件代替它在线开始工作。在这个工作休假期间，如果修理工完成了先前故障部件的维修，但是发现另一个部件也发生了故障，那么其中止休假并以正常的维修速率修复故障部件；否则他继续休假直到维修或者休假结束后另一个部件处于故障状态。

2.7 本章小结

本章介绍了本书后续用到的相关理论基础知识，包括连续 PH 分布和离散 PH 分布的定义及其相关性质、克罗内克算子理论及其运算性质、马尔可夫到达过程的定义、经典的五种冲击模型、可靠性中多重休假和休假中止策略。

第3章 修理工多重休假两部件冷贮备多状态可修系统

随着产品功能的多样化和复杂化，在进行多状态可修系统可靠性分析时，主要存在两个方面的问题。一方面，由产品的功能更加多样化引起的产品零部件数目急剧增加，导致产品的工作和失效机理更加复杂，为了简化问题，继续采用二值状态和指数寿命分布来描述现代产品的工作和失效过程显然是不符合实际的；另一方面，在功能多样化的产品维修和保养过程中，支付高质量和高效率的修理工费用是很大的一项费用支出，尤其低效率和不合理的维修决策活动会加重企业的经济负担，甚至会拖垮一个企业的运营。

在实际工程领域中，有些设备由于自身结构的原因，工程管理人员只能在某些离散时间点监测到其运行的状态，例如，煤矿机电设备在用安全检测和煤矿机电设备在用探伤检测都是定期检测，土建和航空领域工程的设备也是定期检测。由于在离散时间情形下，部件的故障、修理工休假的完成及故障部件的维修完成能同时发生，所以离散时间情形不是连续时间情形的简单推广。

鉴于此，本章首先把用于刻画部件工作和维修多状态情形的 PH 分布分别引入连续时间情形下和离散时间情形下两部件冷贮备可修系统模型的研究中，其次把修理工的多重休假策略增加到两部件冷贮备可修系统模型中。

3.1 连续时间情形下系统模型

3.1.1 连续时间情形下系统模型假设

考虑由两个部件和一个修理工组成的冷贮备可修系统，只要有一个部件能够正常工作，系统就能运行。

假设3-1：在 $t=0$ 时刻，系统中一个部件在线开始工作，另一个部件冷贮备，修理工开始休假。

假设3-2：系统中故障部件的维修规则是“先故障先维修”且修复如新。如果系统中的两个部件都处于正常状态，修理工将离开系统进行随机时间长度的休假，系统中没有故障的部件等待修理时，修理工遵循多重休假策略。

假设3-3：系统中在线工作的部件寿命分布记为 $PH(\boldsymbol{\alpha},\boldsymbol{T})$，阶数是 m，故障部件的维修时间是一个PH分布，记为 $PH(\boldsymbol{\beta},\boldsymbol{S})$，阶数是 n，修理工的随机休假时间是一个阶数是 k 的PH分布 $PH(\boldsymbol{\gamma},\boldsymbol{L})$。

假设3-4：部件寿命、故障部件的维修时间、修理工的休假时间是相互独立的随机变量。

3.1.2 连续时间情形下系统的状态空间和转移率矩阵

为了构建系统的转移率矩阵，定义系统的状态空间 $\boldsymbol{S}=\{\boldsymbol{S}_1,\boldsymbol{S}_2,\boldsymbol{S}_3,\boldsymbol{S}_4,\boldsymbol{S}_5\}$，$\boldsymbol{S}$ 是由五个宏状态组成的，具体定义如下：

宏状态 $\boldsymbol{S}_1=\{(0,i,l),1\leqslant i\leqslant m,1\leqslant l\leqslant k\}$，表示系统中两个部件都是完好的，在线部件的工作位相为 i，修理工的休假位相为 l，这种情形没有维修位相。

宏状态 $\boldsymbol{S}_2=\{(1,i,l),1\leqslant i\leqslant m,1\leqslant l\leqslant k\}$，表示系统中一个部件故障等待维修，另一个部件在线工作，在线部件的工作位相为 i，修理工的休假位相为 l，这种情形也没有维修位相。

宏状态 $\boldsymbol{S}_3=\{(1,i,j),1\leqslant i\leqslant m,1\leqslant j\leqslant n\}$，表示系统中有一个故障部件，且修理工正在维修这个故障部件，另一个部件在线工作，在线部件的工作位相为 i，修理工的维修位相为 j，这种情形没有休假位相。

宏状态 $\boldsymbol{S}_4=\{(2,l),1\leqslant l\leqslant k\}$，表示系统中两个部件都出现了故障，由于修理工休假还没有结束，所以正排队等待维修；修理工的休假位相为 l，这种情形没有工作位相和维修位相。

宏状态 $\boldsymbol{S}_5=\{(2,j),1\leqslant j\leqslant n\}$，表示系统中两个部件都出现了故障，修理工按照维修规则正在维修先出现故障的部件，修理工的维修位相为 j，这种情形没有工作位相和休假位相。

通过以上的分析，这个系统能够被一个状态空间为 $\boldsymbol{S}=\{\boldsymbol{S}_1,\boldsymbol{S}_2,\boldsymbol{S}_3,\boldsymbol{S}_4,\boldsymbol{S}_5\}$ 的连续时间马尔可夫过程 $\{X(t),t\geqslant 0\}$ 刻画，假设转移率矩阵为 $\boldsymbol{Q}$，它是一个 5×5 的分块矩阵，表示状态空间 $\boldsymbol{S}=\{\boldsymbol{S}_1,\boldsymbol{S}_2,\boldsymbol{S}_3,\boldsymbol{S}_4,\boldsymbol{S}_5\}$ 中的宏状态之间的相互转移率，它的表达式如下：

$$\boldsymbol{Q}=\begin{pmatrix} \boldsymbol{T}\oplus\boldsymbol{L}+\boldsymbol{I}\otimes\boldsymbol{L}^0\boldsymbol{\gamma} & \boldsymbol{T}^0\boldsymbol{\alpha}\otimes\boldsymbol{I} & \boldsymbol{0} & \boldsymbol{0} & \boldsymbol{0} \\ \boldsymbol{0} & \boldsymbol{T}\oplus\boldsymbol{L} & \boldsymbol{I}\otimes\boldsymbol{L}^0\boldsymbol{\beta} & \boldsymbol{T}^0\otimes\boldsymbol{I} & \boldsymbol{0} \\ \boldsymbol{I}\otimes\boldsymbol{S}^0\boldsymbol{\gamma} & \boldsymbol{0} & \boldsymbol{T}\oplus\boldsymbol{S} & \boldsymbol{0} & \boldsymbol{T}^0\otimes\boldsymbol{I} \\ \boldsymbol{0} & \boldsymbol{0} & \boldsymbol{0} & \boldsymbol{L} & \boldsymbol{L}^0\boldsymbol{\beta} \\ \boldsymbol{0} & \boldsymbol{0} & \boldsymbol{S}^0\boldsymbol{\alpha}\otimes\boldsymbol{\beta} & \boldsymbol{0} & \boldsymbol{S} \end{pmatrix} \tag{3-1}$$

转移率矩阵 $\boldsymbol{Q}$ 是一个 $(2mk+mn+k+n)\times(2mk+mn+k+n)$ 方阵。

下面解释这个转移率矩阵中各个分块矩阵的原因。

转移 $\boldsymbol{S}_1\to\boldsymbol{S}_1$ 是由分块矩阵 $\boldsymbol{T}\oplus\boldsymbol{L}+\boldsymbol{I}\otimes\boldsymbol{L}^0\boldsymbol{\gamma}$ 决定的。第一项和 $\boldsymbol{T}\oplus\boldsymbol{L}$ 对应于工作位相变化而休假位相不变化，或者休假位相变化而工作位相不变化；第二项和 $\boldsymbol{I}\otimes\boldsymbol{L}^0\boldsymbol{\gamma}$ 表示修理工以向量 $\boldsymbol{L}^0$ 从休假返回，发现两个部件都是完好的，那么他立即以初始向量 $\boldsymbol{\gamma}$ 开始第二次休假，而工作位相不变化，记为 $\boldsymbol{I}\otimes\boldsymbol{L}^0\boldsymbol{\gamma}$。

转移 $\boldsymbol{S}_1 \to \boldsymbol{S}_2$ 表示在线工作的部件以向量 $\boldsymbol{T}^0$ 发生了故障，另一个冷贮备部件被激活，以向量 $\boldsymbol{\alpha}$ 开始在线工作，休假位相不变化。

转移 $\boldsymbol{S}_2 \to \boldsymbol{S}_2$ 是由分块矩阵 $\boldsymbol{T} \oplus \boldsymbol{L}$ 决定的。$\boldsymbol{T} \oplus \boldsymbol{L}$ 对应于工作位相变化而休假位相不变化，或者休假位相变化而工作位相不变化，另一个部件正等待维修。

转移 $\boldsymbol{S}_2 \to \boldsymbol{S}_3$ 是由分块矩阵 $\boldsymbol{I} \otimes \boldsymbol{L}^0 \boldsymbol{\beta}$ 决定的。$\boldsymbol{I} \otimes \boldsymbol{L}^0 \boldsymbol{\beta}$ 表示修理工以向量 $\boldsymbol{L}^0$ 结束休假，且以向量 $\boldsymbol{\beta}$ 开始维修这个故障部件。

转移 $\boldsymbol{S}_2 \to \boldsymbol{S}_4$ 是由分块矩阵 $\boldsymbol{T}^0 \otimes \boldsymbol{I}$ 决定的。$\boldsymbol{T}^0 \otimes \boldsymbol{I}$ 表示在线工作的部件以向量 $\boldsymbol{T}^0$ 发生了故障，由于修理工休假没有结束，所以它排队等待维修。

转移 $\boldsymbol{S}_3 \to \boldsymbol{S}_1$ 是由分块矩阵 $\boldsymbol{I} \otimes \boldsymbol{S}^0 \boldsymbol{\gamma}$ 决定的。$\boldsymbol{I} \otimes \boldsymbol{S}^0 \boldsymbol{\gamma}$ 表示修理工以向量 $\boldsymbol{S}^0$ 完成故障部件的维修，则其立即以初始向量 $\boldsymbol{\gamma}$ 开始另一次休假，在线工作部件的工作位相不变化。

转移 $\boldsymbol{S}_3 \to \boldsymbol{S}_3$ 是由分块矩阵 $\boldsymbol{T} \oplus \boldsymbol{S}$ 决定的。$\boldsymbol{T} \oplus \boldsymbol{S}$ 对应于工作位相变化而维修位相不变化，或者维修位相变化而工作位相不变化。

转移 $\boldsymbol{S}_3 \to \boldsymbol{S}_5$ 是由分块矩阵 $\boldsymbol{T}^0 \otimes \boldsymbol{I}$ 决定的。$\boldsymbol{T}^0 \otimes \boldsymbol{I}$ 表示在线工作的部件以向量 $\boldsymbol{T}^0$ 发生了故障，由于修理工正在维修先前故障的部件，所以它排队等待维修，维修位相不变化。

转移 $\boldsymbol{S}_4 \to \boldsymbol{S}_4$ 是由分块矩阵 $\boldsymbol{L}$ 决定的。$\boldsymbol{L}$ 表示只有休假位相之间的变化。

转移 $\boldsymbol{S}_4 \to \boldsymbol{S}_5$ 是由分块矩阵 $\boldsymbol{L}^0 \boldsymbol{\beta}$ 决定的。$\boldsymbol{L}^0 \boldsymbol{\beta}$ 表示修理工以向量 $\boldsymbol{L}^0$ 结束了休假，且立即按照维修规则以向量 $\boldsymbol{\beta}$ 开始维修先发生故障的部件。

转移 $\boldsymbol{S}_5 \to \boldsymbol{S}_3$ 是由分块矩阵 $\boldsymbol{S}^0 \boldsymbol{\alpha} \otimes \boldsymbol{\beta}$ 决定的。$\boldsymbol{S}^0 \boldsymbol{\alpha} \otimes \boldsymbol{\beta}$ 相应于修理工以向量 $\boldsymbol{S}^0$ 维修完成了一个故障的部件，且这个部件立即按照向量 $\boldsymbol{\alpha}$ 在线工作，修理工再以向量 $\boldsymbol{\beta}$ 维修另一个等待维修的故障部件。

转移 $\boldsymbol{S}_5 \to \boldsymbol{S}_5$ 是由分块矩阵 $\boldsymbol{S}$ 决定的。$\boldsymbol{S}$ 表示只有维修位相之间的变化。

3.1.3　连续时间情形下系统的瞬时性能测度

用 $\boldsymbol{P}(t)=[P_{ij}(t)]$，$i,j\in\{\boldsymbol{S}_1,\boldsymbol{S}_2,\boldsymbol{S}_3,\boldsymbol{S}_4,\boldsymbol{S}_5\}$ 表示系统的转移概率函数矩阵，其中元素 $P_{ij}(t)$ 表示系统在 $t=0$ 时刻处于宏状态 i 的条件下时刻 t 转移到宏状态 j 的概率。因为 $\boldsymbol{P}(0)=\boldsymbol{I}$，所以容易得到 $\boldsymbol{P}(t)=\exp(\boldsymbol{Q}t)$。

（1）可用度

根据转移概率函数的定义，容易得到时刻 t 系统处于宏状态 $\boldsymbol{S}_1$、$\boldsymbol{S}_2$、$\boldsymbol{S}_3$ 的概率分别为$(\boldsymbol{\alpha}\otimes\boldsymbol{\gamma})\boldsymbol{P}_{S_1S_1}(t)\boldsymbol{e}_{mk}$，$(\boldsymbol{\alpha}\otimes\boldsymbol{\gamma})\boldsymbol{P}_{S_1S_2}(t)\boldsymbol{e}_{mk}$，$(\boldsymbol{\alpha}\otimes\boldsymbol{\gamma})\boldsymbol{P}_{S_1S_3}(t)\boldsymbol{e}_{mn}$，从而：

$$A(t)=(\boldsymbol{\alpha}\otimes\boldsymbol{\gamma})\boldsymbol{P}_{S_1S_1}(t)\boldsymbol{e}_{mk}+(\boldsymbol{\alpha}\otimes\boldsymbol{\gamma})\boldsymbol{P}_{S_1S_2}(t)\boldsymbol{e}_{mk}+(\boldsymbol{\alpha}\otimes\boldsymbol{\gamma})\boldsymbol{P}_{S_1S_3}(t)\boldsymbol{e}_{mn} \tag{3-2}$$

（2）可靠度

将状态空间 $\boldsymbol{S}$ 中的宏状态 $\boldsymbol{S}_4$ 和 $\boldsymbol{S}_5$ 中的状态都看作为吸收状态，且令

$$\boldsymbol{Q}_{WW}=\begin{pmatrix}\boldsymbol{T}\oplus\boldsymbol{L}+\boldsymbol{I}\otimes\boldsymbol{L}^0\boldsymbol{\gamma} & \boldsymbol{T}^0\boldsymbol{\alpha}\otimes\boldsymbol{I} & 0\\ 0 & \boldsymbol{T}\oplus\boldsymbol{L} & \boldsymbol{I}\otimes\boldsymbol{L}^0\boldsymbol{\beta}\\ \boldsymbol{I}\otimes\boldsymbol{S}^0\boldsymbol{\gamma} & 0 & \boldsymbol{T}\oplus\boldsymbol{S}\end{pmatrix}$$，则容易得到：

$$\begin{aligned}R(t)&=P\{\text{系统在时刻 } t \text{ 之前一直运行}\}\\&=(\boldsymbol{\alpha}\otimes\boldsymbol{\gamma},\boldsymbol{0},\boldsymbol{0})_{[1\times(2mk+mn)]}\exp(\boldsymbol{Q}_{WW}t)\boldsymbol{e}_{[(2mk+mn)\times 1]}\end{aligned} \tag{3-3}$$

（3）故障频度

以下分别考虑在线工作部件的故障频度和系统的故障频度。因为只有当系统占用宏状态 $\boldsymbol{S}_1$、$\boldsymbol{S}_2$、$\boldsymbol{S}_3$ 时在线部件可能发生故障，所以在线部件时刻 t 的故障频度为：

$$\begin{aligned}v_1(t)=&(\boldsymbol{\alpha}\otimes\boldsymbol{\gamma})\boldsymbol{P}_{S_1S_1}(t)(\boldsymbol{T}^0\otimes\boldsymbol{e}_k)+(\boldsymbol{\alpha}\otimes\boldsymbol{\gamma})\boldsymbol{P}_{S_1S_2}(t)(\boldsymbol{T}^0\otimes\boldsymbol{e}_k)\\&+(\boldsymbol{\alpha}\otimes\boldsymbol{\gamma})\boldsymbol{P}_{S_1S_3}(t)(\boldsymbol{T}^0\otimes\boldsymbol{e}_n)\end{aligned} \tag{3-4}$$

因为只有当系统占用宏状态 $\boldsymbol{S}_1$、$\boldsymbol{S}_3$ 时系统可能发生故障，所以系统时刻 t 的故障频度为：

$$v_2(t)=(\boldsymbol{\alpha}\otimes\boldsymbol{\gamma})\boldsymbol{P}_{S_1S_2}(t)(\boldsymbol{T}^0\otimes\boldsymbol{e}_k)+(\boldsymbol{\alpha}\otimes\boldsymbol{\gamma})\boldsymbol{P}_{S_1S_3}(t)(\boldsymbol{T}^0\otimes\boldsymbol{e}_n) \tag{3-5}$$

(4) 修理工工作的概率

因为宏状态 $\boldsymbol{S}_3$ 和 $\boldsymbol{S}_5$ 是修理工对故障部件进行维修的状态，所以修理工在时刻 t 工作的概率为：

$$p_W(t)=(\boldsymbol{\alpha}\otimes\boldsymbol{\gamma})\boldsymbol{P}_{S_1S_3}(t)e_{mn}+(\boldsymbol{\alpha}\otimes\boldsymbol{\gamma})\boldsymbol{P}_{S_1S_5}(t)\boldsymbol{e}_n \tag{3-6}$$

3.1.4 连续时间情形下系统的稳态性能测度

先讨论稳态概率向量的存在性，然后再求稳态概率向量。令 $\{Z_n,T_n,n=0,1,\cdots\}$ 是状态空间为 $E=\{0,1,\cdots,K\}$ 的一个时齐马尔可夫更新过程，$\{Q_{ij}(t),i,j\in E\}$ 为半马尔可夫核，且 v_i 是 $\{Z_n,n=0,1,\cdots\}$ 的不变测度，$m(i)=E[T_1\mid Z_0=i]$ 是在状态 i 的平均逗留时间。因此，关于 $h_i(t)$ 的马尔可夫更新方程为：

$$h_i(t)=g_i(t)+\sum_{j\in E}\int_0^t h_j(t-u)\mathrm{d}Q_{ij}(u),i\in E$$

极限存在，见如下引理。

引理 3-1（曹晋华，2006）：若 $\{Z_n,n=0,1,\cdots\}$ 的所有状态互通，且存在一对状态 (i,j)，$Q_{ij}(t)$ 不是格点的，$g_j(t)$ 非负非增，并且 $\int_0^t g_j(t)\mathrm{d}t<\infty$, j∈E，则对所有 $k\in E$，有：

$$\lim_{t\to\infty}h_k(t)=\frac{1}{\sum_{j\in E}v_j m(j)}\sum_{j\in E}v_j\int_0^\infty g_j(t)\mathrm{d}t$$

且右端极限与状态 k 无关。

令 $\boldsymbol{\pi}=(\boldsymbol{\pi}_{S_1},\boldsymbol{\pi}_{S_2},\boldsymbol{\pi}_{S_3},\boldsymbol{\pi}_{S_4},\boldsymbol{\pi}_{S_5})$ 表示系统的稳态概率向量，它满足如下矩阵方程：$\boldsymbol{\pi Q}=0$，$\boldsymbol{\pi e}=1$，即：

$$\begin{cases}\boldsymbol{\pi}_{S_1}(\boldsymbol{T}\oplus\boldsymbol{L}+\boldsymbol{I}\otimes\boldsymbol{L}^0\boldsymbol{\gamma})+\boldsymbol{\pi}_{S_3}(\boldsymbol{I}\otimes\boldsymbol{S}^0\boldsymbol{\gamma})=0\\ \boldsymbol{\pi}_{S_1}(\boldsymbol{T}^0\boldsymbol{\alpha}\otimes\boldsymbol{I})+\boldsymbol{\pi}_{S_2}(\boldsymbol{T}\oplus\boldsymbol{L})=0\\ \boldsymbol{\pi}_{S_2}(\boldsymbol{I}\otimes\boldsymbol{L}^0\boldsymbol{\beta})+\boldsymbol{\pi}_{S_3}(\boldsymbol{T}\oplus\boldsymbol{S})+\boldsymbol{\pi}_{S_5}(\boldsymbol{S}^0\boldsymbol{\alpha}\otimes\boldsymbol{\beta})=0\\ \boldsymbol{\pi}_{S_2}(\boldsymbol{T}^0\otimes\boldsymbol{I})+\boldsymbol{\pi}_{S_4}\boldsymbol{L}=0\\ \boldsymbol{\pi}_{S_3}(\boldsymbol{T}^0\otimes\boldsymbol{I})+\boldsymbol{\pi}_{S_4}\boldsymbol{L}^0\boldsymbol{\beta}+\boldsymbol{\pi}_{S_5}\boldsymbol{S}=0\\ \boldsymbol{\pi}_{S_1}+\boldsymbol{\pi}_{S_2}+\boldsymbol{\pi}_{S_3}+\boldsymbol{\pi}_{S_4}+\boldsymbol{\pi}_{S_5}=1\end{cases}\tag{3-7}$$

经过一些简单的矩阵计算，可得如下表达式：

$$\boldsymbol{\pi}_{S_2}=\boldsymbol{\pi}_{S_1}\boldsymbol{G}_{S_2},\ \boldsymbol{\pi}_{S_4}=\boldsymbol{\pi}_{S_1}\boldsymbol{G}_{S_4}$$

其中，$\boldsymbol{G}_{S_2}=-(\boldsymbol{T}^0\boldsymbol{\alpha}\otimes\boldsymbol{I})(\boldsymbol{T}\oplus\boldsymbol{L})^{-1}$，$\boldsymbol{G}_{S_4}=(\boldsymbol{T}^0\boldsymbol{\alpha}\otimes\boldsymbol{I})(\boldsymbol{T}\oplus\boldsymbol{L})^{-1}(\boldsymbol{T}^0\otimes\boldsymbol{I})\boldsymbol{L}^{-1}$。

向量 $\boldsymbol{\pi}_{S_1}$、$\boldsymbol{\pi}_{S_3}$、$\boldsymbol{\pi}_{S_5}$是如下方程的解：

$$\begin{cases}\boldsymbol{\pi}_{S_1}(\boldsymbol{T}\oplus\boldsymbol{L}+\boldsymbol{I}\otimes\boldsymbol{L}^0\boldsymbol{\gamma})+\boldsymbol{\pi}_{S_3}(\boldsymbol{I}\otimes\boldsymbol{S}^0\boldsymbol{\gamma})=0\\ \boldsymbol{\pi}_{S_1}\boldsymbol{G}_{S_2}(\boldsymbol{I}\otimes\boldsymbol{L}^0\boldsymbol{\beta})+\boldsymbol{\pi}_{S_3}(\boldsymbol{T}\oplus\boldsymbol{S})+\boldsymbol{\pi}_{S_5}(\boldsymbol{S}^0\boldsymbol{\alpha}\otimes\boldsymbol{\beta})=0\\ \boldsymbol{\pi}_{S_1}\boldsymbol{G}_{S_4}\boldsymbol{L}^0\boldsymbol{\beta}+\boldsymbol{\pi}_{S_3}(\boldsymbol{T}^0\otimes\boldsymbol{I})+\boldsymbol{\pi}_{S_5}\boldsymbol{S}=0\\ \boldsymbol{\pi}_{S_1}(\boldsymbol{I}+\boldsymbol{G}_{S_2}+\boldsymbol{G}_{S_4})+\boldsymbol{\pi}_{S_3}+\boldsymbol{\pi}_{S_5}=1\end{cases}\tag{3-8}$$

（1）可用度

因为当系统占用宏状态 $\boldsymbol{S}_1$、$\boldsymbol{S}_2$、$\boldsymbol{S}_3$ 时，系统中有部件在线工作，所以容易得到：

$$A=\boldsymbol{\pi}_{S_1}\boldsymbol{e}_{mk}+\boldsymbol{\pi}_{S_2}\boldsymbol{e}_{mk}+\boldsymbol{\pi}_{S_3}\boldsymbol{e}_{mn}\tag{3-9}$$

（2）故障频度

下面将分别考虑在线部件的故障频度和系统的故障频度。

当系统占用宏状态 $\boldsymbol{S}_1$、$\boldsymbol{S}_2$、$\boldsymbol{S}_3$ 时，故障或许发生，且故障发生时，在线部件从正在工作的位相转移到吸收状态，而系统的维修位相和休假位相都不变，因此：

$$v_1=\boldsymbol{\pi}_{S_1}(\boldsymbol{T}^0\otimes\boldsymbol{e}_k)+\boldsymbol{\pi}_{S_2}(\boldsymbol{T}^0\otimes\boldsymbol{e}_k)+\boldsymbol{\pi}_{S_3}(\boldsymbol{T}^0\otimes\boldsymbol{e}_n)\tag{3-10}$$

当系统处于宏状态 $\boldsymbol{S}_4$ 和 $\boldsymbol{S}_5$ 时，系统中两个部件都发生了故障，即系统出现了故障，而系统只能分别从宏状态 $\boldsymbol{S}_2$ 和 $\boldsymbol{S}_3$ 转移到 $\boldsymbol{S}_4$ 和 $\boldsymbol{S}_5$，因此：

$$v_2 = \boldsymbol{\pi}_{S_2}(\boldsymbol{T}^0 \otimes \boldsymbol{e}_k) + \boldsymbol{\pi}_{S_3}(\boldsymbol{T}^0 \otimes \boldsymbol{e}_n) \tag{3-11}$$

（3）修理工工作的概率

因为宏状态 $\boldsymbol{S}_3$ 和 $\boldsymbol{S}_5$ 是修理工对故障部件进行维修的状态，因此：

$$p_W = \boldsymbol{\pi}_{S_3}\boldsymbol{e}_{mn} + \boldsymbol{\pi}_{S_5}\boldsymbol{e}_n \tag{3-12}$$

（4）系统两次故障间的平均时间

由于系统的初始向量为 $\boldsymbol{\alpha}\otimes\boldsymbol{\gamma}$，所以系统连续两次故障时间能够被直接得出，它是一个 PH 分布，即 $PH(\boldsymbol{f},\boldsymbol{Q}_{WW})$，其中 $\boldsymbol{f}=(\boldsymbol{\alpha}\otimes\boldsymbol{\gamma},\boldsymbol{0},\boldsymbol{0})_{2mk+mn}$，从而连续两次故障的平均时间间隔为 $\mu = -\boldsymbol{f}\boldsymbol{Q}_{WW}^{-1}\boldsymbol{e}_{2mk+mn}$。

3.2 离散时间情形下系统模型

3.2.1 离散时间情形下系统模型假设

考虑由 2 个部件和 1 个修理工组成的冷贮备离散时间可修系统：

假设 3-5：$\kappa=0$ 时刻，系统中两个部件都是完好无损的，其中一个部件在线开始工作，另一个部件冷贮备，修理工开始休假；若在线工作部件发生故障，则冷贮备部件（如果系统中有贮备部件）替换故障部件在线开始工作，故障部件进入维修车间等待维修。

假设 3-6：修理工采用多重休假策略。

假设 3-7：在线部件的寿命用 X 表示，故障部件的维修时间用 Y 表示，修理工的休假时间用 Z 表示，这三个随机变量相互独立，且都服从不同的离散 PH 分布，即 $X\sim PH(\tilde{\boldsymbol{\alpha}},\tilde{\boldsymbol{T}})$，位相的阶数为 m'，$Y\sim PH(\tilde{\boldsymbol{\beta}},\tilde{\boldsymbol{S}})$，位相的阶数为 k'，$Z\sim PH(\tilde{\boldsymbol{\gamma}},\tilde{\boldsymbol{L}})$，位相的阶数为 n'。

3.2.2 离散时间情形下系统的状态空间和转移概率矩阵

基于离散时间情形下的系统假设 3-5、假设 3-6 和假设 3-7，系统可以用一个离散时间马尔可夫链 $\{X_n, n=0,1,2,\cdots\}$ 来描述，其状态空间是 $\boldsymbol{S}'=\{\boldsymbol{S}'_1,\boldsymbol{S}'_2,\boldsymbol{S}'_3,\boldsymbol{S}'_4,\boldsymbol{S}'_5\}$，其中 $\boldsymbol{S}'_1$，$\boldsymbol{S}'_2$，$\boldsymbol{S}'_3$，$\boldsymbol{S}'_4$，$\boldsymbol{S}'_5$是宏状态，下面给出这些宏状态表示的具体意义。

$\boldsymbol{S}'_1=\{(0,i,l),1\leqslant i\leqslant m',1\leqslant l\leqslant k'\}$表示系统中没有故障部件，修理工在休假，在线部件工作时间的位相为 i，修理工休假时间的位相为 l。

$\boldsymbol{S}'_2=\{(1,i,l),1\leqslant i\leqslant m',1\leqslant l\leqslant k'\}$表示系统中一个部件在线工作，另一个故障等待维修，因为修理工休假还没有结束，在线部件工作时间的位相为 i，修理工休假时间的位相为 l。

$\boldsymbol{S}'_3=\{(1,i,j),1\leqslant i\leqslant m',1\leqslant j\leqslant n'\}$表示系统中一个部件在线工作，另一个故障且修理工正在维修这个故障部件，在线部件工作时间的位相为 i，故障部件维修时间的位相为 j。

$\boldsymbol{S}'_4=\{(2,l),1\leqslant l\leqslant k'\}$表示系统中两个部件都出现了故障，修理工休假还没有结束，修理工休假时间的位相为 l。

$\boldsymbol{S}'_5=\{(2,j),1\leqslant j\leqslant n'\}$表示系统中两个部件都出现了故障，修理工按照维修规则维修第一个出现故障的部件，故障部件维修时间的位相为 j。

基于以上假设，系统的状态空间 $\boldsymbol{S}'$可划分为工作状态集 $\boldsymbol{W}$ 和故障状态集 $\boldsymbol{F}$，其中 $\boldsymbol{W}=\{\boldsymbol{S}'_1,\boldsymbol{S}'_2,\boldsymbol{S}'_3\}$，$\boldsymbol{F}=\{\boldsymbol{S}'_4,\boldsymbol{S}'_5\}$。用矩阵 $\boldsymbol{P}$ 表示系统的转移概率矩阵，则：

$$
\boldsymbol{P}=\begin{array}{c} \boldsymbol{S}'_1 \\ \boldsymbol{S}'_2 \\ \boldsymbol{S}'_3 \\ \boldsymbol{S}'_4 \\ \boldsymbol{S}'_5 \end{array}
\overset{\begin{array}{ccccc} \boldsymbol{S}'_1 & \boldsymbol{S}'_2 & \boldsymbol{S}'_3 & \boldsymbol{S}'_4 & \boldsymbol{S}'_5 \end{array}}{\begin{pmatrix}
\tilde{\boldsymbol{T}}\otimes\tilde{\boldsymbol{L}}+\tilde{\boldsymbol{T}}\otimes\tilde{\boldsymbol{L}}^0\tilde{\boldsymbol{\gamma}} & \tilde{\boldsymbol{T}}^0\tilde{\boldsymbol{\alpha}}\otimes\tilde{\boldsymbol{L}} & \tilde{\boldsymbol{T}}^0\tilde{\boldsymbol{\alpha}}\otimes\tilde{\boldsymbol{L}}^0\otimes\tilde{\boldsymbol{\beta}} & 0 & 0 \\
0 & \tilde{\boldsymbol{T}}\otimes\tilde{\boldsymbol{L}} & \tilde{\boldsymbol{T}}\otimes\tilde{\boldsymbol{L}}^0\otimes\tilde{\boldsymbol{\beta}} & \tilde{\boldsymbol{T}}^0\otimes\tilde{\boldsymbol{L}} & \tilde{\boldsymbol{T}}^0\otimes\tilde{\boldsymbol{L}}^0\otimes\tilde{\boldsymbol{\beta}} \\
\tilde{\boldsymbol{T}}\otimes\tilde{\boldsymbol{S}}^0\otimes\tilde{\boldsymbol{\gamma}} & 0 & \tilde{\boldsymbol{T}}\otimes\tilde{\boldsymbol{S}}+\tilde{\boldsymbol{T}}^0\tilde{\boldsymbol{\alpha}}\otimes\tilde{\boldsymbol{S}}^0\tilde{\boldsymbol{\beta}} & 0 & \tilde{\boldsymbol{T}}^0\otimes\tilde{\boldsymbol{S}} \\
0 & 0 & 0 & \tilde{\boldsymbol{L}} & \tilde{\boldsymbol{L}}^0\otimes\tilde{\boldsymbol{\beta}} \\
0 & 0 & \tilde{\boldsymbol{\alpha}}\otimes\tilde{\boldsymbol{S}}^0\tilde{\boldsymbol{\beta}} & 0 & \tilde{\boldsymbol{S}}
\end{pmatrix}}
\tag{3-13}
$$

下面给出转移概率矩阵 $\boldsymbol{P}$ 中的元素。

转移 $S_1' \to S_1'$ 对应的转移概率矩阵为 $\tilde{\boldsymbol{T}} \otimes \tilde{\boldsymbol{L}} + \tilde{\boldsymbol{T}} \otimes \tilde{\boldsymbol{L}}^0 \tilde{\boldsymbol{\gamma}}$。第一项和是因为在线工作部件没有发生故障且修理工在休假，且在离散时间情形下，在线部件工作时间的位相和修理工休假时间的位相可以同时变化，所以记为 $\tilde{\boldsymbol{T}} \otimes \tilde{\boldsymbol{L}}$；第二项和是因为修理工以概率向量 $\tilde{\boldsymbol{L}}^0$ 从休假返回但发现系统中两个部件都完好，所以立即以向量 $\tilde{\boldsymbol{\gamma}}$ 开始第二次休假，所以记为 $\tilde{\boldsymbol{T}} \otimes \tilde{\boldsymbol{L}}^0 \tilde{\boldsymbol{\gamma}}$。

转移 $S_1' \to S_2'$ 对应的转移概率矩阵为 $\tilde{\boldsymbol{T}}^0 \tilde{\boldsymbol{\alpha}} \otimes \tilde{\boldsymbol{L}}$。这是因为在线工作的部件以概率向量 $\tilde{\boldsymbol{T}}^0$ 发生故障，修理工仍然在休假 $\tilde{\boldsymbol{L}}$，所以故障部件等待维修，且冷贮备部件立即代替故障部件在线以向量 $\tilde{\boldsymbol{\alpha}}$ 开始工作。

转移 $S_1' \to S_3'$ 对应的转移概率矩阵为 $\tilde{\boldsymbol{T}}^0 \tilde{\boldsymbol{\alpha}} \otimes \tilde{\boldsymbol{L}}^0 \otimes \tilde{\boldsymbol{\beta}}$。这是因为在线工作的部件以概率向量 $\tilde{\boldsymbol{T}}^0$ 发生故障，冷贮备部件立即代替故障部件在线以向量 $\tilde{\boldsymbol{\alpha}}$ 开始工作；修理工以向量 $\tilde{\boldsymbol{L}}^0$ 结束休假，且以向量 $\tilde{\boldsymbol{\beta}}$ 开始维修这个故障部件。

转移 $S_2' \to S_2'$ 对应的转移概率矩阵为 $\tilde{\boldsymbol{T}} \otimes \tilde{\boldsymbol{L}}$。这是因为在线工作部件没有发生故障且修理工在休假，所以故障部件等待维修，且在离散时间情形下，在线部件工作时间的位相和修理工休假时间的位相可以同时变化，记为 $\tilde{\boldsymbol{T}} \otimes \tilde{\boldsymbol{L}}$。

转移 $S_2' \to S_3'$ 对应的转移概率矩阵为 $\tilde{\boldsymbol{T}} \otimes \tilde{\boldsymbol{L}}^0 \otimes \tilde{\boldsymbol{\beta}}$。这是因为在线工作的部件没有发生故障，修理工以概率向量 $\tilde{\boldsymbol{L}}^0$ 结束休假，且以初始向量 $\tilde{\boldsymbol{\beta}}$ 开始维修等待维修的故障部件。

转移 $S_2' \to S_4'$ 对应的转移概率矩阵为 $\tilde{\boldsymbol{T}}^0 \otimes \tilde{\boldsymbol{L}}$。这是因为在线工作的部件以概率向量 $\tilde{\boldsymbol{T}}^0$ 发生了故障，而修理工休假没有结束 $\tilde{\boldsymbol{L}}$，所以系统中两

个故障部件都等待维修。

转移 $S_2' \to S_5'$ 对应的转移概率矩阵为 $\tilde{\boldsymbol{T}}^0 \otimes \tilde{\boldsymbol{L}}^0 \otimes \tilde{\boldsymbol{\beta}}$。这是因为在线工作的部件以概率向量 $\tilde{\boldsymbol{T}}^0$ 发生了故障，修理工以概率向量 $\tilde{\boldsymbol{L}}^0$ 结束了休假，且按照维修规则以向量 $\tilde{\boldsymbol{\beta}}$ 开始维修先前发生故障的部件。

转移 $S_3' \to S_1'$ 对应的转移概率矩阵为 $\tilde{\boldsymbol{T}} \otimes \tilde{\boldsymbol{S}}^0 \otimes \tilde{\boldsymbol{\gamma}}$。这是因为在线工作的部件没有发生故障 $\tilde{\boldsymbol{T}}$，修理工以概率向量 $\tilde{\boldsymbol{S}}^0$ 把故障部件维修完成，且以初始向量 $\tilde{\boldsymbol{\gamma}}$ 开始他的休假。

转移 $S_3' \to S_3'$ 对应的转移概率矩阵为 $\tilde{\boldsymbol{T}} \otimes \tilde{\boldsymbol{S}} + \tilde{\boldsymbol{T}}^0 \tilde{\boldsymbol{\alpha}} \otimes \tilde{\boldsymbol{S}}^0 \tilde{\boldsymbol{\beta}}$。第一项和 $\tilde{\boldsymbol{T}} \otimes \tilde{\boldsymbol{S}}$ 表示在线工作的部件仍然在工作 $\tilde{\boldsymbol{T}}$，且修理工仍然在维修故障的部件 $\tilde{\boldsymbol{S}}$；第二项和 $\tilde{\boldsymbol{T}}^0 \tilde{\boldsymbol{\alpha}} \otimes \tilde{\boldsymbol{S}}^0 \tilde{\boldsymbol{\beta}}$ 表示修理工以概率向量 $\tilde{\boldsymbol{S}}^0$ 维修完成故障部件，且这个部件立即以向量 $\tilde{\boldsymbol{\alpha}}$ 在线工作，因为在线工作的部件以概率向量 $\tilde{\boldsymbol{T}}^0$ 发生了故障。

转移 $S_3' \to S_5'$ 对应的转移概率矩阵为 $\tilde{\boldsymbol{T}}^0 \otimes \tilde{\boldsymbol{S}}$。这是因为在线工作的部件以概率向量 $\tilde{\boldsymbol{T}}^0$ 发生了故障，而修理工正在维修先前发生故障的部件 $\tilde{\boldsymbol{S}}$，所以这个故障部件等待维修。

转移 $S_4' \to S_4'$ 对应的转移概率矩阵为 $\tilde{\boldsymbol{L}}$。这是因为修理工休假没有结束 $\tilde{\boldsymbol{L}}$，所以系统中的两个故障部件继续等待维修。

转移 $S_4' \to S_5'$ 对应的转移概率矩阵为 $\tilde{\boldsymbol{L}}^0 \otimes \tilde{\boldsymbol{\beta}}$。这是因为修理工以概率向量 $\tilde{\boldsymbol{L}}^0$ 结束休假，且按照维修规则以初始向量 $\tilde{\boldsymbol{\beta}}$ 维修先发生故障的部件。

转移 $S_5' \to S_3'$ 对应的转移概率矩阵为 $\tilde{\boldsymbol{\alpha}} \otimes \tilde{\boldsymbol{S}}^0 \tilde{\boldsymbol{\beta}}$。这是因为修理工按

照维修规则以概率向量 $\tilde{\boldsymbol{S}}^0$ 维修完成先发生故障的部件，继续以向量 $\tilde{\boldsymbol{\beta}}$ 开始维修另一个故障部件，且维修好的部件以初始向量 $\tilde{\boldsymbol{\alpha}}$ 在线开始工作。

转移 $\boldsymbol{S}'_5 \to \boldsymbol{S}'_5$ 对应的转移概率矩阵为 $\tilde{\boldsymbol{S}}$。这是因为修理工对故障部件的维修没有完成。

3.2.3 离散时间情形下系统的瞬时性能测度

（1）可用度

当系统占用宏状态 $\boldsymbol{S}'_1$、$\boldsymbol{S}'_2$、$\boldsymbol{S}'_3$时，系统中至少有一个部件是可用的，所以系统在时刻 $\boldsymbol{\kappa}$ 的可用度为：

$$A(\boldsymbol{\kappa}) = \boldsymbol{P}^{\kappa}_{s'_1}\boldsymbol{e} + \boldsymbol{P}^{\kappa}_{s'_2}\boldsymbol{e} + \boldsymbol{P}^{\kappa}_{s'_3}\boldsymbol{e} \tag{3-14}$$

其中，$\boldsymbol{P}^{\kappa}_{s'_i}$（$i=1, 2, 3$）为时刻 $\boldsymbol{\kappa}$ 系统处于宏状态中子集 $\boldsymbol{S}'_i$的概率，且 $\boldsymbol{P}^{\kappa}_{s'_1} = [(\tilde{\boldsymbol{\alpha}} \otimes \tilde{\boldsymbol{\gamma}}, \boldsymbol{0})\boldsymbol{P}^{\kappa}]_{1:mk}$，$\boldsymbol{P}^{\kappa}_{s'_2} = [(\tilde{\boldsymbol{\alpha}} \otimes \tilde{\boldsymbol{\gamma}}, \boldsymbol{0})\boldsymbol{P}^{\kappa}]_{mk+1:2mk}$，$\boldsymbol{P}^{\kappa}_{s'_3} = [(\tilde{\boldsymbol{\alpha}} \otimes \tilde{\boldsymbol{\gamma}}, \boldsymbol{0})\boldsymbol{P}^{\kappa}]_{2mk+1:2mk+mn}$，$(\tilde{\boldsymbol{\alpha}} \otimes \tilde{\boldsymbol{\gamma}}, \boldsymbol{0})$是系统在初始时刻处于各个状态的概率向量。

（2）故障的条件概率

因为宏状态 $\boldsymbol{S}'_1$、$\boldsymbol{S}'_2$或者 $\boldsymbol{S}'_3$是在线部件可能发生故障的状态，所以在线部件在时刻 $\boldsymbol{\kappa}$ 发生故障的条件概率为：

$$v^{\kappa} = \boldsymbol{P}^{\kappa-1}_{s'_1}(\tilde{\boldsymbol{T}}^0 \otimes \boldsymbol{e}) + \boldsymbol{P}^{\kappa-1}_{s'_2}(\tilde{\boldsymbol{T}}^0 \otimes \boldsymbol{e}) + \boldsymbol{P}^{\kappa-1}_{s'_3}(\tilde{\boldsymbol{T}}^0 \otimes \boldsymbol{e}) \tag{3-15}$$

因为当系统占用宏状态 $\boldsymbol{S}'_2$或者 $\boldsymbol{S}'_3$时，系统可能发生故障，所以系统在时刻 $\boldsymbol{\kappa}$ 发生故障的条件概率为：

$$v^{\kappa}_s = P^{\kappa-1}_{s'_2}(\tilde{\boldsymbol{T}}^0 \otimes \boldsymbol{e}) + \boldsymbol{P}^{\kappa-1}_{s'_3}(\tilde{\boldsymbol{T}}^0 \otimes \boldsymbol{e}) \tag{3-16}$$

显然，系统故障的条件概率不会超过在线部件故障的条件概率。

（3）可靠度

系统的可靠度是在时间区间［0，$\boldsymbol{\kappa}$］系统一直在工作状态集 $\boldsymbol{W}$ 逗留的概率，所以定义一个状态空间为 $\boldsymbol{S}=\{\boldsymbol{S}'_1,\boldsymbol{S}'_2,\boldsymbol{S}'_3,\boldsymbol{S}^*\}$ 的马尔可夫链 $\{X_n^*,n=0,1,2,\cdots\}$，$\boldsymbol{S}^*$ 是吸收状态。该马尔可夫链的转移概率矩阵为：

$$\boldsymbol{P}^*=\begin{matrix} \\ \boldsymbol{S}'_1 \\ \boldsymbol{S}'_2 \\ \boldsymbol{S}'_3 \\ \boldsymbol{S}^* \end{matrix}\begin{matrix} \begin{matrix} \boldsymbol{S}'_1 & \boldsymbol{S}'_2 & \boldsymbol{S}'_3 & \boldsymbol{S}^* \end{matrix} \\ \begin{pmatrix} \tilde{\boldsymbol{T}}\otimes\tilde{\boldsymbol{L}}+\tilde{\boldsymbol{T}}\otimes\tilde{\boldsymbol{L}}^0\tilde{\boldsymbol{\gamma}} & \tilde{\boldsymbol{T}}^0\tilde{\boldsymbol{\alpha}}\otimes\tilde{\boldsymbol{L}} & \tilde{\boldsymbol{T}}^0\tilde{\boldsymbol{\alpha}}\otimes\tilde{\boldsymbol{L}}^0\otimes\tilde{\boldsymbol{\beta}} & 0 \\ 0 & \tilde{\boldsymbol{T}}\otimes\tilde{\boldsymbol{L}} & \tilde{\boldsymbol{T}}\otimes\tilde{\boldsymbol{L}}^0\otimes\tilde{\boldsymbol{\beta}} & \tilde{\boldsymbol{T}}^0\otimes\tilde{\boldsymbol{L}}\boldsymbol{e}+\tilde{\boldsymbol{T}}^0\otimes\tilde{\boldsymbol{L}}^0\otimes\tilde{\boldsymbol{\beta}}\boldsymbol{e} \\ \tilde{\boldsymbol{T}}\otimes\tilde{\boldsymbol{S}}^0\otimes\tilde{\boldsymbol{\gamma}} & 0 & \tilde{\boldsymbol{T}}\otimes\tilde{\boldsymbol{S}}+\tilde{\boldsymbol{T}}^0\tilde{\boldsymbol{\alpha}}\otimes\tilde{\boldsymbol{S}}^0\tilde{\boldsymbol{\beta}} & \tilde{\boldsymbol{T}}^0\otimes\tilde{\boldsymbol{S}}\boldsymbol{e} \\ 0 & 0 & 0 & 1 \end{pmatrix} \end{matrix} \tag{3-17}$$

令：

$$\boldsymbol{U}=\begin{matrix} \\ \boldsymbol{S}'_1 \\ \boldsymbol{S}'_2 \\ \boldsymbol{S}'_3 \end{matrix}\begin{matrix} \begin{matrix} \boldsymbol{S}'_1 & \boldsymbol{S}'_2 & \boldsymbol{S}'_3 \end{matrix} \\ \begin{pmatrix} \tilde{\boldsymbol{T}}\otimes\tilde{\boldsymbol{L}}+\tilde{\boldsymbol{T}}\otimes\tilde{\boldsymbol{L}}^0\tilde{\boldsymbol{\gamma}} & \tilde{\boldsymbol{T}}^0\tilde{\boldsymbol{\alpha}}\otimes\tilde{\boldsymbol{L}} & \tilde{\boldsymbol{T}}^0\tilde{\boldsymbol{\alpha}}\otimes\tilde{\boldsymbol{L}}^0\otimes\tilde{\boldsymbol{\beta}} \\ 0 & \tilde{\boldsymbol{T}}\otimes\tilde{\boldsymbol{L}} & \tilde{\boldsymbol{T}}\otimes\tilde{\boldsymbol{L}}^0\otimes\tilde{\boldsymbol{\beta}} \\ \tilde{\boldsymbol{T}}\otimes\tilde{\boldsymbol{S}}^0\otimes\tilde{\boldsymbol{\gamma}} & 0 & \tilde{\boldsymbol{T}}\otimes\tilde{\boldsymbol{S}}+\tilde{\boldsymbol{T}}^0\tilde{\boldsymbol{\alpha}}\otimes\tilde{\boldsymbol{S}}^0\tilde{\boldsymbol{\beta}} \end{pmatrix} \end{matrix}$$

则系统的可靠度为：

$$R(\kappa)=(\tilde{\boldsymbol{\alpha}}\otimes\tilde{\boldsymbol{\gamma}},\boldsymbol{0})U^{\kappa}\boldsymbol{e} \tag{3-18}$$

系统首次故障前的平均时间为：

$$MTTFF=(\tilde{\boldsymbol{\alpha}}\otimes\tilde{\boldsymbol{\gamma}},\boldsymbol{0})(I-U)^{-1}\boldsymbol{e} \tag{3-19}$$

3.2.4 离散时间情形下系统的稳态性能测度

令向量 $\tilde{\boldsymbol{\pi}}=(\tilde{\boldsymbol{\pi}}_1,\tilde{\boldsymbol{\pi}}_2,\tilde{\boldsymbol{\pi}}_3,\tilde{\boldsymbol{\pi}}_4,\tilde{\boldsymbol{\pi}}_5)$表示系统达到稳态后分别处于宏状态 $\boldsymbol{S}'_1$、$\boldsymbol{S}'_2$、$\boldsymbol{S}'_3$、$\boldsymbol{S}'_4$、$\boldsymbol{S}'_5$中各个状态的概率向量，则这个稳态概率向量满足方程组 $\tilde{\boldsymbol{\pi}}\boldsymbol{P}=\tilde{\boldsymbol{\pi}}$ 且 $\tilde{\boldsymbol{\pi}}\boldsymbol{e}=1$，即：

$$\begin{cases}\tilde{\boldsymbol{\pi}}_1(\tilde{\boldsymbol{T}}\otimes\tilde{\boldsymbol{L}}+\tilde{\boldsymbol{T}}\otimes\tilde{\boldsymbol{L}}^0\tilde{\boldsymbol{\gamma}})+\tilde{\boldsymbol{\pi}}_3(\tilde{\boldsymbol{T}}\otimes\tilde{\boldsymbol{S}}^0\otimes\tilde{\boldsymbol{\gamma}})=\tilde{\boldsymbol{\pi}}_1\\ \tilde{\boldsymbol{\pi}}_1(\tilde{\boldsymbol{T}}^0\tilde{\boldsymbol{\alpha}}\otimes\tilde{\boldsymbol{L}})+\tilde{\boldsymbol{\pi}}_2(\tilde{\boldsymbol{T}}\otimes\tilde{\boldsymbol{L}})=\tilde{\boldsymbol{\pi}}_2\\ \tilde{\boldsymbol{\pi}}_1(\tilde{\boldsymbol{T}}^0\tilde{\boldsymbol{\alpha}}\otimes\tilde{\boldsymbol{L}}^0\otimes\tilde{\boldsymbol{\beta}})+\tilde{\boldsymbol{\pi}}_2(\tilde{\boldsymbol{T}}\otimes\tilde{\boldsymbol{L}}^0\otimes\tilde{\boldsymbol{\beta}})\\ +\tilde{\boldsymbol{\pi}}_3(\tilde{\boldsymbol{T}}\otimes\tilde{\boldsymbol{S}}+\tilde{\boldsymbol{T}}^0\tilde{\boldsymbol{\alpha}}\otimes\tilde{\boldsymbol{S}}^0\tilde{\boldsymbol{\beta}})+\boldsymbol{\pi}_5(\tilde{\boldsymbol{\alpha}}\otimes\tilde{\boldsymbol{S}}^0\tilde{\boldsymbol{\beta}})=\tilde{\boldsymbol{\pi}}_3\\ \tilde{\boldsymbol{\pi}}_2(\tilde{\boldsymbol{T}}^0\otimes\tilde{\boldsymbol{L}})+\tilde{\boldsymbol{\pi}}_4\tilde{\boldsymbol{L}}=\tilde{\boldsymbol{\pi}}_4\\ \tilde{\boldsymbol{\pi}}_2(\tilde{\boldsymbol{T}}^0\otimes\tilde{\boldsymbol{L}}^0\otimes\tilde{\boldsymbol{\beta}})+\tilde{\boldsymbol{\pi}}_3(\tilde{\boldsymbol{T}}^0\otimes\tilde{\boldsymbol{S}})+\boldsymbol{\pi}_4(\tilde{\boldsymbol{L}}^0\otimes\tilde{\boldsymbol{\beta}})+\tilde{\boldsymbol{\pi}}_5\tilde{\boldsymbol{S}}=\tilde{\boldsymbol{\pi}}_5\\ \tilde{\boldsymbol{\pi}}_1+\tilde{\boldsymbol{\pi}}_2+\tilde{\boldsymbol{\pi}}_3+\tilde{\boldsymbol{\pi}}_4+\tilde{\boldsymbol{\pi}}_5=1\end{cases}\tag{3-20}$$

通过使用 Matlab 软件很容易求得这个方程的数值解。

在式（3－14）中让 $\kappa\to\infty$取极限，可得系统的稳态可用度：

$$\tilde{A}=\tilde{\boldsymbol{\pi}}_1\boldsymbol{e}+\tilde{\boldsymbol{\pi}}_2\boldsymbol{e}+\tilde{\boldsymbol{\pi}}_3\boldsymbol{e}=1-\tilde{\boldsymbol{\pi}}_4\boldsymbol{e}-\tilde{\boldsymbol{\pi}}_5\boldsymbol{e}\tag{3-21}$$

稳态时在线部件故障的条件概率为：

$$\tilde{v}=\tilde{\boldsymbol{\pi}}_1(\tilde{\boldsymbol{T}}^0\otimes\boldsymbol{e})+\tilde{\boldsymbol{\pi}}_2(\tilde{\boldsymbol{T}}^0\otimes\boldsymbol{e})+\tilde{\boldsymbol{\pi}}_3(\tilde{\boldsymbol{T}}^0\otimes\boldsymbol{e})\tag{3-22}$$

稳态时系统故障的条件概率为：

$$\tilde{v}_s=\tilde{\boldsymbol{\pi}}_2(\tilde{\boldsymbol{T}}^0\otimes\boldsymbol{e})+\tilde{\boldsymbol{\pi}}_3(\tilde{\boldsymbol{T}}^0\otimes\boldsymbol{e})\tag{3-23}$$

3.3 数值算例

3.3.1 连续时间情形下数值算例

以下考虑由两个部件和一个修理工组成的冷贮备可修系统，修理工采用多重休假策略。假设在线工作部件的寿命为 $PH(\boldsymbol{\alpha},\boldsymbol{T})$，其中：

$$\boldsymbol{\alpha}=(1,0),\quad \boldsymbol{T}=\begin{pmatrix}-0.4 & 0.35\\ 0.30 & -0.4\end{pmatrix},\quad \boldsymbol{T}^0=\begin{pmatrix}0.05\\ 0.10\end{pmatrix}$$

有两个工作位相，系统从第一个位相开始工作，且可以求得平均工作时间为13.6364。

部件故障后维修时间的分布为$PH(\boldsymbol{\beta},\boldsymbol{S})$，其中：

$$\boldsymbol{\beta}=(1,0),\quad \boldsymbol{S}=\begin{pmatrix}-1.2 & 0.65\\ 0.65 & -1.2\end{pmatrix},\quad \boldsymbol{S}^0=\begin{pmatrix}0.55\\ 0.55\end{pmatrix}$$

平均维修时间为1.8182。

修理工休假时间的分布为$PH(\boldsymbol{\gamma},\boldsymbol{L})$，其中：

$$\boldsymbol{\gamma}=(1,0),\quad \boldsymbol{L}=\begin{pmatrix}-1.5 & 0.85\\ 0.85 & -1.5\end{pmatrix},\quad \boldsymbol{L}^0=\begin{pmatrix}0.65\\ 0.65\end{pmatrix}$$

平均休假时间为1.5385。

运用本章中3.1.4节的结论和Matlab软件，可以求得系统的稳态概率向量为：

$$\boldsymbol{\pi}_{S_1}=(0.2527,0.1349,0.2542,0.1386)$$
$$\boldsymbol{\pi}_{S_2}=(0.0341,0.0277,0.0107,0.0099)$$
$$\boldsymbol{\pi}_{S_3}=(0.0462,0.0215,0.0244,0.0146)$$
$$\boldsymbol{\pi}_{S_4}=(0.0040,0.0039)$$
$$\boldsymbol{\pi}_{S_5}=(0.0133,0.0093)$$

表3-1是冷贮备可修系统的性能测度。通过表3-1可以看出，这些性能指标在时刻$t=8$之后基本达到稳定值，且在稳态情形下，系统处于宏状态$\boldsymbol{S}_1$的可能性最大，系统78.04%的时间处于宏状态$\boldsymbol{S}_1$，8.24%的时间处于宏状态$\boldsymbol{S}_2$，10.67%的时间处于宏状态$\boldsymbol{S}_3$，处于宏状态$\boldsymbol{S}_4$和$\boldsymbol{S}_5$的总时间大约占3.05%，说明该可修系统可靠性是较高的。容易求得在稳态情形下，系统的可用度为$A=0.9695$，且连续两次系统故障的平均时间间隔为$\mu=85.4227$。

表3-1　　　　冷贮备可修系统的性能测度

t	0	2	4	6	8	10	∞
$(\boldsymbol{\alpha}\otimes\boldsymbol{\gamma})\boldsymbol{P}_{S_1S_1}(t)\boldsymbol{e}_{mk}$	1	0.8981	0.8328	0.801	0.7804	0.7804	0.7804
$(\boldsymbol{\alpha}\otimes\boldsymbol{\gamma})\boldsymbol{P}_{S_1S_2}(t)\boldsymbol{e}_{mk}$	0	0.0636	0.0814	0.0824	0.0824	0.0824	0.0824

续表

t	0	2	4	6	8	10	∞
$(\boldsymbol{\alpha}\otimes\boldsymbol{\gamma})\boldsymbol{P}_{S_1S_3}(t)\boldsymbol{e}_{mn}$	0	0.0344	0.0824	0.0896	0.1067	0.1067	0.1067
$(\boldsymbol{\alpha}\otimes\boldsymbol{\gamma})\boldsymbol{P}_{S_1S_4}(t)\boldsymbol{e}_{k}$	0	0.0028	0.0824	0.0074	0.0079	0.0079	0.0079
$(\boldsymbol{\alpha}\otimes\boldsymbol{\gamma})\boldsymbol{P}_{S_1S_5}(t)\boldsymbol{e}_{n}$	0	0.0023	0.0824	0.0154	0.0194	0.0226	0.0026
$v_1(t)$	0	0.0678	0.0824	0.0714	0.0711	0.0711	0.0711
$v_2(t)$	0	0.0059	0.0824	0.0114	0.0124	0.0124	0.0124
$p_W(t)$	0	0.0355	0.0824	0.1066	0.1239	0.1239	0.1239

3.3.2 离散时间情形下数值算例

潜水泵是工业生产生活中常用的深井提水设备，它主要用于矿山抢险、建设施工排水、农业水排灌、工业水循环、城乡居民饮用水供应，甚至抢险救灾。假设某供水系统由两个潜水泵和一个供水系统维护工（修理工）组成，其中一个潜水泵工作维持系统供水，另一个潜水泵冷贮备，供水系统维护工可以兼职做一些其他工作，即采用多重休假策略。

潜水泵的工作时间 $X\sim PH(\tilde{\boldsymbol{\alpha}},\tilde{\boldsymbol{T}})$，且：

$$\tilde{\boldsymbol{\alpha}}=(1,0),\tilde{\boldsymbol{T}}=\begin{pmatrix}0.995 & 0.005\\ 0 & 0.95\end{pmatrix},\tilde{\boldsymbol{T}}^0=\begin{pmatrix}0\\ 0.05\end{pmatrix}$$

X 的均值为 220 时。

故障潜水泵的维修时间 $Y\sim PH(\tilde{\boldsymbol{\beta}},\tilde{\boldsymbol{S}})$，且：

$$\tilde{\boldsymbol{\beta}}=(1,0),\tilde{\boldsymbol{S}}=\begin{pmatrix}0.7 & 0.2\\ 0.1 & 0.8\end{pmatrix},\tilde{\boldsymbol{S}}^0=\begin{pmatrix}0.1\\ 0.1\end{pmatrix}$$

Y 的均值为 10 时。

供水系统维护工的休假时间 $Z\sim PH(\tilde{\boldsymbol{\gamma}},\tilde{\boldsymbol{L}})$，且：

$$\tilde{\boldsymbol{\gamma}}=(1,0),\tilde{\boldsymbol{L}}=\begin{pmatrix}0.2 & 0.75\\ 0.8 & 0.15\end{pmatrix},\tilde{\boldsymbol{L}}^0=\begin{pmatrix}0.05\\ 0.05\end{pmatrix}$$

Z 的均值为 20 时。

运用 Matlab 软件，可以求得稳态情形下，供水系统处于各个宏状态 $\boldsymbol{S}_1'$、$\boldsymbol{S}_2'$、$\boldsymbol{S}_3'$、$\boldsymbol{S}_4'$、$\boldsymbol{S}_5'$的概率分别为：

$$\tilde{\boldsymbol{\pi}}_1=(0.4211,0.3694,0.0448,0.0394)$$

$$\tilde{\boldsymbol{\pi}}_2=(0.0377,0.0354,0.0018,0.0017)$$

$$\tilde{\boldsymbol{\pi}}_3=(0.0201,0.0196,0.0012,0.0013)$$

$$\tilde{\boldsymbol{\pi}}_4=(0.0017,0.0016)$$

$$\tilde{\boldsymbol{\pi}}_5=(0.0013,0.0016)$$

由以上稳态概率向量容易求得，系统的稳态可用度为 $\tilde{A}=0.9938$，即该供水系统在稳态情形下大约有 99.38% 的时间处于工作状态，且从图 3－1可以看出，该供水系统的可用度曲线在时间区间［0，170］中快速下降，在时刻 $\kappa=170$ 之后，供水系统可用度曲线逐渐趋于平稳。从图 3－2 可以看出，供水系统的可用度曲线在 $\kappa=1.6\times10^4$ 时趋于零，容易求得供水系统首次故障前的平均时间为 $MTTFF=3449.6$。在线部件故障的条件概率曲线在时刻 $\kappa=80$ 之前急速上升，之后趋于平稳值 0.0045（见图 3－3）；系统故障的条件概率曲线在时刻 $\kappa=210$ 之前，急速上升，之后趋于平稳值 3.0432×10^{-4}（见图 3－4）。

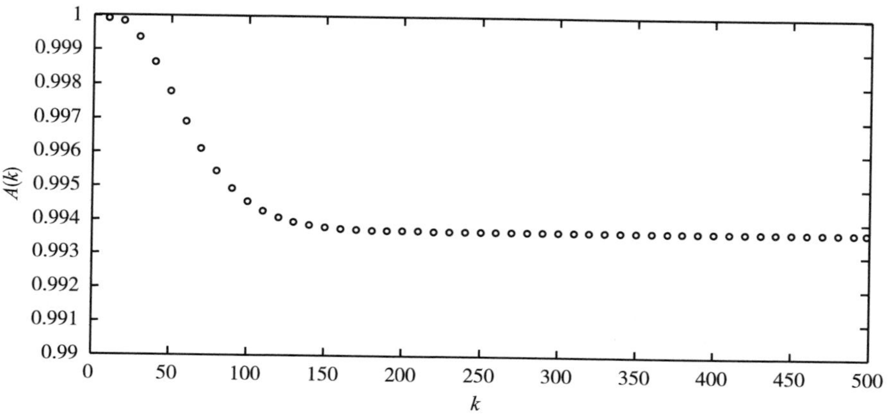

图 3－1　系统的可用度曲线

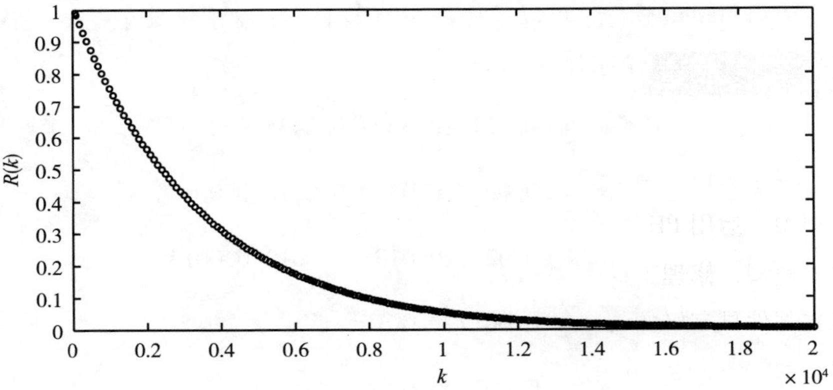

图 3－2　系统的可靠度曲线

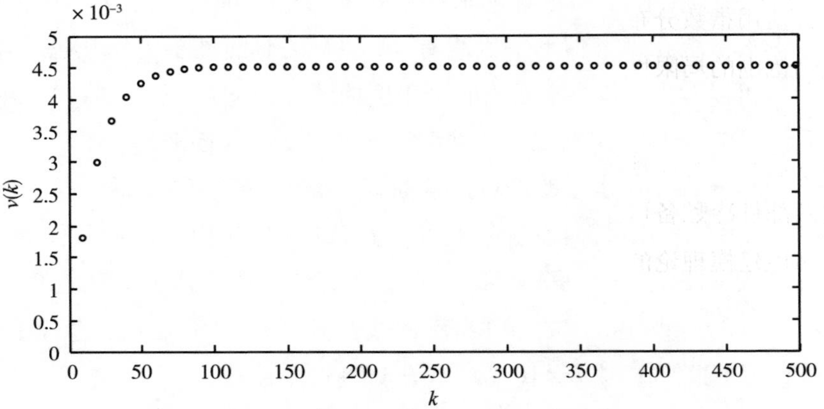

图 3－3　在线部件故障的条件概率曲线

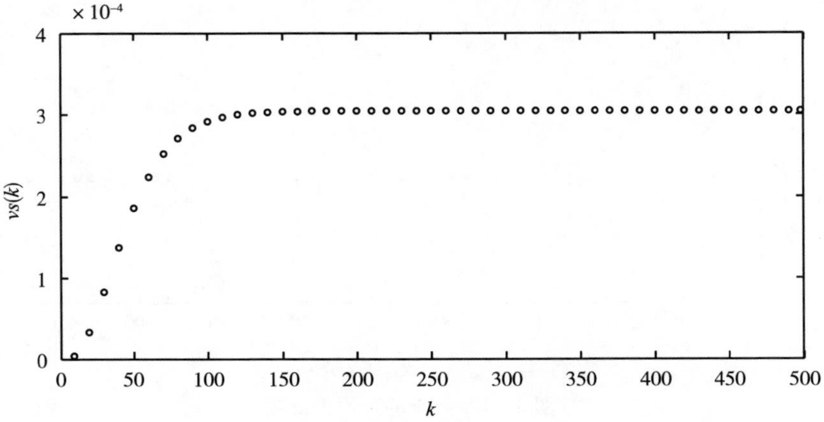

图 3－4　系统故障的条件概率曲线

3.4　本章小结

本章把排队论中服务员的多重休假思想引入两部件冷贮备可修系统模型中，运用 PH 分布，分别建立离散时间和连续时间两种情形下的可修系统模型，修理工多重休假可以大大提高修理工的利用率，即当系统中所有部件是完好的，修理工可以兼职做一些别的工作，为企业创造更多的利润。由于 PH 分布可以把任一个非负连续随机变量逼近到任意的精度，所以假定所涉及的随机时间服从不同的 PH 分布，克服了以往研究中常常使用指数分布的无记忆性和解析易处理的特点，但同时带来了模型适用范围的局限性。运用矩阵分析的方法，推导出了系统在连续时间和离散时间两种情形下的一些常见可靠性指标。通过一些数值算例对模型的合理性和有效性进行了验证。所得结论不仅可以为可靠性工程实际中的两部件冷贮备可修系统的可靠性评估活动提供决策指导，而且丰富了可靠性建模理论的内容。

第4章

修理工工作休假和休假中止的两部件冷贮备多状态可修系统

产品功能的多样化导致产品工作和维修过程的复杂化，从而对维修人员的维修效率也提出了较高的要求，在实际工程中的一些场合通过维修人员的多重休假策略确实可以大大提高系统的可靠性，降低企业人力资源的费用。但是对于一些实际工程情形，故障部件必须及时进行维修，否则将会给人们的生产生活活动带来严重的后果，如电力设施的故障、航空航天设备的故障等。显然在这种情形下，修理工的多重休假策略不能满足实际的需要，因此本章把修理工的工作休假和休假中止策略相结合，构建两部件冷贮备可修系统模型。此外，修理工连续两次休假时间的长短在实际工程中是存在一定的关联的。例如，随着产品工作时间的增加，故障的次数会越来越多，从而维修的次数也越来越多，相应的休假时间也应该越来越短，所以本章用马尔可夫到达过程刻画修理工连续两次休假时间的相依性。

4.1 系统模型假设

考虑由两个部件组成的冷贮备可修系统，有一个修理工对系统进行维修服务，且修理工采用工作休假和休假中止相结合的休假策略。只要有一个部件正常工作，系统就能正常运行；两个部件都处于故障状态，系统就停止工作。

假设4－1：修理工采用休假中止策略，基于以上的维修规则，修理工在没有完成休假时也可能从休假返回，且修理工只有在完成维修后系统中再没有故障部件时才能继续进行休假。

假设4－2：两个部件故障后能被修复如新，维修规则是“先故障先维修”。两个部件处于正常工作状态时，修理工能进行随机时间的休假，且在系统里没有故障部件等待维修时，修理工遵从多重休假策略。

假设4－3：在线工作部件的寿命服从阶数为 m 的PH分布，记为 $PH(\boldsymbol{\alpha},\boldsymbol{W})$；在修理工常规维修期间，故障部件的维修时间服从阶数为 n_1 的PH分布，记为 $PH[\boldsymbol{\beta}^{(1)},\boldsymbol{S}]$；在修理工休假期间，系统中的故障部件也能够被维修，维修时间服从阶数为 n_2 的PH分布，记为 $PH[\boldsymbol{\beta}^{(2)},\boldsymbol{T}]$；在完成一次维修后，如果系统中再没有故障部件等待维修，修理工开始进行休假，休假时间被一个阶数为 k 的马尔可夫到达过程刻画，记为 $MAP(\boldsymbol{d},\boldsymbol{D}_0,\boldsymbol{D}_1)$，其中 $\boldsymbol{d}$ 表示初始概率向量，$\boldsymbol{D}_0$ 表示一个马尔可夫过程进入吸收状态前的转移率矩阵，表明休假没有结束，而 $\boldsymbol{D}_1$ 表示休假结束后过程如何重新开始。

假设4－4：如果修理工在休假期间维修故障部件时休假结束了，那么在休假时的维修位相 $i(1\leqslant i\leqslant n_2)$ 以概率 p_{ij} 转变为常规维修期间的维修位相 $j(1\leqslant j\leqslant n_1)$，且这个 $n_2\times n_1$ 转移概率矩阵记为 $\boldsymbol{P}=(p_{ij})$。

假设4－5：以上定义的所有随机时间分布相互独立。

事实上，一些实际工程中的模型能够基于上述假设进行构建。例如，在多引擎飞机里，如果只有一个引擎能够正常工作时，飞机不能爬坡和加速，但它能维持飞行。飞机上的一组引擎可以为飞机系统正常运行时提供需要的电力和能源，如飞机在地面也需要照明和空调、起落装置、航线控制及液压等。

基于双引擎飞机的运行环境，两个同样的引擎相当于两个部件，只要有一个引擎正常工作，飞机就能够平稳地飞行。配电系统相当于修理工的角色，当引擎系统正常工作时，修理工在休假，即正常地分配电力到飞机上的每个子系统。当正在工作的一个引擎出现故障中断，另一个引擎立即开始工作，修理工开始以较低的功率给维修系统分配电力以便检测和维修出现的故障。如果飞机在极端环境条件下另一个引擎也突然发生了故障，电力系统将停止给飞机上其他子系统供电，并以充足的电力供应来检测和维修故障，以避免飞机发生坠机事故。

4.2 系统的状态空间和转移率矩阵

本章4.1节中所建立的可修系统模型能够被一个连续时间的马尔可夫过程$\{X(t),t\geq 0\}$刻画，且具有宏状态空间$\boldsymbol{\Omega}=\{\boldsymbol{S}_1,\boldsymbol{S}_2,\boldsymbol{S}_3,\boldsymbol{S}_4,\boldsymbol{S}_5\}$。这些宏状态包含着系统在任意时刻所处情形的位相，具体定义如下。

宏状态$\boldsymbol{S}_1=\{(0,0,i,v),1\leq i\leq m,1\leq v\leq k\}$表示系统中两个部件都完好，且一个在线工作，另一个冷贮备，修理工在休假。在线部件工作时间的位相表示为i，v表示修理工休假时间的位相。

宏状态$\boldsymbol{S}_2=\{(1,0,i,v,l),1\leq i\leq m,1\leq v\leq k,1\leq l\leq n_2\}$表示系统中有一个部件在线工作，另一个部件发生故障且等待维修，修理工虽然在休假，但此时修理工将以较低的维修率维修这个故障部件。状态$(1,0,i,v,l)$表示系统中1个部件发生了故障，修理工在休假但以较低的速率维修故障部件，i表示在线部件工作时间的位相，v表示修理工休假时间的位相，l表示休假的维修时间的位相。

宏状态$\boldsymbol{S}_3=\{(1,1,i,j),1\leq i\leq m,1\leq j\leq n_1\}$，一个部件在线工作，另一个部件故障且修理工中止休假，并以常规修复率来维修故障部件。状

态 $(1,1,i,j)$ 表示系统中 1 个部件发生了故障，修理工中止休假以常规速率维修故障部件，i 表示在线部件工作时间的位相，j 表示常规维修的维修时间位相。

宏状态 $\boldsymbol{S}_4=\{(2,0,v,l),1\leqslant v\leqslant k,1\leqslant l\leqslant n_2\}$，系统中两个部件都发生了故障，修理工休假未中止，以较低的速率维修先发生故障的部件。状态 $(2,0,v,l)$ 表示系统中 2 个部件发生了故障，修理工在休假的同时以较低的速率维修先发生故障的部件，v 表示修理工休假时间的位相，l 表示休假的维修时间的位相。

宏状态 $\boldsymbol{S}_5=\{(2,1,j),1\leqslant j\leqslant n_1\}$，系统两个部件都发生了故障，修理工按照维修规则维修先发生故障的部件。状态 $(2,1,j)$ 表示系统中故障部件数是 2，修理工结束休假，且以常规维修时间维修先发生故障的部件，j 表示常规维修的修复时间位相。

该马尔可夫可修系统 $\{X(t),t\geqslant 0\}$ 的无穷小生成元记为 $\boldsymbol{Q}$，它是宏状态 $\{\boldsymbol{S}_1,\boldsymbol{S}_2,\boldsymbol{S}_3,\boldsymbol{S}_4,\boldsymbol{S}_5\}$ 之间的转移率分块矩阵，表达式如下：

$$\boldsymbol{Q}=\begin{pmatrix} \boldsymbol{W}\oplus\boldsymbol{D}_0+\boldsymbol{I}\otimes\boldsymbol{D}_1 & \boldsymbol{W}^0\boldsymbol{\alpha}\otimes\boldsymbol{I}\otimes\boldsymbol{\beta}^{(2)} & \boldsymbol{0} & \boldsymbol{0} & \boldsymbol{0} \\ \boldsymbol{I}\otimes\boldsymbol{I}\otimes\boldsymbol{T}^0 & \boldsymbol{W}\oplus\boldsymbol{D}_0\oplus\boldsymbol{T} & \boldsymbol{I}\otimes\boldsymbol{D}_1\boldsymbol{e}\otimes\boldsymbol{P} & \boldsymbol{W}^0\otimes\boldsymbol{I}\otimes\boldsymbol{I} & \boldsymbol{0} \\ \boldsymbol{I}\otimes\boldsymbol{S}^0\boldsymbol{d} & \boldsymbol{0} & \boldsymbol{W}\oplus\boldsymbol{S} & \boldsymbol{0} & \boldsymbol{W}^0\otimes\boldsymbol{I} \\ \boldsymbol{0} & \boldsymbol{0} & \boldsymbol{\alpha}\otimes\boldsymbol{e}\otimes\boldsymbol{T}^0\boldsymbol{\beta}^{(1)} & \boldsymbol{D}_0\oplus\boldsymbol{T} & \boldsymbol{D}_1\boldsymbol{e}\otimes\boldsymbol{P} \\ \boldsymbol{0} & \boldsymbol{0} & \boldsymbol{\alpha}\otimes\boldsymbol{S}^0\boldsymbol{\beta}^{(1)} & \boldsymbol{0} & \boldsymbol{S} \end{pmatrix} \tag{4-1}$$

下面解释这个转移率矩阵中各个分块矩阵的原因。

转移 $\boldsymbol{S}_1\to\boldsymbol{S}_1$ 是由分块矩阵 $\boldsymbol{W}\oplus\boldsymbol{D}_0+\boldsymbol{I}\otimes\boldsymbol{D}_1$ 决定的。第一项 $\boldsymbol{W}\oplus\boldsymbol{D}_0$ 对应于工作时间位相和休假时间位相只有一个发生变化；第二项 $\boldsymbol{I}\otimes\boldsymbol{D}_1$ 则对应于修理工休假结束发现系统中没有故障部件，修理工继续休假。

转移 $\boldsymbol{S}_1\to\boldsymbol{S}_2$ 是由分块矩阵 $\boldsymbol{W}^0\boldsymbol{\alpha}\otimes\boldsymbol{I}\otimes\boldsymbol{\beta}^{(2)}$ 决定的。该状态转移表示在线工作的部件以向量 $\boldsymbol{W}^0$ 发生了故障，冷贮备部件以初始向量 $\boldsymbol{\alpha}$ 立即代替在线部件开始工作，修理工的休假不受影响 $\boldsymbol{I}$，但以较低维修速率和初始向量 $\boldsymbol{\beta}^{(2)}$ 开始维修故障部件。

转移 $\boldsymbol{S}_2\rightarrow\boldsymbol{S}_1$ 是由分块矩阵 $\boldsymbol{I}\otimes\boldsymbol{I}\otimes\boldsymbol{T}^0$ 决定的。该状态转移表示修理工以较低维修速率将故障部件以向量 $\boldsymbol{T}^0$ 进行修复，而在线部件的工作位相和修理工的休假位相不变化。

转移 $\boldsymbol{S}_2\rightarrow\boldsymbol{S}_2$ 是由分块矩阵 $\boldsymbol{W}\oplus\boldsymbol{D}_0\oplus\boldsymbol{T}$ 决定的。$\boldsymbol{W}\oplus\boldsymbol{D}_0\oplus\boldsymbol{T}$ 表示工作时间位相、休假时间位相及维修时间位相只有一个发生变化的情形。

转移 $\boldsymbol{S}_2\rightarrow\boldsymbol{S}_3$ 是由分块矩阵 $\boldsymbol{I}\otimes\boldsymbol{D}_1\boldsymbol{e}\otimes\boldsymbol{P}$ 决定的。该状态转移表示修理工以向量 $\boldsymbol{D}_1\boldsymbol{e}$ 结束休假，并以较高的维修速率继续维修先前休假期间维修过的故障部件，工作时间位相不变化。概率矩阵 $\boldsymbol{P}$ 中第 i 行第 j 列元素表示休假中低维修率的维修时间位相 i（$1\leqslant i\leqslant n_2$）转变为常规维修的维修时间位相 j（$1\leqslant j\leqslant n_1$）的概率。

转移 $\boldsymbol{S}_2\rightarrow\boldsymbol{S}_4$ 是由分块矩阵 $\boldsymbol{W}^0\otimes\boldsymbol{I}\otimes\boldsymbol{I}$ 决定的。该状态转移表示在线工作的部件以向量 $\boldsymbol{W}^0$ 发生了故障且排队等待维修，因为修理工正在休假并维修先前发生故障的部件。

转移 $\boldsymbol{S}_3\rightarrow\boldsymbol{S}_1$ 是由分块矩阵 $\boldsymbol{I}\otimes\boldsymbol{S}^0\boldsymbol{d}$ 决定的。该状态转移表示修理工以向量 $\boldsymbol{S}^0$ 对故障部件的维修完成，且系统中所有部件都完好，所以修理工以向量 $\boldsymbol{d}$ 开始休假。

转移 $\boldsymbol{S}_3\rightarrow\boldsymbol{S}_3$ 是由分块矩阵 $\boldsymbol{W}\oplus\boldsymbol{S}$ 决定的。该状态转移包含两种情形：第一种情形 $\boldsymbol{W}\otimes\boldsymbol{I}$ 表示工作时间位相变化而维修时间位相不变化；第二种情形 $\boldsymbol{I}\otimes\boldsymbol{S}$ 表示维修时间位相变化而工作时间位相不变化。

转移 $\boldsymbol{S}_3\rightarrow\boldsymbol{S}_5$ 是由分块矩阵 $\boldsymbol{W}^0\otimes\boldsymbol{I}$ 决定的。该状态转移表示在线工作的部件以向量 $\boldsymbol{W}^0$ 发生了故障，且等待维修，因为修理工正在以正常维修速率维修先前发生故障的部件。

转移 $\boldsymbol{S}_4\rightarrow\boldsymbol{S}_3$ 是由分块矩阵 $\boldsymbol{\alpha}\otimes\boldsymbol{e}\otimes\boldsymbol{T}^0\boldsymbol{\beta}^{(1)}$ 决定的。$\boldsymbol{T}^0$ 表示修理工在休假中把正在维修的故障部件完成修复，且该部件立即以向量 $\boldsymbol{\alpha}$ 成为在线部件开始工作。由于系统中另一个故障部件正在等待维修，此时修理工立即停止休假，并以向量 $\boldsymbol{\beta}^{(1)}$ 开始维修该故障部件。

转移 $\boldsymbol{S}_4\rightarrow\boldsymbol{S}_4$ 是由分块矩阵 $\boldsymbol{D}_0\oplus\boldsymbol{T}$ 决定的。$\boldsymbol{D}_0\otimes\boldsymbol{I}$ 表示休假时间位相

变化而维修时间位相不变化；$\boldsymbol{I}\otimes\boldsymbol{T}$ 表示维修时间位相变化而休假时间位相不变化。

转移 $\boldsymbol{S}_4\to\boldsymbol{S}_5$ 是由分块矩阵 $\boldsymbol{D}_1\boldsymbol{e}\otimes\boldsymbol{P}$ 决定的。该状态转移表示修理工以向量 $\boldsymbol{D}_1\boldsymbol{e}$ 结束休假，并以较高的维修速率继续修复先前休假期间维修过的故障部件。概率矩阵 $\boldsymbol{P}$ 中第 i 行第 j 列元素表示休假中低维修率的维修时间位相 $i(1\leqslant i\leqslant n_2)$ 转变为常规维修的维修时间位相 $j(1\leqslant j\leqslant n_1)$ 的概率。

转移 $\boldsymbol{S}_5\to\boldsymbol{S}_3$ 是由分块矩阵 $\boldsymbol{\alpha}\otimes\boldsymbol{S}^0\boldsymbol{\beta}^{(1)}$ 决定的。$\boldsymbol{S}^0$ 表示修理工把正在维修的故障部件修复完成，修复后的部件立即以向量 $\boldsymbol{\alpha}$ 成为在线部件开始工作；由于系统中另一个故障部件仍在等待维修，因此以向量 $\boldsymbol{\beta}^{(1)}$ 开始修复该故障部件。

转移 $\boldsymbol{S}_5\to\boldsymbol{S}_5$ 是由分块矩阵 $\boldsymbol{S}$ 决定的。该状态转移表示其他时间位相没有发生变化，只有维修时间位相发生变化。

4.3 系统的性能度量

本节将分别讨论系统的瞬时性能度量和稳态性能度量。系统的转移概率函数能够记为 $\boldsymbol{P}(t)=[P_{ij}(t)]$，其中 $P_{ij}(t)$ 表示系统在 $t=0$ 时刻处于宏状态 i 的条件下，在时刻 t 时系统宏状态为 j 的条件概率，$i,j\in\{\boldsymbol{S}_1,\boldsymbol{S}_2,\boldsymbol{S}_3,\boldsymbol{S}_4,\boldsymbol{S}_5\}$。在满足约束条件 $\boldsymbol{P}(0)=\boldsymbol{I}$ 的情况下，能够容易得到 $\boldsymbol{P}(t)=\exp(\boldsymbol{Q}t)$。转移概率矩阵 $\boldsymbol{P}(t)$ 的元素是相应的宏状态的位相之间在时刻 t 的转移概率函数。

4.3.1 系统的瞬时性能测度

（1）可用度

系统按照向量 $\boldsymbol{\alpha}\otimes\boldsymbol{d}$ 开始运行，则在时刻 $\boldsymbol{t}$，系统占用宏状态 $\boldsymbol{S}_1$，$\boldsymbol{S}_2$，$\boldsymbol{S}_3$ 的概率分别能记为 $(\boldsymbol{\alpha}\otimes\boldsymbol{d})\boldsymbol{P}_{S_1S_1}(t)\boldsymbol{e}_{mk}$，$(\boldsymbol{\alpha}\otimes\boldsymbol{d})\boldsymbol{P}_{S_1S_2}(t)\boldsymbol{e}_{mkn_2}$，$(\boldsymbol{\alpha}\otimes\boldsymbol{d})\boldsymbol{P}_{S_1S_3}(t)$

$\boldsymbol{e}_{mn_1}$。时刻 t 系统的可用度定义为时刻 t 处于工作状态的概率，即：

$$A(t)=(\boldsymbol{\alpha}\otimes\boldsymbol{d})\boldsymbol{P}_{S_1S_1}(t)\boldsymbol{e}_{mk}+(\boldsymbol{\alpha}\otimes\boldsymbol{d})\boldsymbol{P}_{S_1S_2}(t)\boldsymbol{e}_{mkn_2}+(\boldsymbol{\alpha}\otimes\boldsymbol{d})\boldsymbol{P}_{S_1S_3}(t)\boldsymbol{e}_{mn_1} \tag{4-2}$$

（2）可靠度

令 $\boldsymbol{Q}_{WW}=\begin{pmatrix}\boldsymbol{W}\oplus\boldsymbol{D}_0+\boldsymbol{I}\otimes\boldsymbol{D}_1 & \boldsymbol{W}^0\boldsymbol{\alpha}\otimes\boldsymbol{I}\otimes\boldsymbol{\beta}^{(2)} & \boldsymbol{0}\\ \boldsymbol{I}\otimes\boldsymbol{I}\otimes\boldsymbol{T}^0 & \boldsymbol{W}\oplus\boldsymbol{D}_0\oplus\boldsymbol{T} & \boldsymbol{I}\otimes\boldsymbol{D}_1\boldsymbol{e}\otimes\boldsymbol{P}\\ \boldsymbol{I}\otimes\boldsymbol{S}^0\boldsymbol{d} & \boldsymbol{0} & \boldsymbol{W}\oplus\boldsymbol{S}\end{pmatrix}$，且系统的可靠度定义为系统在时间区间［0，$t$］一直处于工作状态的概率，即：

$$\begin{aligned}R(t)&=P\{\text{系统在时刻 } t \text{ 之前一直运行}\}\\&=(\boldsymbol{\alpha}\otimes\boldsymbol{d},\boldsymbol{0},\boldsymbol{0})_{[1\times(mk+mkn_2+mn_1)]}\exp(\boldsymbol{Q}_{WW}t)\boldsymbol{e}_{[(mk+mkn_2+mn_1)\times1]}\end{aligned} \tag{4-3}$$

（3）故障频度

时刻 t 在线部件的故障频度为：

$$\begin{aligned}v_1(t)=&(\boldsymbol{\alpha}\otimes\boldsymbol{d})\boldsymbol{P}_{S_1S_1}(t)(\boldsymbol{W}^0\otimes\boldsymbol{e}_k)+(\boldsymbol{\alpha}\otimes\boldsymbol{d})\boldsymbol{P}_{S_1S_2}(t)(\boldsymbol{W}^0\otimes\boldsymbol{e}_k\otimes\boldsymbol{e}_{n_2})\\&+(\boldsymbol{\alpha}\otimes\boldsymbol{d})\boldsymbol{P}_{S_1S_3}(t)(\boldsymbol{W}^0\otimes\boldsymbol{e}_{n_1})\end{aligned} \tag{4-4}$$

时刻 t 系统的故障频度为：

$$v_2(t)=(\boldsymbol{\alpha}\otimes\boldsymbol{d})\boldsymbol{P}_{S_1S_2}(t)(\boldsymbol{W}^0\otimes\boldsymbol{e}_k\otimes\boldsymbol{e}_{n_2})+(\boldsymbol{\alpha}\otimes\boldsymbol{d})\boldsymbol{P}_{S_1S_3}(t)(\boldsymbol{W}^0\otimes\boldsymbol{e}_{n_1}) \tag{4-5}$$

（4）修理工工作休假的概率

宏状态 $\boldsymbol{S}_2$ 或 $\boldsymbol{S}_4$ 是修理工处于休假的情形，因此，修理工在时刻 t 工作休假的概率为：

$$p_{WR}(t)=(\boldsymbol{\alpha}\otimes\boldsymbol{d})\boldsymbol{P}_{S_1S_2}(t)\boldsymbol{e}_{mkn_2}+(\boldsymbol{\alpha}\otimes\boldsymbol{d})\boldsymbol{P}_{S_1S_4}(t)\boldsymbol{e}_{kn_2} \tag{4-6}$$

（5）修理工正常维修的概率

宏状态 $\boldsymbol{S}_3$ 或 $\boldsymbol{S}_5$ 是修理工处于常规维修的情形，因此，修理工在时刻 t 进行常规维修的概率为：

$$p_{RR}(t)=(\boldsymbol{\alpha}\otimes\boldsymbol{d})\boldsymbol{P}_{S_1S_3}(t)\boldsymbol{e}_{mn_1}+(\boldsymbol{\alpha}\otimes\boldsymbol{d})\boldsymbol{P}_{S_1S_5}(t)\boldsymbol{e}_{n_1} \tag{4-7}$$

从而修理工工作的概率是 $p_{Busy}(t)=p_{WR}(t)+p_{RR}(t)$。

（6）修理工空闲的概率

宏状态 $\boldsymbol{S}_1$ 是系统中没有故障的部件且修理工空闲的情形，因此，修理工在时刻 t 空闲的概率为：

$$p_{ID}(t)=1-p_{Busy}(t)=(\boldsymbol{\alpha}\otimes\boldsymbol{d})\boldsymbol{P}_{S_1S_1}(t)\boldsymbol{e}_{mk} \tag{4-8}$$

4.3.2 系统的稳态性能测度

本小节将给出系统在稳态情形下的可靠性指标。

令 $\boldsymbol{\pi}=(\boldsymbol{\pi}_{S_1},\boldsymbol{\pi}_{S_2},\boldsymbol{\pi}_{S_3},\boldsymbol{\pi}_{S_4},\boldsymbol{\pi}_{S_5})$ 表示系统的稳态概率向量，它满足如下矩阵方程：$\boldsymbol{\pi Q}=\boldsymbol{0}$，$\boldsymbol{\pi e}=\boldsymbol{1}$，即：

$$\begin{cases}\boldsymbol{\pi}_{S_1}(\boldsymbol{W}\oplus\boldsymbol{D}_0+\boldsymbol{I}\otimes\boldsymbol{D}_1)+\boldsymbol{\pi}_{S_2}(\boldsymbol{I}\otimes\boldsymbol{I}\otimes\boldsymbol{T}^0)+\boldsymbol{\pi}_{S_3}(\boldsymbol{I}\otimes\boldsymbol{S}^0\boldsymbol{d})=\boldsymbol{0}\\ \boldsymbol{\pi}_{S_1}(\boldsymbol{W}^0\boldsymbol{\alpha}\otimes\boldsymbol{I}\otimes\boldsymbol{\beta}^{(2)})+\boldsymbol{\pi}_{S_2}(\boldsymbol{W}\oplus\boldsymbol{D}_0\oplus\boldsymbol{T})=\boldsymbol{0}\\ \boldsymbol{\pi}_{S_2}(\boldsymbol{I}\otimes\boldsymbol{D}_1\boldsymbol{e}\otimes\boldsymbol{P})+\boldsymbol{\pi}_{S_3}(\boldsymbol{W}\oplus\boldsymbol{S})+\boldsymbol{\pi}_{S_4}(\boldsymbol{\alpha}\otimes\boldsymbol{e}\otimes\boldsymbol{T}^0\boldsymbol{\beta}^{(1)})=\boldsymbol{0}\\ \boldsymbol{\pi}_{S_2}(\boldsymbol{W}^0\otimes\boldsymbol{I}\otimes\boldsymbol{I})+\boldsymbol{\pi}_{S_4}(\boldsymbol{D}_0\oplus\boldsymbol{T})+\boldsymbol{\pi}_{S_5}(\boldsymbol{\alpha}\otimes\boldsymbol{S}^0\boldsymbol{\beta}^{(1)})=\boldsymbol{0}\\ \boldsymbol{\pi}_{S_3}(\boldsymbol{W}^0\otimes\boldsymbol{I})+\boldsymbol{\pi}_{S_4}(\boldsymbol{D}_1\boldsymbol{e}\otimes\boldsymbol{P})+\boldsymbol{\pi}_{S_5}\boldsymbol{S}=\boldsymbol{0}\\ \boldsymbol{\pi}_{S_1}+\boldsymbol{\pi}_{S_2}+\boldsymbol{\pi}_{S_3}+\boldsymbol{\pi}_{S_4}+\boldsymbol{\pi}_{S_5}=\boldsymbol{1}\end{cases} \tag{4-9}$$

（1）可用度

系统达到稳态时，处于工作状态的概率即是系统的稳态可用度：

$$A=\boldsymbol{\pi}_{S_1}\boldsymbol{e}_{mk}+\boldsymbol{\pi}_{S_2}\boldsymbol{e}_{mkn_2}+\boldsymbol{\pi}_{S_3}\boldsymbol{e}_{mn_1} \tag{4-10}$$

（2）故障频度

单位时间内的故障次数是故障频度，下面分别考虑稳态时在线部件的故障频度和系统的故障频度。当系统占用宏状态 $\boldsymbol{S}_1$，$\boldsymbol{S}_2$ 或 $\boldsymbol{S}_3$ 时，在线部件的故障可能发生，即当在线部件占用的位相转移到吸收态，且维修时间位相和休假时间位相不变化时，在线部件发生了故障。因此，在线部件的故障频度为：

$$v_1=\boldsymbol{\pi}_{S_1}(\boldsymbol{W}^0\otimes\boldsymbol{e}_k)+\boldsymbol{\pi}_{S_2}(\boldsymbol{W}^0\otimes\boldsymbol{e}_k\otimes\boldsymbol{e}_{n_2})+\boldsymbol{\pi}_{S_3}(\boldsymbol{W}^0\otimes\boldsymbol{e}_{n_1}) \tag{4-11}$$

当系统占用宏状态 $\boldsymbol{S}_4$ 或 $\boldsymbol{S}_5$ 时，系统处于故障状态，且系统只能分别

从宏状态 $\boldsymbol{S}_2$ 和 $\boldsymbol{S}_3$ 转移到宏状态 $\boldsymbol{S}_4$ 和 $\boldsymbol{S}_5$，因此可以得出系统的故障频度：

$$v_2 = \boldsymbol{\pi}_{S_2}(\boldsymbol{W}^0 \otimes \boldsymbol{e}_k \otimes \boldsymbol{e}_{n_2}) + \boldsymbol{\pi}_{S_3}(\boldsymbol{W}^0 \otimes \boldsymbol{e}_{n_1}) \tag{4-12}$$

（3）修理工工作的概率

当系统处于宏状态 $\boldsymbol{S}_2$，$\boldsymbol{S}_3$，$\boldsymbol{S}_4$，$\boldsymbol{S}_5$ 时，修理工工作，因此修理工工作的概率为：

$$p_W = 1 - \boldsymbol{\pi}_{S_1}\boldsymbol{e}_{mk} = \boldsymbol{\pi}_{S_2}\boldsymbol{e}_{mkn_2} + \boldsymbol{\pi}_{S_3}\boldsymbol{e}_{mkn_1} + \boldsymbol{\pi}_{S_4}\boldsymbol{e}_{kn_2} + \boldsymbol{\pi}_{S_5}\boldsymbol{e}_{n_1} \tag{4-13}$$

（4）修理工空闲的概率

当系统处于宏状态 $\boldsymbol{S}_1$ 时，修理工闲置，因此，修理工空闲的概率为：

$$p_{idle} = 1 - p_W = \boldsymbol{\pi}_{S_1}\boldsymbol{e}_{mk} \tag{4-14}$$

（5）两次故障的时间间隔

系统连续两次故障的时间间隔能够直接被求得。系统初始概率向量为 $\boldsymbol{\alpha} \otimes \boldsymbol{d}$，因此系统连续两次故障的时间间隔服从一个 PH 分布，记为 $PH(\boldsymbol{f}, \boldsymbol{F})$，其中：

$$\boldsymbol{f} = (\boldsymbol{\alpha} \otimes \boldsymbol{d}, \boldsymbol{0}, \boldsymbol{0})_{[1 \times (mk + mkn_2 + mn_1)]}$$

$$\boldsymbol{F} = \begin{pmatrix} \boldsymbol{W} \oplus \boldsymbol{D}_0 + \boldsymbol{I} \otimes \boldsymbol{D}_1 & \boldsymbol{W}^0 \boldsymbol{\alpha} \otimes \boldsymbol{I} \otimes \boldsymbol{\beta}^{(2)} & \boldsymbol{0} \\ \boldsymbol{I} \otimes \boldsymbol{I} \otimes \boldsymbol{T}^0 & \boldsymbol{W} \oplus \boldsymbol{D}_0 \oplus \boldsymbol{T} & \boldsymbol{I} \otimes \boldsymbol{D}_1 \boldsymbol{e} \otimes \boldsymbol{P} \\ \boldsymbol{I} \otimes \boldsymbol{S}^0 \boldsymbol{d} & \boldsymbol{0} & \boldsymbol{W} \oplus \boldsymbol{S} \end{pmatrix} \tag{4-15}$$

从而系统连续两次故障的平均时间间隔为 $\mu = -\boldsymbol{f}\boldsymbol{F}^{-1}\boldsymbol{e}_{[(mk + mkn_2 + mn_1) \times 1]}$。

4.4 数值算例

例 4-1：假定部件的寿命服从参数为 0.05 的指数分布，即部件的寿命是阶数为 1 的位相型分布，记为 $PH(\boldsymbol{\alpha}, \boldsymbol{W})$，其中 $\boldsymbol{\alpha} = (1)$，$\boldsymbol{W} = (-0.05)$，$\boldsymbol{W}^0 = (0.05)$，在线工作部件的平均寿命是 20。在常规维修时间内，维修时间的分布是阶数为 2 的位相型分布，记为 $PH(\boldsymbol{\beta}^{(1)}, \boldsymbol{S})$，其中 $\boldsymbol{\beta}^{(1)} = (1, 0)$，$\boldsymbol{S} = \begin{pmatrix} -7 & 1 \\ 2 & -5 \end{pmatrix}$，$\boldsymbol{S}^0 = \begin{pmatrix} 6 \\ 3 \end{pmatrix}$，平均维修时间是 0.1818。修理工休假时，维修时间的分布是阶数为 2 的位相型分布，记为 $PH(\boldsymbol{\beta}^{(2)}, \boldsymbol{T})$，其中

$\boldsymbol{\beta}^{(2)}=(1,0)$；$\boldsymbol{T}=\frac{1}{2}\boldsymbol{S}=\begin{pmatrix}-3.5 & 0.5\\ 1 & -2.5\end{pmatrix}$；$\boldsymbol{T}^0=\begin{pmatrix}3\\ 1.5\end{pmatrix}$，平均维修时间是 0.3636。假定修理工的休假时间由以下的马尔可夫到达过程决定：$\boldsymbol{d}=(1,0)$，$\boldsymbol{D}_0=\begin{pmatrix}-0.45 & 0.05\\ 0.1 & -0.5\end{pmatrix}$，$\boldsymbol{D}_1=\begin{pmatrix}0.4 & 0\\ 0 & 0.4\end{pmatrix}$。在休假中的维修位相转移到常规维修时间内维修位相的转移概率矩阵为 $\boldsymbol{P}=\begin{pmatrix}0.3 & 0.7\\ 0.6 & 0.4\end{pmatrix}$。因此，刻画该系统的连续时间马尔可夫过程 $\{X(t),t\geqslant 0\}$ 有如下的无穷小生成元：

$$\boldsymbol{Q}=\begin{pmatrix}
-0.1 & 0.05 & 0.05 & 0 & 0 & 0 & 0 & 0 & 0 & 0 & 0 & 0 & 0 & 0\\
0.1 & -0.15 & 0 & 0 & 0.05 & 0 & 0 & 0 & 0 & 0 & 0 & 0 & 0 & 0\\
3 & 0 & -4 & 0.5 & 0.05 & 0 & 0.12 & 0.28 & 0.05 & 0 & 0 & 0 & 0 & 0\\
1.5 & 0 & 1 & -3 & 0 & 0.05 & 0.24 & 0.16 & 0 & 0.05 & 0 & 0 & 0 & 0\\
0 & 3 & 0.1 & 0 & -4.05 & 0.5 & 0.12 & 0.28 & 0 & 0 & 0.05 & 0 & 0 & 0\\
0 & 1.5 & 0 & 0.1 & 1 & -3.05 & 0.24 & 0.16 & 0 & 0 & 0 & 0.05 & 0 & 0\\
6 & 0 & 0 & 0 & 0 & 0 & -7.05 & 1 & 0 & 0 & 0 & 0 & 0.05 & 0\\
3 & 0 & 0 & 0 & 0 & 0 & 2 & -5.05 & 0 & 0 & 0 & 0 & 0 & 0.05\\
0 & 0 & 0 & 0 & 0 & 0 & 3 & 0 & -3.95 & 0.5 & 0.05 & 0 & 0.12 & 0.28\\
0 & 0 & 0 & 0 & 0 & 0 & 1.5 & 0 & 1 & -2.95 & 0 & 0.05 & 0.24 & 0.16\\
0 & 0 & 0 & 0 & 0 & 0 & 3 & 0 & 0.1 & 0 & -4 & 0.5 & 0.12 & 0.28\\
0 & 0 & 0 & 0 & 0 & 0 & 1.5 & 0 & 0 & 0.1 & 1 & -3 & 0.24 & 0.16\\
0 & 0 & 0 & 0 & 0 & 0 & 6 & 0 & 0 & 0 & 0 & 0 & -7 & 1\\
0 & 0 & 0 & 0 & 0 & 0 & 3 & 0 & 0 & 0 & 0 & 0 & 2 & -5
\end{pmatrix}$$

系统的初始概率向量为$(1,0,0,0,0,0,0,0,0,0,0,0,0,0)$，通过使用 Matlab 软件，能够得到系统随时间而变化的可用度曲线（见图 4－1）。图 4－2 是系统的可靠度曲线，且能够计算得到系统连续两次故障的平均时间间隔为 $\mu=1200.4000$。图 4－3 是在线部件的故障频度和系统的故障频度曲线，很明显能够看出，在线部件的故障频度曲线和系统的故障频度曲线之间的间隔非常大，且系统的故障频度非常小，几乎接近于零。图 4－4 是修理工工作的概率曲线，稳态情形下，修理工工作的概率为 $p_{Busy}(\infty)=0.0171$，且在时间 $t=3$ 附件系统达到这个稳态值。

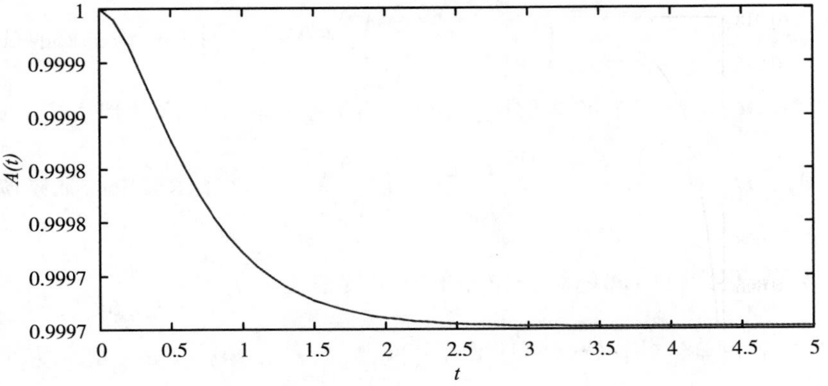

图 4－1　系统的可用度曲线

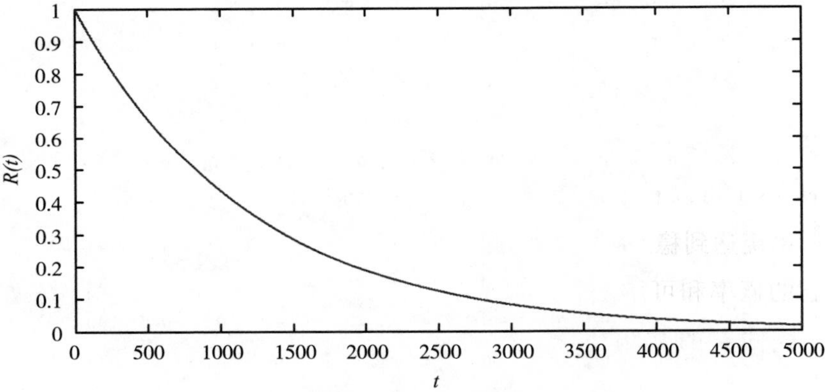

图 4－2　系统的可靠度曲线

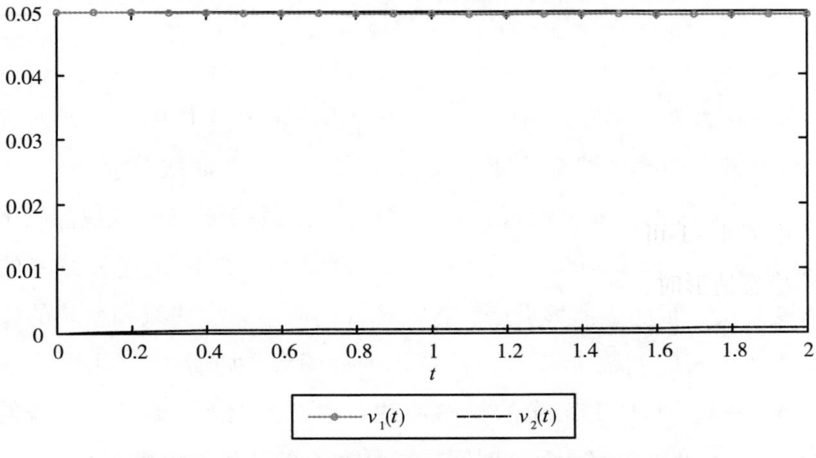

图 4－3　在线部件的故障频度和系统的故障频度曲线

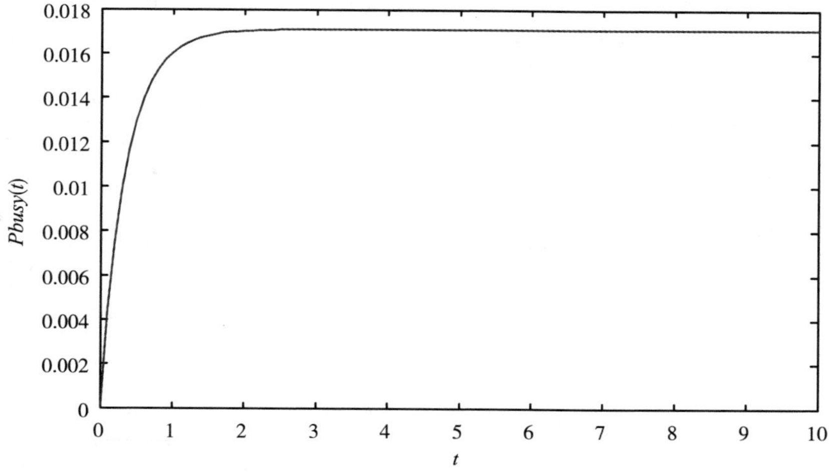

图 4－4 修理工工作的概率曲线

应用本章 4.3 小节中所得到的理论，能够得到表 4－1 的数值结果。由表 4－1 可以看出，系统的稳态可用度为 $A=0.9997$，且在时间 $t=2$ 之后系统达到稳态可用度。表 4－1 分别给出了系统在不同时刻占用宏状态的概率和可用度的值，表中最后一行表示系统达到稳态情形时各个概率对应的数值。系统占用各个宏状态的稳态概率向量能够被求得：

$$\boldsymbol{\pi}_{S_1}=(0.6696,0.3133)$$

$$\boldsymbol{\pi}_{S_2}=(0.0088,0.0015,0.0042,0.0007)$$

$$\boldsymbol{\pi}_{S_3}=(0.0007,0.0009)$$

$$\boldsymbol{\pi}_{S_4}=(0.0001,0.0000,0.0001,0.0000)$$

$$\boldsymbol{\pi}_{S_5}=(0.0000,0.0000)$$

由表 4－1 可以看出，在时刻 $t=2$ 之后这些概率值达到了稳态值，在达到稳态情形时，系统最可能占用宏状态 $\boldsymbol{S}_1$，且系统 98.29％的时间占用这个宏状态；1.52％的时间系统占用宏状态 $\boldsymbol{S}_2$；0.16％的时间占用宏状态 $\boldsymbol{S}_3$；0.02％的时间占用宏状态 $\boldsymbol{S}_4$ 和 $\boldsymbol{S}_5$。

表4－1　　系统的性能测度

t	0	1	2	3	4	5	∞
$(\boldsymbol{\alpha}\otimes\boldsymbol{\gamma})\boldsymbol{P}_{S_1S_1}(t)\boldsymbol{e}$	1	0.9840	0.9830	0.9829	0.9829	0.9829	0.9829
$(\boldsymbol{\alpha}\otimes\boldsymbol{\gamma})\boldsymbol{P}_{S_1S_2}(t)\boldsymbol{e}$	0	0.0145	0.0152	0.0152	0.0152	0.0152	0.0152
$(\boldsymbol{\alpha}\otimes\boldsymbol{\gamma})\boldsymbol{P}_{S_1S_3}(t)\boldsymbol{e}$	0	0.0014	0.0016	0.0016	0.0016	0.0016	0.0016
$(\boldsymbol{\alpha}\otimes\boldsymbol{\gamma})\boldsymbol{P}_{S_1S_4}(t)\boldsymbol{e}$	0	0.0002	0.0002	0.0002	0.0002	0.0002	0.0002
$(\boldsymbol{\alpha}\otimes\boldsymbol{\gamma})\boldsymbol{P}_{S_1S_5}(t)\boldsymbol{e}$	0	0*	0*	0*	0*	0*	0*
$A(t)$	1	0.9998	0.9997	0.9997	0.9997	0.9997	0.9997

注：表中数值0*表示比10^{-4}小的概率值。

例4－2：为了探寻系统在修理工连续休假时间是相依的情形和修理工连续休假时间是独立的情形下关键性能指标的不同，令$\boldsymbol{d}=(1)$，$\boldsymbol{D}_0=(-2)$，$\boldsymbol{D}_1=(2)$，此时休假的到达过程是简单的泊松过程，例4－1中的其他参数保持不变。图4－5分别给出了例4－1和例4－2情形下系统可用度的变化曲线。很显然，在任意固定的时间点，例4－2中的可用度值远小于例4－1中的可用度值。图4－6分别给出了例4－1和例4－2情形下系统可靠度的变化曲线，例4－1中的可靠度曲线明显高于例4－2中的可靠度曲线。由此可以得出如下结论：在同一系统中，如果连续的休假时间是相依的，那么系统相对更可靠。

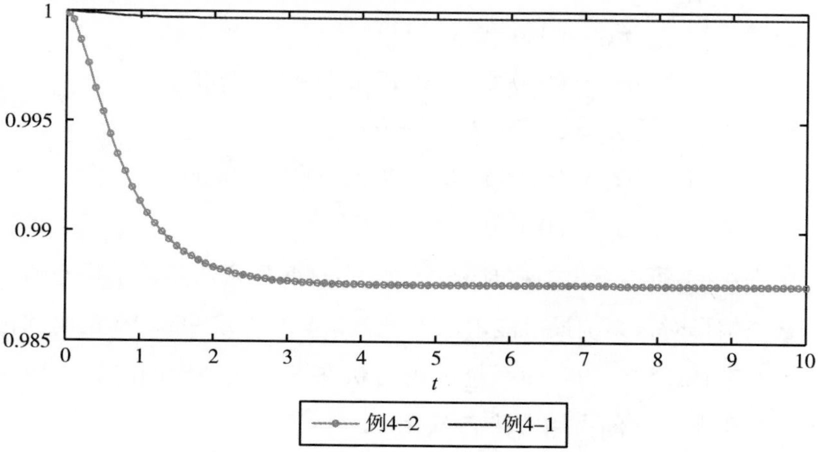

图4－5　例4－1和例4－2可用度比较

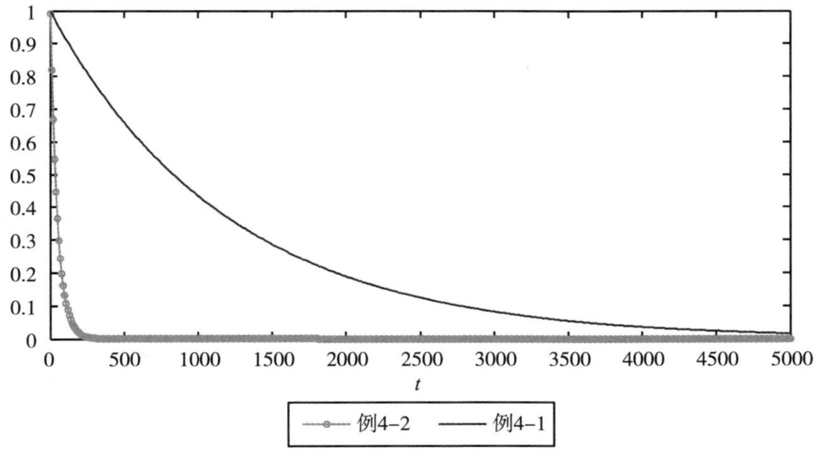

图 4-6　例 4-1 和例 4-2 可靠度比较

4.5　本章小结

本章把修理工休假和休假中止策略相结合，研究了两部件冷贮备可修系统的可靠性，即修理工在休假期间也能以较低的维修速率对故障部件进行维修服务，而不是在休假期间完全停止维修服务。系统模型中修理工也采用多重休假策略，这可以大大提高修理工其人力资源的利用率。在连续时间情形下，用马尔可夫到达过程刻画修理工休假时间的完成，这样使连续两次事件的发生存在相依性。由于 PH 分布可以近似任意非负随机变量的分布，所以涉及的随机时间用 PH 分布刻画。数值分析表明：① 对于故障后需要及时进行维修的两部件冷贮备系统，在修理工休假策略中考虑休假中止可以提高修理工作人员的利用率，进而提高系统的可靠性，降低企业的生产经营费用；②考虑修理工连续两次休假时间的相依关系，可以极大提高系统的可靠性。这些结论不仅可以为可靠性工程实际中管理人员提供决策指导，而且可以丰富可靠性建模理论的内容。

第5章 修理工多重休假的 δ 冲击多部件温贮备多状态可修系统

在可靠性工程中，系统或产品往往在一定的外部环境条件下工作运行，其性能和寿命既与自身的磨损退化有关，又与外部环境条件的影响有关，如系统受到高温、高压或者振动等外部环境条件而发生故障，在高强度的振动下马达可能发生故障等。这些外部环境条件对系统的影响可以看成是一种冲击，每次冲击会对系统的性能和寿命产生一定的影响，连续两次冲击的时间间隔可以看作系统受到冲击后的“康复”时间。如果这个时间间隔太短，系统的性能不能恢复到原来水平，我们就可以认为系统发生了故障，这种类型的冲击称为 δ 冲击。基于以上的启发，本章研究带有 δ 冲击 n 部件温贮备可修系统的可靠性。

5.1 系统模型假设

考虑由 n 个部件和一个修理工组成的 n 部件温贮备可修系统，系统中只要有一个部件在线工作，系统就能正常运行，其余部件为温贮备，

系统中 n 个部件都处于故障状态，系统就不能正常工作（温艳清等，2016）。

假设 5-1：在 $t=0$ 时刻，一个部件在线开始工作，其余 $n-1$ 个部件温贮备。在线工作的部件遭受一系列的外部冲击，冲击到达的过程是强度为 θ 的泊松过程，如果连续两次冲击到达的时间间隔小于等于先前给定的值 δ，在线工作的部件将失效（故障），即在线工作的部件遭受 δ 冲击；在线工作部件自身寿命的退化服从一个阶数是 m 的 PH 分布，记为 $PH(\boldsymbol{\alpha},\boldsymbol{T})$；温贮备部件的寿命用指数分布 $\exp(\boldsymbol{\lambda})$ 表示。

假设 5-2：故障部件都是修复如新的，且维修规则是“先故障先维修”。如果系统中的 n 个部件都处于正常状态，修理工将离开系统进行随机时间长度的休假，且修理工采用多重休假策略；修复的故障部件根据实际情况要么进入温贮备、要么在线开始工作。

假设 5-3：故障部件的维修时间服从一个阶数是 n_1 的 PH 分布，记为 $PH(\boldsymbol{\beta},\boldsymbol{S})$；修理工的休假时间服从一个阶数是 k 的 PH 分布，记为 $PH(\boldsymbol{\gamma},\boldsymbol{L})$。

假设 5-4：以上定义的所有随机时间分布和过程都相互独立。

5.2 系统的状态空间和转移率矩阵

从以上模型假设可以得出，在线工作部件由于冲击而发生故障的概率为：

$$p = \int_0^\delta \theta e^{-\theta x}\mathrm{d}x = 1 - e^{-\theta\delta}$$

本章 5.1 节中所建立的可修系统模型能够被一个连续时间的马尔可夫过程 $\{X(t), t\geqslant 0\}$ 刻画，且具有宏状态空间 $\boldsymbol{\Omega}=\{\boldsymbol{S}_1,\boldsymbol{S}_2,\boldsymbol{S}_3,\boldsymbol{S}_4,\boldsymbol{S}_5\}$。这些宏状态包含着系统在任意时刻所处情形的位相，具体定义如下。

宏状态 $\boldsymbol{S}_1=\{(0,i',l),1\leqslant i'\leqslant m,1\leqslant l\leqslant k\}$，表示系统中没有故障部件，修理工在休假；向量$(0,i',l)$表示系统中的故障部件数是0，在线工作部件工作时间的位相是i'，修理工休假时间的位相是l。

宏状态 $\boldsymbol{S}_2=\{(r,i',l),1\leqslant r\leqslant n-1,1\leqslant i'\leqslant m,1\leqslant l\leqslant k\}$，表示系统中一个部件在线工作，$r$个部件处于故障，$n-r-1$个部件在温贮备；在线工作部件工作时间的位相是$i'$，修理工休假时间的位相是$l$。

宏状态 $\boldsymbol{S}_3=\{(r,i',j),1\leqslant r\leqslant n-1,1\leqslant i'\leqslant m,1\leqslant j\leqslant n_1\}$，表示系统中一个部件在线工作，$r$个部件处于故障，$n-r-1$个部件在温贮备，修理工正在维修先发生故障的部件；在线工作部件工作时间的位相是i'，修理工修理时间的位相是j。

宏状态 $\boldsymbol{S}_4=\{(n,l),1\leqslant l\leqslant k\}$，表示系统中$n$个部件都处于故障，修理工正在休假；向量$(n,l)$表示系统中故障部件数是$n$，修理工休假时间的位相是$l$。

宏状态 $\boldsymbol{S}_5=\{(n,j),1\leqslant j\leqslant n_1\}$，表示系统中$n$个部件都处于故障，修理工按照维修规则维修故障部件；向量(n,j)表示故障部件数是n，维修时间的位相是j。

事实上，系统的宏状态也能够表示为$\boldsymbol{S}=\{0,1_v,1_r,2_v,2_r,\cdots,n_v,n_r\}$，其中宏状态0表示系统中故障部件数是0，即所有部件都处于工作状态，修理工正在休假；宏状态$i_v(i=1,2,\cdots,n)$表示系统中故障部件数是i，修理工正在休假；宏状态$i_r(i=1,2,\cdots,n)$表示系统中故障部件数是i，修理工按照维修规则正在维修先发生故障的部件。显然，$\boldsymbol{S}_1=\{0\}$，$\boldsymbol{S}_2=\{1_v,2_v,\cdots,(n-1)_v\}$，$\boldsymbol{S}_3=\{1_r,2_r,\cdots,(n-1)_r\}$，$\boldsymbol{S}_4=\{n_v\}$，$\boldsymbol{S}_5=\{n_r\}$。

该马尔可夫可修系统$\{X(t),t\geqslant 0\}$的无穷小生成元记为$\boldsymbol{Q}$，它是宏状态$\boldsymbol{S}=\{0,1_v,1_r,2_v,2_r,\cdots,n_v,n_r\}$之间的转移率分块矩阵，表达式如下：

$$
Q=\begin{array}{c}
 \\ 0 \\ 1_v \\ 1_r \\ 2_v \\ 2_r \\ \vdots \\ (n-2)_v \\ (n-2)_r \\ (n-1)_v \\ (n-1)_r \\ n_v \\ n_r
\end{array}
\begin{array}{cccccccccccc}
0 & 1_v & 1_r & 2_v & 2_r & \cdots & (n-2)_v & (n-2)_r & (n-1)_v & (n-1)_r & n_v & n_r \\
\boldsymbol{A} & \boldsymbol{B}_0 & & & & & & & & & & \\
 & \boldsymbol{C}_1 & \boldsymbol{D} & \boldsymbol{B}_1 & & & & & & & & \\
\boldsymbol{E}_1 & & \boldsymbol{F}_1 & & \boldsymbol{G}_1 & & & & & & & \\
 & & & \boldsymbol{C}_2 & \boldsymbol{D} & & & & & & & \\
 & & \boldsymbol{E} & & \boldsymbol{F}_2 & & & & & & & \\
 & & & \ddots & & \ddots & \ddots & \ddots & & & & \\
 & & & & & & \boldsymbol{C}_{n-2} & \boldsymbol{D} & \boldsymbol{B}_{n-2} & & & \\
 & & & & & & & \boldsymbol{F}_{n-2} & & \boldsymbol{G}_{n-2} & & \\
 & & & & & & & & \boldsymbol{C}_{n-1} & \boldsymbol{D} & \boldsymbol{B}_{n-1} & \\
 & & & & & & & \boldsymbol{E} & & \boldsymbol{F}_{n-1} & & \boldsymbol{G}_{n-1} \\
 & & & & & & & & & & \boldsymbol{C}_n & \widetilde{\boldsymbol{D}} \\
 & & & & & & & & & \widetilde{\boldsymbol{E}} & & \boldsymbol{F}_n
\end{array}
\tag{5-1}
$$

以上分块转移率矩阵 $\boldsymbol{Q}$ 中，元素都是零的零分块矩阵没有表示出来。通过一些概率讨论，可以得到转移率矩阵 $\boldsymbol{Q}$ 中各个分块矩阵的值如下：

$\boldsymbol{A}=\boldsymbol{T}\oplus\boldsymbol{L}+\boldsymbol{I}_m\otimes\boldsymbol{L}^0\boldsymbol{\gamma}+\theta q\boldsymbol{I}_m\otimes\boldsymbol{I}_k-(n-1)\lambda\boldsymbol{I}_{mk}-\theta\boldsymbol{I}_{mk}$，$q=1-p$；

$\boldsymbol{B}_i=\boldsymbol{T}^0\boldsymbol{\alpha}\otimes\boldsymbol{I}_k+\theta p\boldsymbol{e}_m\boldsymbol{\alpha}\otimes\boldsymbol{I}_k+(n-i-1)\lambda\boldsymbol{I}_{mk}$，$0\leqslant i\leqslant n-2$；

$\boldsymbol{B}_{n-1}=\boldsymbol{T}^0\otimes\boldsymbol{I}_k+\theta p\boldsymbol{e}_m\otimes\boldsymbol{I}_k$；

$\boldsymbol{C}_i=\boldsymbol{T}\oplus\boldsymbol{L}+\theta q\boldsymbol{I}_m\otimes\boldsymbol{I}_k-(n-i-1)\lambda\boldsymbol{I}_{mk}-\theta\boldsymbol{I}_{mk}$，$0\leqslant i\leqslant n-1$；

$\boldsymbol{C}_n=\boldsymbol{L}$；

$\boldsymbol{D}=\boldsymbol{I}_m\otimes\boldsymbol{\beta}\otimes\boldsymbol{L}^0$；

$\widetilde{\boldsymbol{D}}=\boldsymbol{\beta}\otimes\boldsymbol{L}^0$；

$\boldsymbol{G}_i=\boldsymbol{T}^0\boldsymbol{\alpha}\otimes\boldsymbol{I}_{n_1}+\theta p\boldsymbol{e}_m\boldsymbol{\alpha}\otimes\boldsymbol{I}_{n_1}+(n-i-1)\lambda\boldsymbol{I}_{mn_1}$，$1\leqslant i\leqslant n-2$；

$\boldsymbol{G}_{n-1}=\boldsymbol{T}^0\otimes\boldsymbol{I}_{n_1}+\theta p\boldsymbol{e}_m\otimes\boldsymbol{I}_{n_1}$；

$\boldsymbol{E}_1=\boldsymbol{I}_m\otimes\boldsymbol{\gamma}\otimes\boldsymbol{S}^0$；

$\boldsymbol{E}=\boldsymbol{I}_m\otimes\boldsymbol{S}^0\boldsymbol{\beta}$；

$\widetilde{\boldsymbol{E}}=\boldsymbol{\alpha}\otimes\boldsymbol{S}^0\boldsymbol{\beta}$；

$F_i = T \oplus S + \theta q I_m \otimes I_{n_1} - (n-i-1)\lambda I_{mn_1} - \theta I_{mn_1}$，$1 \leqslant i \leqslant n-1$；

$F_n = S$.

下面解释这个转移率矩阵中各个分块矩阵的原因。

分块矩阵 A 表示宏状态 0 中位相之间的转移。第一项和表示在线工作部件工作时间位相和修理工休假时间位相只有一个变化，记为 $T \oplus L$；第二项和表示修理工以向量 L^0 从休假返回，若系统中没有故障部件，则修理工立即以向量 γ 开始另一次休假，记为 $I_m \otimes L^0 \gamma$；第三项和表示在线工作部件发生了一次冲击，但不是致命冲击，在线工作部件工作时间位相和修理工休假时间位相都不变化，记为 $\theta q I_m \otimes I_k$；第四项和表示 $n-1$ 个温贮备部件没有发生故障；由于这个转移率矩阵是保守的，所以矩阵的行和必须为零，从而必须给矩阵加上 θI_{mk} 这一项，主要是由于部件遭受了外部冲击。

分块矩阵 B_0 表示宏状态 $0 \to 1_v$ 的转移，分块矩阵 $B_i(i=1,2,\cdots,n-2)$ 表示宏状态 $i_v \to (i+1)_v$ 的转移。第一项和表示在线工作的部件以向量 T^0 发生了故障，同时其中一个温贮备部件代替它以向量 α 在线开始工作，转移率记为 $T^0 \alpha \otimes I_k$；第二项和表示在线工作的部件遭受了一次致命冲击而发生了故障，同时其中一个温贮备部件代替它以向量 α 在线开始工作，转移率记为 $\theta p e_m \alpha \otimes I_k$；第三项和表示 $n-i-1$ 个温贮备部件中有一个发生了故障，转移率记为 $(n-i-1)\lambda I_{mk}$。

分块矩阵 B_{n-1} 表示宏状态 $(n-1)_v \to n_v$ 的转移。在这种情形下，系统中只有一个在线工作部件，没有温贮备部件，所以第一项和表示在线工作的部件以向量 T^0 发生了故障，第二项和表示在线工作的部件由于遭受了一次致命冲击而发生故障，修理工休假时间的位相不变化。

分块矩阵 $C_i(i=1,2,\cdots,n-1)$ 表示宏状态 $i_v \to i_v$ 的转移。第一项和表示在线工作部件工作时间位相和修理工休假时间位相只有一个发生变化，转移率记为 $T \oplus L$；第二项和表示在线工作部件发生了一次冲击，但不是致命冲击，在线工作部件工作时间位相和修理工休假时间位相都不变化，转移率记为 $\theta q I_m \otimes I_k$；第三项和表示 $n-i-1$ 个温贮备部件没有发生故障；由于这个转移率矩阵是保守的，所以矩阵的行和必须为零，从而必

须给矩阵加上 $\theta \boldsymbol{I}_{mk}$ 这一项，主要是由于部件遭受了外部冲击。

分块矩阵 $\boldsymbol{C}_n$ 表示宏状态 $n_v \to n_v$ 的转移。在这种情形下，系统中 n 个部件都处于故障等待维修，而修理工正在休假，转移率记为 $\boldsymbol{C}_n = \boldsymbol{L}$。

分块矩阵 $\boldsymbol{D}$ 表示宏状态 $i_v \to i_r (i=1,2,\cdots,n-1)$ 的转移。在这种情形下，如果系统中有故障部件等待维修，修理工将以向量 $\boldsymbol{L}^0$ 从休假返回，立即以初始向量 $\boldsymbol{\beta}$ 开始维修先发生故障的部件，而在线工作的部件工作时间位相不变化，相应的状态转移为 $(i,i',l) \to (i,i',j)$，$1 \leqslant i' \leqslant m$，$1 \leqslant j \leqslant n_1$，$1 \leqslant l \leqslant k$，转移率记为 $\boldsymbol{I}_m \otimes \boldsymbol{\beta} \otimes \boldsymbol{L}^0$。

分块矩阵 $\tilde{\boldsymbol{D}}$ 表示宏状态 $n_v \to n_r$ 的转移。在这种情形下，系统中 n 个部件都处于故障等待维修，此时，修理工以向量 $\boldsymbol{L}^0$ 从休假返回，立即以初始向量 $\boldsymbol{\beta}$ 开始维修先发生故障的部件，相应的状态转移为 $(n,l) \to (n,j)$，$1 \leqslant l \leqslant k$，$1 \leqslant j \leqslant n_1$，转移率记为 $\boldsymbol{\beta} \otimes \boldsymbol{L}^0$。

分块矩阵 $\boldsymbol{G}_i (i=1,2,\cdots,n-2)$ 表示宏状态 $i_r \to (i+1)_r$ 的转移。第一项和表示在线工作的部件以向量 $\boldsymbol{T}^0$ 发生了故障，同时，一个温贮备部件以向量 α 开始在线工作，而修理工维修时间的位相不变化，转移率记为 $\boldsymbol{T}^0 \boldsymbol{\alpha} \otimes \boldsymbol{I}_{n_1}$；第二项和表示在线工作的部件遭受一次致命冲击而发生故障，同时一个温贮备部件以向量 $\boldsymbol{\alpha}$ 开始在线工作，而修理工维修时间的位相不变化，转移率记为 $\theta p \boldsymbol{e}_m \boldsymbol{\alpha} \otimes \boldsymbol{I}_{n_1}$；第三项和表示 $n-i-1$ 个温贮备部件中有一个发生了故障，转移率记为 $(n-i-1)\lambda \boldsymbol{I}_{mk}$。

分块矩阵 $\boldsymbol{G}_{n-1}$ 表示宏状态 $(n-1)_r \to n_r$ 的转移。在这种情形下，系统中只有一个在线工作部件，没有温贮备部件，所以第一项和表示在线工作的部件以向量 $\boldsymbol{T}^0$ 发生了故障，第二项和表示在线工作的部件遭受了一次致命冲击而发生故障，而修理工维修时间的位相不变化。

分块矩阵 $\boldsymbol{E}_1$ 表示宏状态 $1_r \to 0$ 的转移。在这种情形下，系统中只有一个故障的部件，且修理工以向量 $\boldsymbol{S}^0$ 完成故障部件的维修，修复完成的部件进入温贮备，由于系统中没有故障部件，修理工以向量 $\boldsymbol{\gamma}$ 开始休假，在线工作的部件工作时间位相不变化。相应的状态转移为 $(1,i',j) \to (0,i',l)$，$1 \leqslant i' \leqslant m$，$1 \leqslant j \leqslant n_1$，$1 \leqslant l \leqslant k$，转移率记为 $\boldsymbol{I}_m \otimes \boldsymbol{\gamma} \otimes \boldsymbol{S}^0$。

分块矩阵 $\boldsymbol{E}$ 表示宏状态 $i_r \to (i-1)_r$ 的转移。在这种情形下，系统

中有 i 个故障部件，修理工按照维修规则以向量 $\boldsymbol{S}^0$ 完成先出现故障部件的维修，维修完好的部件进入温贮备，修理工再以初始向量 $\boldsymbol{\beta}$ 维修另一个故障部件，在线工作的部件工作时间位相不变化，转移率记为 $\boldsymbol{I}_m \otimes \boldsymbol{S}^0 \boldsymbol{\beta}$。

分块矩阵 $\tilde{\boldsymbol{E}}$ 表示宏状态 $n_r \to (n-1)_r$ 的转移。在这种情形下，系统中 n 个部件都处于故障，修理工以向量 $\boldsymbol{S}^0$ 完成正在进行的部件维修服务，维修完好后的部件立即以初始向量 $\boldsymbol{\alpha}$ 开始在线工作，且修理工然后按照维修规则以初始向量 $\boldsymbol{\beta}$ 维修其他故障部件。相应的状态转移为 $(n,j) \to (r,i',j)$，$1 \leqslant i' \leqslant m$，$1 \leqslant j \leqslant n_1$，转移率记为 $\boldsymbol{\alpha} \otimes \boldsymbol{S}^0 \boldsymbol{\beta}$。

分块矩阵 $\boldsymbol{F}_i(1 \leqslant i \leqslant n-1)$ 表示宏状态 $i_r \to i_r$ 的转移。第一项和表示在线工作部件工作时间位相变化而修理工维修时间位相不变化，或者修理工维修时间位相变化而在线工作部件工作时间位相不变化，转移率记为 $\boldsymbol{T} \oplus \boldsymbol{S}$；第二项和表示在线工作部件发生了一次非致命冲击，在线工作部件工作时间位相和修理工维修时间位相都不变化，转移率记为 $\theta q \boldsymbol{I}_m \otimes \boldsymbol{I}_{n_1}$；第三项和表示 $n-i-1$ 个温贮备部件没有发生故障；由于这个转移率矩阵是保守的，所以矩阵的行和必须为零，从而必须给矩阵加上 $\theta \boldsymbol{I}_{mn_1}$ 这一项，主要是由于部件遭受了外部冲击。

矩阵 $\boldsymbol{F}_n$ 表示宏状态 $n_r \to n_r$ 的转移。在这种情形下，系统中 n 个部件都处于故障，修理工按照维修规则维修最先发生故障的部件，转移率记为 $\boldsymbol{F}_n = \boldsymbol{S}$。

5.3 系统的性能度量

本节将分别讨论系统的瞬时性能度量和稳态性能度量。

系统的转移概率函数能够记为 $\boldsymbol{P}(t) = [P_{ij}(t)]$，其中 $P_{ij}(t)$ 表示可修系统在 $t=0$ 时刻处于宏状态 i 的条件下经过时刻 t 之后转移到宏状态 j 的条件概率，$i,j \in \{0,1_v,1_r,2_v,2_r,\cdots,n_v,n_r\}$。在满足约束条件 $\boldsymbol{P}(0) = \boldsymbol{I}$ 的情况下，能够容易得到 $\boldsymbol{P}(t) = \exp(\boldsymbol{Q}t)$。转移概率矩阵 $\boldsymbol{P}(t)$ 的元素是相应的宏状态的位相之间在时刻 t 时的转移概率函数。对转移概率函数作拉

普拉斯变换，记为 $\ell \boldsymbol{P}(t)=\boldsymbol{P}^{*}(s)$，经过计算能够得到 $\boldsymbol{P}^{*}(s)=(s\boldsymbol{I}-\boldsymbol{Q})^{-1}$，因此通过运用数值计算方法作逆拉普拉斯变换可以得到转移概率函数的表达式。

5.3.1 系统的瞬时性能测度

（1）可用度

系统以初始向量 $\boldsymbol{\alpha}\otimes\boldsymbol{\gamma}$ 开始工作，则在时刻 t，系统占用下列这些宏状态 $0,1_v,1_r,\cdots,(n-1)_v,(n-1)_r$ 的概率分别能记为：

$$(\boldsymbol{\alpha}\otimes\boldsymbol{\gamma})\boldsymbol{P}_{00}(t)\boldsymbol{e}_{mk},(\boldsymbol{\alpha}\otimes\boldsymbol{\gamma})\boldsymbol{P}_{01_v}(t)\boldsymbol{e}_{mk},(\boldsymbol{\alpha}\otimes\boldsymbol{\gamma})\boldsymbol{P}_{01_r}(t)\boldsymbol{e}_{mn_1},\cdots$$
$$(\boldsymbol{\alpha}\otimes\boldsymbol{\gamma})\boldsymbol{P}_{0(n-1)_v}(t)\boldsymbol{e}_{mk},(\boldsymbol{\alpha}\otimes\boldsymbol{\gamma})\boldsymbol{P}_{0(n-1)_r}(t)\boldsymbol{e}_{mn_1}$$

系统的可用度定义为时刻 t 处于工作状态的概率，即：

$$A(t)=1-\boldsymbol{P}_{0n_v}(t)\boldsymbol{e}_k-\boldsymbol{P}_{0n_r}(t)\boldsymbol{e}_{n_1} \tag{5-2}$$

（2）可靠度

为了求得系统的可靠度函数 $R(t)$，考虑一个新的马尔可夫过程 $\{\tilde{X}(t),t\geqslant 0\}$，且 $\{X(t),t\geqslant 0\}$ 的故障状态集是 $\{\tilde{X}(t),t\geqslant 0\}$ 的吸收态。取：

$$\boldsymbol{Q}_{WW}=\begin{array}{c} 0 \\ 1_v \\ 1_r \\ 2_v \\ 2_r \\ \vdots \\ (n-2)_v \\ (n-2)_r \\ (n-1)_v \\ (n-1)_r \end{array}\overset{\begin{array}{cccccccccc} 0 & 1_v & 1_r & 2_v & 2_r & \cdots & (n-2)_v & (n-2)_r & (n-1)_v & (n-1)_r \end{array}}{\begin{pmatrix} \boldsymbol{A} & \boldsymbol{B}_0 & & & & & & & & \\ & \boldsymbol{C}_1 & \boldsymbol{D} & \boldsymbol{B}_1 & & & & & & \\ \boldsymbol{E}_1 & & \boldsymbol{F}_1 & & \boldsymbol{G}_1 & & & & & \\ & & & \boldsymbol{C}_2 & \boldsymbol{D} & & & & & \\ & & \boldsymbol{E} & & \boldsymbol{F}_2 & & & & & \\ & & & \ddots & & \ddots & \ddots & \ddots & & \\ & & & & & & \boldsymbol{C}_{n-2} & \boldsymbol{D} & \boldsymbol{B}_{n-2} & \\ & & & & & & & \boldsymbol{F}_{n-2} & & \boldsymbol{G}_{n-2} \\ & & & & & & & & \boldsymbol{C}_{n-1} & \boldsymbol{D} \\ & & & & & & & \boldsymbol{E} & & \boldsymbol{F}_{n-1} \end{pmatrix}} \tag{5-3}$$

因此，系统的可靠度为：

$$R(t)=P\{\text{系统在时刻}\ t\ \text{之前一直运行}\}$$
$$=(\boldsymbol{\alpha}\otimes\boldsymbol{\gamma},\boldsymbol{0},\cdots,\boldsymbol{0})_{1\times[nmk+(n-1)mn_1]}\exp(\boldsymbol{Q}_{WW}t)\boldsymbol{e}_{nmk+(n-1)mn_1} \tag{5-4}$$

（3）故障频度

在时刻 t 时，在线工作部件由于自身耗损的故障频度为：

$$v_1(t)=(\boldsymbol{\alpha}\otimes\boldsymbol{\gamma})\boldsymbol{P}_{00}(t)(\boldsymbol{T}^0\otimes\boldsymbol{e}_k)+\sum_{i=1}^{n-1}(\boldsymbol{\alpha}\otimes\boldsymbol{\gamma})\boldsymbol{P}_{0i_v}(t)(\boldsymbol{T}^0\otimes\boldsymbol{e}_k)$$
$$+\sum_{i=1}^{n-1}(\boldsymbol{\alpha}\otimes\boldsymbol{\gamma})\boldsymbol{P}_{0i_r}(t)(\boldsymbol{T}^0\otimes\boldsymbol{e}_{n_1}) \tag{5-5}$$

在时刻 t 时，在线工作部件由于 δ 冲击的故障频度为：

$$v_2(t)=(\boldsymbol{\alpha}\otimes\boldsymbol{\gamma})\boldsymbol{P}_{00}(t)(\theta p\boldsymbol{e}_m\otimes\boldsymbol{e}_k)+\sum_{i=1}^{n-1}(\boldsymbol{\alpha}\otimes\boldsymbol{\gamma})\boldsymbol{P}_{0i_v}(t)(\theta p\boldsymbol{e}_m\otimes\boldsymbol{e}_k)$$
$$+\sum_{i=1}^{n-1}(\boldsymbol{\alpha}\otimes\boldsymbol{\gamma})\boldsymbol{P}_{0i_r}(t)(\theta p\boldsymbol{e}_m\otimes\boldsymbol{e}_{n_1}) \tag{5-6}$$

在时刻 t 时，在线工作部件的故障频度是两个故障频度的和：一个是由于自身耗损引起的故障频度，另一个是由于 δ 冲击引起的故障频度。即：

$$v_3(t)=v_1(t)+v_2(t) \tag{5-7}$$

令 $v_4(t)$ 为时刻 t 系统中部件的故障频度，其中部件的故障频度包含在线工作部件的故障频度和温贮备部件的故障频度，因此，部件的故障频度可以用式（5－8）进行计算。

$$v_4(t)=(\boldsymbol{\alpha}\otimes\boldsymbol{\gamma})\boldsymbol{P}_{00}(t)[\boldsymbol{T}^0\otimes\boldsymbol{e}_k+\theta p\boldsymbol{e}_m\otimes\boldsymbol{e}_k+(n-1)\lambda\boldsymbol{e}_{mk}]$$
$$+\sum_{i=1}^{n-1}(\boldsymbol{\alpha}\otimes\boldsymbol{\gamma})\boldsymbol{P}_{0i_v}(t)[\boldsymbol{T}^0\otimes\boldsymbol{e}_k+\theta p\boldsymbol{e}_m\otimes e_k+(n-i-1)\lambda\boldsymbol{e}_{mk}]$$
$$+\sum_{i=1}^{n-1}(\boldsymbol{\alpha}\otimes\boldsymbol{\gamma})\boldsymbol{P}_{0i_r}(t)[\boldsymbol{T}^0\otimes\boldsymbol{e}_{n_1}+\theta p\boldsymbol{e}_m\otimes\boldsymbol{e}_{n_1}+(n-i-1)\lambda\boldsymbol{e}_{mn_1}] \tag{5-8}$$

系统的故障频度是单位时间内系统出现停止工作的次数，记为$v_5(t)$。系统停止工作的宏状态为 n_v 和 n_r，且系统只能从宏状态$(n-1)_v$ 和$(n-$

$1)_r$ 转移到以上宏状态，因此：

$$v_5(t) = (\boldsymbol{\alpha}\otimes\boldsymbol{\gamma})\boldsymbol{P}_{0(n-1)_v}(t)(\boldsymbol{T}^0\otimes\boldsymbol{e}_k + \theta p\boldsymbol{e}_m\otimes\boldsymbol{e}_k) + (\boldsymbol{\alpha}\otimes\boldsymbol{\gamma})\boldsymbol{P}_{0(n-1)_r}(t)(\boldsymbol{T}^0\otimes\boldsymbol{e}_{n_1} + \theta p\boldsymbol{e}_m\otimes\boldsymbol{e}_{n_1}) \quad (5-9)$$

（4）修理工工作的概率

当系统占用宏状态 $1_r, 2_r, \cdots, (n-1)_r$ 或 n_r 时，修理工工作，因此时刻 t 修理工工作的概率为：

$$p_W(t) = \sum_{i=1}^{n-1}(\boldsymbol{\alpha}\otimes\boldsymbol{\gamma})\boldsymbol{P}_{0i_r}(t)\boldsymbol{e}_{mn_1} + (\boldsymbol{\alpha}\otimes\boldsymbol{\gamma})\boldsymbol{P}_{0i_n}(t)\boldsymbol{e}_{n_1} \quad (5-10)$$

5.3.2 系统的稳态性能测度

令 $\boldsymbol{\pi} = (\boldsymbol{\pi}_0, \boldsymbol{\pi}_{1_v}, \boldsymbol{\pi}_{1_r}, \boldsymbol{\pi}_{2_v}, \boldsymbol{\pi}_{2_r}, \cdots, \boldsymbol{\pi}_{n_v}, \boldsymbol{\pi}_{n_r})$ 表示系统的稳态概率向量，它满足如下矩阵方程：$\boldsymbol{\pi Q} = \boldsymbol{0}$，$\boldsymbol{\pi e} = \boldsymbol{1}$，即：

$$\begin{cases} \boldsymbol{\pi}_0\boldsymbol{A} + \boldsymbol{\pi}_{1_r}\boldsymbol{E}_1 = \boldsymbol{0} \\ \boldsymbol{\pi}_0\boldsymbol{B}_0 + \boldsymbol{\pi}_{1_v}\boldsymbol{C}_1 = \boldsymbol{0} \\ \boldsymbol{\pi}_{i_v}\boldsymbol{B}_i + \boldsymbol{\pi}_{(i+1)_v}\boldsymbol{C}_{i+1} = \boldsymbol{0}, i = 1, 2, \cdots, n-1 \\ \boldsymbol{\pi}_{1_v}\boldsymbol{D} + \boldsymbol{\pi}_{1_r}\boldsymbol{F}_1 + \boldsymbol{\pi}_{2_r}\boldsymbol{E} = \boldsymbol{0} \\ \boldsymbol{\pi}_{i_r}\boldsymbol{G}_i + \boldsymbol{\pi}_{(i+1)_v}\boldsymbol{D}_{i+1} + \boldsymbol{\pi}_{(i+1)_r}\boldsymbol{F}_{i+1} + \boldsymbol{\pi}_{(i+2)_r}\boldsymbol{E} = \boldsymbol{0}, i = 1, 2, \cdots, n-3 \\ \boldsymbol{\pi}_{(n-2)_r}\boldsymbol{G}_{n-2} + \boldsymbol{\pi}_{(n-1)_v}\boldsymbol{D} + \boldsymbol{\pi}_{(n-1)_r}\boldsymbol{F}_{n-1} + \boldsymbol{\pi}_{n_r}\widetilde{\boldsymbol{E}} = \boldsymbol{0} \\ \boldsymbol{\pi}_{(n-1)_r}\boldsymbol{G}_{n-1} + \boldsymbol{\pi}_{n_v}\widetilde{\boldsymbol{D}} + \boldsymbol{\pi}_{n_r}\boldsymbol{F}_n = \boldsymbol{0} \end{cases} \quad (5-11)$$

由式（5-11）中的第二个方程可得：

$$\boldsymbol{\pi}_{1_v} = -\boldsymbol{\pi}_0\boldsymbol{B}_0\boldsymbol{C}_1^{-1} \quad (5-12)$$

又由式（5-11）中的第三个方程可得：

$$\boldsymbol{\pi}_{i_v} = \boldsymbol{\pi}_0\prod_{k=0}^{i-1}(-\boldsymbol{B}_k\boldsymbol{C}_{k+1}^{-1}), i = 2, 3, \cdots, n \quad (5-13)$$

从式（5-11）中的第一个方程可得：

$$\boldsymbol{\pi}_{1_r} = -[\boldsymbol{\pi}_{2_r}\boldsymbol{E} + (-\boldsymbol{\pi}_0\boldsymbol{B}_0\boldsymbol{C}_1^{-1})\boldsymbol{D}]\boldsymbol{F}_1^{-1} \tag{5-14}$$

从式（5-11）中的第五个方程可得：

$$\boldsymbol{\pi}_{(i+1)_r} = -\{(\boldsymbol{\pi}_{i_r}\boldsymbol{G}_i + \boldsymbol{\pi}_{(i+2)_r}\boldsymbol{E}) + \boldsymbol{\pi}_0[\prod_{k=0}^{i}(-\boldsymbol{B}_k\boldsymbol{C}_{k+1}^{-1})]\boldsymbol{D}_{i+1}\}\boldsymbol{F}_{i+1}^{-1},$$
$$i = 1,2,\cdots,n-3 \tag{5-15}$$

从式（5-11）中的第六个方程可得：

$$\boldsymbol{\pi}_{(n-1)_r} = -\{(\boldsymbol{\pi}_{(n-2)_r}\boldsymbol{G}_{n-2} + \boldsymbol{\pi}_{n_r}\tilde{\boldsymbol{E}}) + [\boldsymbol{\pi}_0\prod_{k=0}^{n-2}(-\boldsymbol{B}_k\boldsymbol{C}_{k+1}^{-1})]\boldsymbol{D}\}\boldsymbol{F}_{n-1}^{-1} \tag{5-16}$$

从式（5-11）中的第七个方程可得：

$$\boldsymbol{\pi}_{(n-1)_r}\boldsymbol{G}_{n-1} + [\boldsymbol{\pi}_0\prod_{k=0}^{n-1}(-\boldsymbol{B}_k\boldsymbol{C}_{k+1}^{-1})]\tilde{\boldsymbol{D}} + \boldsymbol{\pi}_{n_r}\boldsymbol{F}_n = \boldsymbol{0} \tag{5-17}$$

由式（5-14）、式（5-15）、式（5-16）、式（5-17）以及正则化条件，可得系统的稳态概率向量 $\boldsymbol{\pi}$。

（1）可用度

稳态可用度是稳态情形下系统处于工作状态的概率，即：

$$A = \boldsymbol{\pi}_0\boldsymbol{e}_{mk} + \sum_{i=1}^{n-1}\boldsymbol{\pi}_{i_v}\boldsymbol{e}_{mk} + \sum_{i=1}^{n-1}\boldsymbol{\pi}_{i_r}\boldsymbol{e}_{mn_1} \tag{5-18}$$

（2）故障频度

故障频度表示单位时间内的故障次数，下面分别考虑在线工作部件的故障频度和系统的故障频度。

在线工作部件由于自身耗损的故障频度为：

$$v_1 = \boldsymbol{\pi}_0(\boldsymbol{T}^0\otimes\boldsymbol{e}_k) + \sum_{i=1}^{n-1}\boldsymbol{\pi}_{i_v}(\boldsymbol{T}^0\otimes\boldsymbol{e}_k) + \sum_{i=1}^{n-1}\boldsymbol{\pi}_{i_r}(\boldsymbol{T}^0\otimes\boldsymbol{e}_{n_1}) \tag{5-19}$$

在线工作部件由于 δ 冲击的故障频度为：

$$v_2 = \boldsymbol{\pi}_0(\theta p\boldsymbol{e}_m\otimes\boldsymbol{e}_k) + \sum_{i=1}^{n-1}\boldsymbol{\pi}_{i_v}(\theta p\boldsymbol{e}_m\otimes\boldsymbol{e}_k) + \sum_{i=1}^{n-1}\boldsymbol{\pi}_{i_r}(\theta p\boldsymbol{e}_m\otimes\boldsymbol{e}_{n_1}) \tag{5-20}$$

在线工作部件的故障频度是两个故障频度的和：由于自身耗损的故

障频度和由于δ冲击的故障频度。即：

$$v_3 = v_1 + v_2 \tag{5-21}$$

系统中部件的故障频度是两个故障频度的和：在线工作部件的故障频度和温贮备部件的故障频度。即：

$$\begin{aligned} v_4 &= \boldsymbol{\pi}_0[\boldsymbol{T}^0 \otimes \boldsymbol{e}_k + \theta p\boldsymbol{e}_m \otimes \boldsymbol{e}_k + (n-1)\lambda\boldsymbol{e}_{mk}] \\ &+ \sum_{i=1}^{n-1}\boldsymbol{\pi}_{i_v}[\boldsymbol{T}^0 \otimes \boldsymbol{e}_k + \theta p\boldsymbol{e}_m \otimes \boldsymbol{e}_k + (n-i-1)\lambda\boldsymbol{e}_{mk}] \\ &+ \sum_{i=1}^{n-1}\boldsymbol{\pi}_{i_r}[\boldsymbol{T}^0 \otimes \boldsymbol{e}_{n_1} + \theta p\boldsymbol{e}_m \otimes \boldsymbol{e}_{n_1} + (n-i-1)\lambda\boldsymbol{e}_{mn_1}] \end{aligned} \tag{5-22}$$

系统的故障频度为：

$$v_5 = \boldsymbol{\pi}_{(n-1)_v}(\boldsymbol{T}^0 \otimes \boldsymbol{e}_k + \theta p\boldsymbol{e}_m \otimes \boldsymbol{e}_k) + \boldsymbol{\pi}_{(n-1)_r}(\boldsymbol{T}^0 \otimes \boldsymbol{e}_{n_1} + \theta p\boldsymbol{e}_m \otimes \boldsymbol{e}_{n_1}) \tag{5-23}$$

（3）系统两次故障之间的平均时间

系统连续两次故障的时间能够直接被求得，系统的初始概率向量为 $\boldsymbol{\alpha}\otimes\boldsymbol{\gamma}$，因此系统连续两次故障的时间服从PH分布，记为 $PH(\boldsymbol{f},\boldsymbol{Q}_{WW})$，其中，$f=(\boldsymbol{\alpha}\otimes\boldsymbol{\gamma},\boldsymbol{0},\cdots,\boldsymbol{0})_{1\times[nmk+(n-1)mn_1]}$，且由PH分布的性质可以得到，系统连续两次故障的平均时间间隔为 $\boldsymbol{\mu} = -\boldsymbol{f}\boldsymbol{Q}_{WW}^{-1}\boldsymbol{e}_{nmk+(n-1)mn_1}$。

5.4 数值算例

假设在线部件自身耗损的寿命分布是一个阶数为2的PH分布，记为 $PH(\boldsymbol{\alpha},\boldsymbol{T})$，其中：

$$\boldsymbol{\alpha}=(1,0),\quad \boldsymbol{T}=\begin{pmatrix}-0.4 & 0.25\\ 0.30 & -0.4\end{pmatrix},\quad \boldsymbol{T}^0=\begin{pmatrix}0.15\\ 0.10\end{pmatrix}$$

即有两个工作位相，寿命分布从第一个位相开始，且平均寿命为7.6471。

维修时间的分布是一个阶数为2的PH分布，记为 $PH(\boldsymbol{\beta},\boldsymbol{S})$，其中：

$$\boldsymbol{\beta}=(1,0),\quad \boldsymbol{S}=\begin{pmatrix}-1.2 & 0.75\\ 0.75 & -1.2\end{pmatrix},\quad \boldsymbol{S}^0=\begin{pmatrix}0.45\\ 0.45\end{pmatrix}$$

平均维修时间为2.2222。

修理工休假时间的分布是一个阶数为2的PH分布，记为$PH(\boldsymbol{\gamma},\boldsymbol{L})$，其中：

$$\boldsymbol{\gamma}=(1,0),\quad \boldsymbol{L}=\begin{pmatrix}-1.5 & 0.95\\ 0.95 & -1.5\end{pmatrix},\quad \boldsymbol{L}^0=\begin{pmatrix}0.55\\ 0.55\end{pmatrix}$$

平均休假时间为1.8182。

取其他参数值如下：$\theta=0.05$，$\delta=2$，$\lambda=0.02$，$n=5$。

定义如下费用：

c_o：系统运行时单位时间的利润；

c_v：修理工休假（兼职做其他工作）时单位时间所创造的利润；

c_r：修理工开始维修故障部件时单位时间的损失费；

R：贮存温贮备部件的基本保管费；

c_f：系统故障时单位时间的损失费。

由于系统的稳态概率向量可以解释为系统在相应宏状态的逗留时间比例，因此单位时间内系统的净费用公式如下：

$$\begin{aligned}c &= c_o\left(\boldsymbol{\pi}_0 e_{mk}+\sum_{i=1}^{n-1}\boldsymbol{\pi}_{i_v}e_{mk}+\sum_{i=1}^{n-1}\boldsymbol{\pi}_{i_r}e_{mn_1}\right)+c_v\left(\sum_{i=1}^{n-1}\boldsymbol{\pi}_{i_v}e_{mk}+\boldsymbol{\pi}_{n_v}e_k\right)\\ &\quad -c_r\left(\sum_{i=1}^{n-1}\boldsymbol{\pi}_{i_r}e_{mn_1}+\boldsymbol{\pi}_{n_r}e_{n_1}\right)-c_f\left(\boldsymbol{\pi}_{n_v}e_k+\boldsymbol{\pi}_{n_r}e_{n_1}\right)-R \qquad (5-24)\end{aligned}$$

通过使用Matlab软件，能够得到系统的可用度曲线（见图5－1）。图5－2是系统的可靠度曲线，系统连续两次故障的平均时间间隔为$\mu=352.5774$。图5－3是在线工作部件的故障频度和系统的故障频度曲线，很明显能够看出在线工作部件的故障频度曲线和系统的故障频度曲线之间的间隔非常大。

通过使用本章5.3节中的理论结果，系统的稳态概率向量计算如下：

$$\boldsymbol{\pi}_0=(0.1451,0.0796,0.1189,0.0669)$$

$$\boldsymbol{\pi}_{1_v}=(0.0444,0.0370,0.0184,0.0163)$$

$$\boldsymbol{\pi}_{1_r}=(0.0780,0.0401,0.0478,0.0276)$$

$$\boldsymbol{\pi}_{2_v}=(0.0121,0.0115,0.0041,0.0040)$$

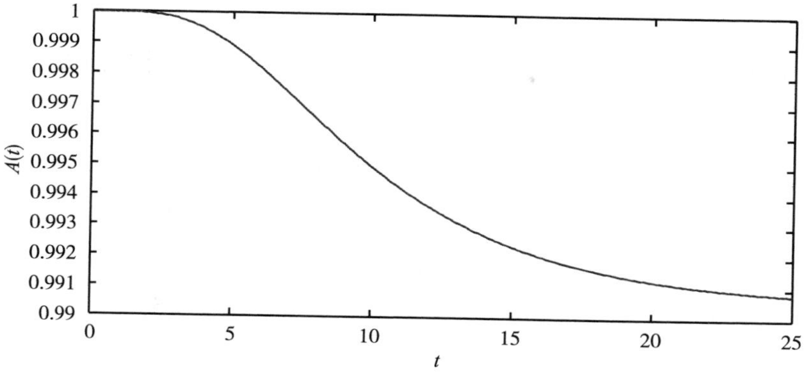

图 5－1　系统的可用度曲线

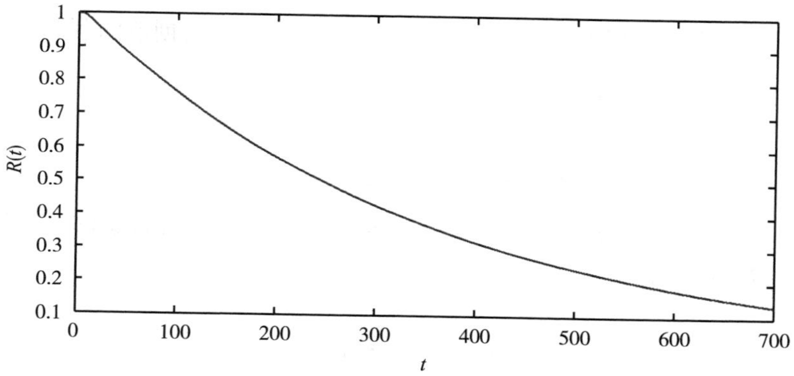

图 5－2　系统的可靠度曲线

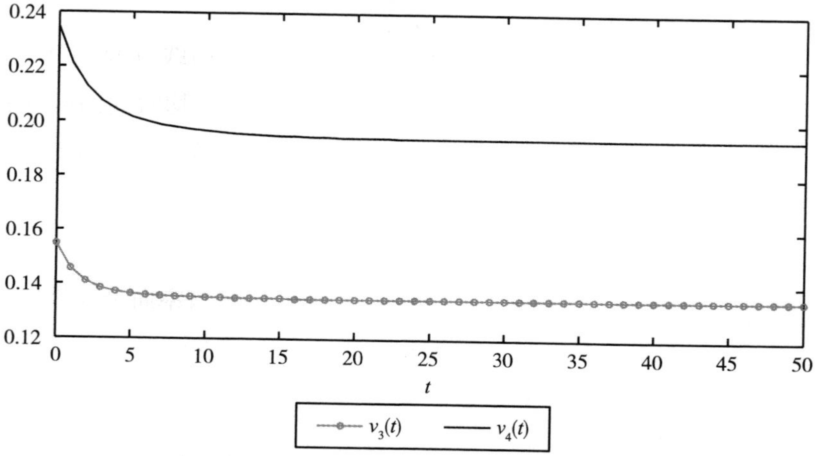

图 5－3　在线工作部件的故障频度和系统的故障频度曲线

$$\boldsymbol{\pi}_{2_r} = (0.0549, 0.0354, 0.0267, 0.0186)$$

$$\boldsymbol{\pi}_{3_v} = (0.0031, 0.0031, 0.0010, 0.0010)$$

$$\boldsymbol{\pi}_{3_r} = (0.0270, 0.0195, 0.0113, 0.0087)$$

$$\boldsymbol{\pi}_{4_v} = (0.0007, 0.0007, 0.0002, 0.0002)$$

$$\boldsymbol{\pi}_{4_r} = (0.0114, 0.0086, 0.0035, 0.0031)$$

$$\boldsymbol{\pi}_{5_v} = (0.0002, 0.0002)$$

$$\boldsymbol{\pi}_{5_r} = (0.0047, 0.0043)$$

由以上结果可得，系统的稳态可用度为 $A = 0.9905$，各种类型的故障频度分别为 $v_1 = 0.1820$，$v_2 = 0.0067$，$v_3 = 0.1887$，$v_4 = 0.2565$，$v_5 = 0.0040$。在稳态情形下，修理工工作的概率为 $p_W = 0.4312$。如果取 $c_o = 40$，$c_v = 10$，$c_r = 2$，$R = 40$，$c_f = 1$，则可以得到系统的净利润为$c = 0.3302$。

应用本章 5.3 节中的理论，数值算例的结果如表 5－1 所示。表 5－1 给出了在不同时刻 t 时系统的可用度和各种类型故障频度的取值，表中最后一行是系统达到稳态时这些可靠性指标的取值，很显然在时刻 $t = 40$ 之后，系统的这些概率值趋于稳态值。

表 5－1　　多部件温贮备可修系统的性能测度

t	$A(t)$	$v_1(t)$	$v_2(t)$	$v_3(t)$	$v_4(t)$	$v_5(t)$
0	1	0.1500	0.0048	0.1548	0.2348	0
5	0.9989	0.1315	0.0048	0.1363	0.2041	0.0010
15	0.9924	0.1299	0.0048	0.1347	0.1952	0.0035
20	0.9912	0.1298	0.0048	0.1346	0.1945	0.0038
25	0.9908	0.1297	0.0048	0.1345	0.1942	0.0040
30	0.9906	0.1297	0.0048	0.1345	0.1941	0.0040
35	0.9906	0.1297	0.0048	0.1345	0.1940	0.0040
40	0.9905	0.1297	0.0048	0.1344	0.1940	0.0040
50	0.9905	0.1297	0.0048	0.1344	0.1940	0.0040
∞	0.9905	0.1297	0.0048	0.1344	0.1940	0.0040

5.5 本章小结

本章建立了 n 部件温贮备可修系统模型，把 δ 冲击思想融入其中，对系统的可靠性进行了研究。设备或者组成设备的部件往往在一定的外部环境条件下工作，很可能会遭受腐蚀、温度、压力、震动等外部环境因素的影响，所以把 δ 冲击考虑到模型的建立中更合理。涉及的随机时间用 PH 分布刻画，温贮备部件的寿命用指数分布刻画。修理工的多重休假策略也被考虑到系统建模中，这样可以提高修理工的利用率，为企业节约了人力资本费用，从而可以创造更多的利润。运用矩阵分析的方法，分别推导出系统在瞬态和稳态情形下的一些可靠性指标。最后用一个数值算例对本章所得理论结论进行了模拟验证，数值算例中也考虑了系统的运行费用。理论结果表明：①修理工的多重休假策略可以提高修理工作人员的利用率，进而提高系统的可靠性，降低企业的生产经营费用；②把冲击作为部件故障的另一个主要原因，使模型与实际更加吻合，对于产品可靠性设计、可靠性故障的诊断以及可靠性评估都有一定的指导价值。

第 6 章

修理工多重休假和维修 N 策略的多部件温贮备多状态可修系统

随着经济社会和科学技术的迅速发展，产品的竞争最后归结为产品可靠性的竞争，高可靠性、长寿命的产品才能得到用户的青睐。为了提高产品的可靠性，冗余技术是制造商常常使用的策略。在工程实际中，冗余系统经常采用的三种策略是热贮备、温贮备、冷贮备。贮备冗余虽然在一定程度上提高了系统的可靠性，但是也相应增加了维修人员的维修压力，因为随着系统中贮备部件的增加故障部件数也会累积，如果继续采用修理工多重休假策略，修理工将会频繁地在维修和休假活动之间转换，这在一定程度上降低了修理工的利用率。例如，在一个拥有上千个节能灯的多功能会议厅，少数几个甚至几十个节能灯的故障不会影响会议厅的照明，这时候没有必要专门安排修理工去更换这些故障的节能灯，只有当故障的节能灯数达到一定的上限时，修理工才集中去更换一次，这样可以大大提高修理工的利用率。基于以上启发，本章把修理工的多重休假和维修 N 策略引入 n 部件温贮备可修系统的研究中。

6.1 系统模型假设

系统由 n 个部件和一个修理工组成，其中一个部件在线工作，其余 $n-1$ 个部件温贮备，修理工采用多重休假策略（温艳清等，2016）。

假设 6－1：在 $t=0$ 时刻，系统中一个新的部件在线开始工作，其余 $n-1$ 个部件温贮备。在线工作的部件遭受来自外部环境的冲击，假设 $X_i(i=1,2,\cdots)$ 表示第 $i-1$ 次和第 i 次冲击的时间间隔，且 $X_i(i=1,2,\cdots)$ 独立同分布服从一个阶数为 n_1 的 PH 分布，记为 $PH(\boldsymbol{\alpha},\boldsymbol{T})$；第 i 次冲击对在线工作部件导致的随机损坏量记为 $Y_i(i=1,2,\cdots)$，假设损坏量 $Y_i(i=1,2,\cdots)$ 是一列独立同分布的 PH 分布服从一个阶数为 n_2 的 PH 分布，记为 $PH(\boldsymbol{\beta},\boldsymbol{S})$；当在线部件工作时，如果外部冲击造成的损坏量超过了临界值 M，则在线工作部件发生故障；在线工作部件也可能由于自身寿命的退化而发生故障，假设在线工作部件自身寿命服从一个阶数为 n_3 的 PH 分布，记为 $PH(\boldsymbol{d},\boldsymbol{D})$。

假设 6－2：温贮备部件也遭受来自外部其他原因的冲击，冲击能够导致温贮备部件故障，假设冲击的到达是一个初始向量为 $\boldsymbol{g}$、阶数为 n_4 的马尔可夫到达过程，记为 $\mathrm{MAP}(\boldsymbol{G}_0,\boldsymbol{G}_1)$。

假设 6－3：假设故障部件能够被修复如新，当系统中所有部件都正常时，修理工进行多重休假；如果系统中等待维修的故障部件数大于等于 $N(1\leqslant N\leqslant n)$，那么修理工按照“先故障先维修”的规则维修故障部件；但是如果发现等待维修的故障部件数小于 N，那么修理工继续进行休假，休假重复进行直到系统中等待维修的故障部件数大于等于 N；休假完成的时间过程是一个初始向量为 h、阶数为 n_5 的马尔可夫到达过程，记为 $\mathrm{MAP}(\boldsymbol{H}_0,\boldsymbol{H}_1)$；维修完成的时间过程是一个初始向量为 u、阶数为 n_6 的马尔可夫到达过程，记为 $\mathrm{MAP}(\boldsymbol{U}_0,\boldsymbol{U}_1)$。

假设 6－4：以上定义的 PH 分布和马尔可夫到达过程相互独立。

基于修理工多重休假和维修 N 策略的多部件温贮备多状态可修系统

能够应用于一些工程实际中，如基站的 GPS 接收系统就是一个典型的应用。一般情况下，仅仅一个 GPS 接收机接收外部的信息来确定位置，其接收机处于温贮备。当这个工作的接收机由于故障而不能接收卫星信号，其他温贮备的接收机将开始在线工作。GPS 接收机遭受自身退化以及外部环境冲击（如风沙和振动）的影响。基站里的探测系统会立即探测到故障的接收机，修理工然后按照“先故障先维修”的规则逐个维修故障的接收机。

在工程实践中，假设基站里有五个同样的 GPS 接收机，看作五个部件，一般一个 GPS 接收机就可以接收多个卫星信息，可以满足获取位置信息，其他温备用。当一个接收机不能很好获得卫星信息的时候，启动其他接收机。基站里的探测系统相当于修理工用于探测故障的接收机。为了充分利用维修资源，假设当故障的接收机小于 N（如 $N=3$）个时，修理工继续“休假”不进行维修，当故障接收机数大于等于 3 个时，修理工按照“先故障先维修”的规则开始维修故障的接收机。

6.2 系统的状态空间和转移率矩阵

假设 p 表示外部冲击是致命冲击的概率，向量 $\{(x,v_1,v_2,v_3,v_4,v_5),0\leqslant x\leqslant n,1\leqslant v_1\leqslant n_3,1\leqslant v_2\leqslant n_1,1\leqslant v_3\leqslant n_4,1\leqslant v_4\leqslant n_5,1\leqslant v_5\leqslant n_6\}$ 表示故障部件数是 x，在线工作部件由于自身退化的寿命位相为 v_1，在线工作部件遭受外部冲击的位相为 v_2，温贮备部件遭受外部冲击的位相为 v_3，修理工休假时间的位相为 v_4，维修时间的位相为 v_5，基于以上模型假设有：

$$p=P\{Y_i>M\}=\boldsymbol{\beta}\exp(SM)\boldsymbol{e}_{n_2}$$

系统的状态空间可以记为 $\boldsymbol{S}=\boldsymbol{S}_1\cup\boldsymbol{S}_2\cup\boldsymbol{S}_2'\cup\boldsymbol{S}_3\cup\boldsymbol{S}_3'\cup\boldsymbol{S}_4\cup\boldsymbol{S}_5$，下面分别详细介绍状态空间中的各种情形。

$\boldsymbol{S}_1=\{(x,v_1,v_2,v_3,v_4),x=0,1\leqslant v_1\leqslant n_3,1\leqslant v_2\leqslant n_1,1\leqslant v_3\leqslant n_4,1\leqslant v_4\leqslant n_5\}$：一个部件在线工作，其余 $n-1$ 个部件处于温贮备，修理工进行休假，因此维修的 MAP 不执行。

$\boldsymbol{S}_2=\{(x,v_1,v_2,v_3,v_4),1\leqslant x\leqslant n-2,1\leqslant v_1\leqslant n_3,1\leqslant v_2\leqslant n_1,1\leqslant v_3\leqslant n_4,1\leqslant v_4\leqslant n_5\}$：系统中故障部件数为 x，一个部件在线工作，其余 $n-x-1$ 个部件处于温贮备，修理工进行休假，因此故障的部件等待维修且维修的 MAP 不运行。

$\boldsymbol{S}_2'=\{(x,v_1,v_2,v_4),x=n-1,1\leqslant v_1\leqslant n_3,1\leqslant v_2\leqslant n_1,1\leqslant v_4\leqslant n_5\}$：系统中只有一个部件在线工作，修理工在休假，其余 $n-1$ 个部件故障等待维修。

$\boldsymbol{S}_3=\{(x,v_1,v_2,v_3,v_5),1\leqslant x\leqslant n-2,1\leqslant v_1\leqslant n_3,1\leqslant v_2\leqslant n_1,1\leqslant v_3\leqslant n_4,1\leqslant v_5\leqslant n_6\}$：系统中故障部件数为 x，一个部件在线工作，其余 $n-x-1$ 个部件处于温贮备，修理工按照"先故障先维修"的规则正在维修故障的部件，因此修理工休假的 MAP 不运行。

$\boldsymbol{S}_3'=\{(x,v_1,v_2,v_5),x=n-1,1\leqslant v_1\leqslant n_3,1\leqslant v_2\leqslant n_1,1\leqslant v_5\leqslant n_6\}$：系统中故障部件数是 $n-1$，一个部件在线工作，温贮备部件数是0，修理工进行休假按照常规维修故障的部件，因此温贮备部件遭受冲击的 MAP 和休假的 MAP 不运行。

$\boldsymbol{S}_4=\{(x,v_4),x=n,1\leqslant v_4\leqslant n_5\}$：系统中所有的部件都发生了故障等待维修，修理工在休假。

$\boldsymbol{S}_5=\{(x,v_5),x=n,1\leqslant v_5\leqslant n_6\}$：系统中所有的部件都发生了故障，修理工按照"先故障先维修"的规则维修故障部件。

系统的宏状态可以记为集合 $\boldsymbol{S}=\{0,1_v,1_r,2_v,2_r,\cdots,N_v,N_r,\cdots,n_v,n_r\}$，其中 0 表示系统中故障部件数是 0，即所有部件都能工作，修理工在休假；$i_v(i=1,2,\cdots,n)$ 表示系统中故障部件数是 i，修理工正在休假；$i_r(i=1,2,\cdots,n)$ 表示系统中故障部件数是 i，修理工按照"先故障先维修"的规则维修故障部件。显然，$\boldsymbol{S}_1=\{0\}$，$\boldsymbol{S}_2=\{1_v,2_v,\cdots,(n-2)_v\}$，$\boldsymbol{S}_2'=\{(n-1)_v\}$，$\boldsymbol{S}_3=\{1_r,2_r,\cdots,(n-2)_r\}$，$\boldsymbol{S}_3'=\{(n-1)_r\}$，$\boldsymbol{S}_4=\{n_v\}$，$\boldsymbol{S}_5=\{n_r\}$。图 6-1 是系统的状态转移示例。

状态空间 $\boldsymbol{S}=\{0,1_v,1_r,2_v,2_r,\cdots,N_v,N_r,\cdots,n_v,n_r\}$ 中宏状态之间的转移率矩阵记为 $\boldsymbol{Q}$，其表达式如下：

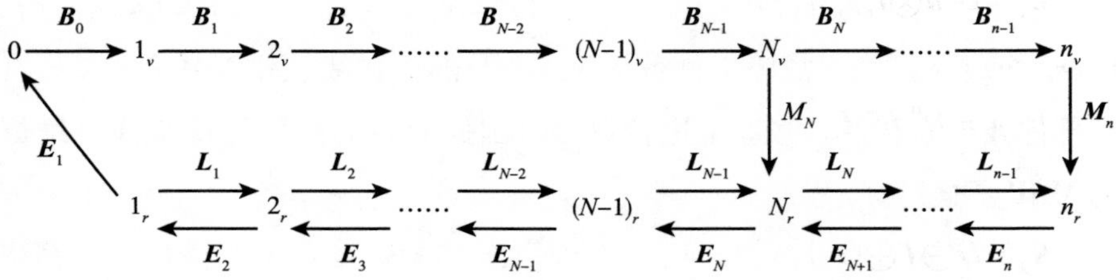

图 6－1　系统的状态转移示例

$$
\boldsymbol{Q}=\begin{array}{c|ccccccccccccccccc}
 & 0 & 1_v & 1_r & 2_v & 2_r & \cdots & (N-1)_v & (N-1)_r & N_v & N_r & (N+1)_v & (N+1)_r & \cdots & (n-1)_v & (n-1)_r & n_v & n_r \\
\hline
0 & \boldsymbol{A} & \boldsymbol{B}_0 & & & & & & & & & & & & & & & \\
1_v & & \boldsymbol{C}_1 & & \boldsymbol{B}_1 & & & & & & & & & & & & & \\
1_r & \boldsymbol{E}_1 & & \boldsymbol{F}_1 & & \boldsymbol{L}_1 & & & & & & & & & & & & \\
2_v & & & & \boldsymbol{C}_2 & & & & & & & & & & & & & \\
2_r & & & \boldsymbol{E}_2 & & \boldsymbol{F}_2 & & & & & & & & & & & & \\
\vdots & & & & \ddots & & \ddots & \ddots & \ddots & & & & & & & & & \\
(N-1)_v & & & & & & & \boldsymbol{C}_{N-1} & & \boldsymbol{B}_{N-1} & & & & & & & & \\
(N-1)_r & & & & & & & & \boldsymbol{F}_{N-1} & & \boldsymbol{L}_{N-1} & & & & & & & \\
N_v & & & & & & & & & \boldsymbol{C}_N & \boldsymbol{M}_N & \boldsymbol{B}_N & & & & & & \\
N_r & & & & & & & & & & \boldsymbol{F}_N & & \boldsymbol{L}_N & & & & & \\
(N+1)_v & & & & & & & & & & & \boldsymbol{C}_{N+1} & \boldsymbol{M}_{N+1} & & & & & \\
(N+1)_r & & & & & & & & & & & & \boldsymbol{F}_{N+1} & & & & & \\
\vdots & & & & & & & & & & & & & \ddots & \ddots & \ddots & & \\
(n-1)_v & & & & & & & & & & & & & & \boldsymbol{C}_{n-1} & \boldsymbol{M}_{n-1} & \boldsymbol{B}_{n-1} & \\
(n-1)_r & & & & & & & & & & & & & & & \boldsymbol{F}_{n-1} & & \boldsymbol{L}_{n-1} \\
n_v & & & & & & & & & & & & & & & & \boldsymbol{C}_n & \boldsymbol{M}_n \\
n_r & & & & & & & & & & & & & & & \boldsymbol{E}_n & & \boldsymbol{F}_n
\end{array}
\tag{6-1}
$$

在以上的转移率矩阵中，元素为 0 的零分块矩阵没有被表示出来，为了确定分块矩阵 $\boldsymbol{Q}$ 的表达式，考虑向量值的马尔可夫过程 $\{X(t),t\geqslant 0\}$ 在充分小时间内状态之间的转移。通过一些概率分析，可以得到：

$$\boldsymbol{A}=\boldsymbol{D}\oplus\boldsymbol{T}\oplus\boldsymbol{G}_0\oplus\boldsymbol{H}_0+\boldsymbol{I}_{n_3}\otimes\boldsymbol{I}_{n_1}\otimes\boldsymbol{I}_{n_4}\otimes\boldsymbol{G}_1+\boldsymbol{I}_{n_3}\otimes q\boldsymbol{T}^0\boldsymbol{\alpha}\otimes\boldsymbol{I}_{n_4}\otimes\boldsymbol{I}_{n_5},q=1-p$$

$\boldsymbol{B}_i = \boldsymbol{D}^0\boldsymbol{d}\otimes\boldsymbol{I}_{n_1}\otimes\boldsymbol{I}_{n_4}\otimes\boldsymbol{I}_{n_5} + \boldsymbol{e}_{n_3}\boldsymbol{d}\otimes p\boldsymbol{T}^0\boldsymbol{\alpha}\otimes\boldsymbol{I}_{n_4}\otimes\boldsymbol{I}_{n_5} + \boldsymbol{I}_{n_3}\otimes\boldsymbol{I}_{n_1}\otimes\boldsymbol{G}_1\otimes\boldsymbol{I}_{n_5}, 0 \leqslant i \leqslant n-3$

$\boldsymbol{B}_{n-2} = \boldsymbol{D}^0\boldsymbol{d}\otimes\boldsymbol{I}_{n_1}\otimes\boldsymbol{e}_{n_4}\otimes\boldsymbol{I}_{n_5} + \boldsymbol{e}_{n_3}\boldsymbol{d}\otimes p\boldsymbol{T}^0\boldsymbol{\alpha}\otimes\boldsymbol{e}_{n_4}\otimes\boldsymbol{I}_{n_5} + \boldsymbol{I}_{n_3}\otimes\boldsymbol{I}_{n_1}\otimes\boldsymbol{G}_1 e\otimes\boldsymbol{I}_{n_5}$

$\boldsymbol{B}_{n-1} = \boldsymbol{D}^0\otimes\boldsymbol{e}_{n_1}\otimes\boldsymbol{I}_{n_5} + \boldsymbol{e}_{n_3}\otimes p\boldsymbol{T}^0\otimes\boldsymbol{I}_{n_5}$

$\boldsymbol{C}_i = \boldsymbol{D}\oplus\boldsymbol{T}\oplus\boldsymbol{G}_0\oplus\boldsymbol{H}_0 + \boldsymbol{I}_{n_3}\otimes q\boldsymbol{T}^0\boldsymbol{\alpha}\otimes\boldsymbol{I}_{n_4}\otimes\boldsymbol{I}_{n_5}, 1 \leqslant i \leqslant n-2$

$\boldsymbol{C}_{n-1} = \boldsymbol{D}\oplus\boldsymbol{T}\oplus\boldsymbol{H}_0 + \boldsymbol{I}_{n_3}\otimes q\boldsymbol{T}^0\boldsymbol{\alpha}\otimes\boldsymbol{I}_{n_5}$

$\boldsymbol{C}_n = \boldsymbol{H}_0$

$\boldsymbol{M}_i = \boldsymbol{I}_{n_3}\otimes\boldsymbol{I}_{n_1}\otimes\boldsymbol{I}_{n_4}\otimes\boldsymbol{H}_1\boldsymbol{e}\otimes\boldsymbol{u}, i = N, \cdots, n-2$

$\boldsymbol{M}_{n-1} = \boldsymbol{I}_{n_3}\otimes\boldsymbol{I}_{n_1}\otimes\boldsymbol{H}_1\boldsymbol{e}\otimes\boldsymbol{u}$

$\boldsymbol{M}_n = \boldsymbol{H}_1\boldsymbol{e}\otimes\boldsymbol{u}$

$\boldsymbol{L}_i = \boldsymbol{D}^0\boldsymbol{d}\otimes\boldsymbol{I}_{n_1}\otimes\boldsymbol{I}_{n_4}\otimes\boldsymbol{I}_{n_6} + \boldsymbol{e}_{n_3}\boldsymbol{d}\otimes p\boldsymbol{T}^0\boldsymbol{\alpha}\otimes\boldsymbol{I}_{n_4}\otimes\boldsymbol{I}_{n_6} + \boldsymbol{I}_{n_3}\otimes\boldsymbol{I}_{n_1}\otimes\boldsymbol{G}_1\otimes\boldsymbol{I}_{n_6}, 1 \leqslant i \leqslant n-3$

$\boldsymbol{L}_{n-2} = \boldsymbol{D}^0\boldsymbol{d}\otimes\boldsymbol{I}_{n_1}\otimes\boldsymbol{e}_{n_4}\otimes\boldsymbol{I}_{n_6} + \boldsymbol{e}_{n_3}\boldsymbol{d}\otimes p\boldsymbol{T}^0\boldsymbol{\alpha}\otimes\boldsymbol{e}_{n_4}\otimes\boldsymbol{I}_{n_6} + \boldsymbol{I}_{n_3}\otimes\boldsymbol{I}_{n_1}\otimes\boldsymbol{G}_1\boldsymbol{e}\otimes\boldsymbol{I}_{n_6}$

$\boldsymbol{L}_{n-1} = \boldsymbol{D}^0\otimes\boldsymbol{e}_{n_1}\otimes\boldsymbol{I}_{n_6} + \boldsymbol{e}_{n_3}\otimes p\boldsymbol{T}^0\otimes\boldsymbol{I}_{n_6}$

$\boldsymbol{E}_1 = \boldsymbol{I}_{n_3}\otimes\boldsymbol{I}_{n_1}\otimes\boldsymbol{I}_{n_4}\otimes\boldsymbol{h}\otimes\boldsymbol{U}_1\boldsymbol{e}$

$\boldsymbol{E}_i = \boldsymbol{I}_{n_3}\otimes\boldsymbol{I}_{n_1}\otimes\boldsymbol{I}_{n_4}\otimes\boldsymbol{U}_1, i = 2, \cdots, n-2$

$\boldsymbol{E}_{n-1} = \boldsymbol{I}_{n_3}\otimes\boldsymbol{I}_{n_1}\otimes\boldsymbol{g}\otimes\boldsymbol{U}_1$

$\boldsymbol{E}_n = \boldsymbol{d}\otimes\boldsymbol{\alpha}\otimes\boldsymbol{U}_1$

$\boldsymbol{F}_i = \boldsymbol{D}\oplus\boldsymbol{T}\oplus\boldsymbol{G}_0\oplus\boldsymbol{U}_0 + \boldsymbol{I}_{n_3}\otimes q\boldsymbol{T}^0\boldsymbol{\alpha}\otimes\boldsymbol{I}_{n_4}\otimes\boldsymbol{I}_{n_6}, 1 \leqslant i \leqslant n-2$

$\boldsymbol{F}_{n-1} = \boldsymbol{D}\oplus\boldsymbol{T}\oplus\boldsymbol{U}_0 + \boldsymbol{I}_{n_3}\otimes q\boldsymbol{T}^0\boldsymbol{\alpha}\otimes\boldsymbol{I}_{n_6}$

$\boldsymbol{F}_n = \boldsymbol{U}_0$

下面解释这个转移率矩阵中各个分块矩阵的原因。

矩阵 $\boldsymbol{A}$ 表示宏状态 0 中位相之间的转移率。第一项和表示对于在线工作部件如下四个事件中某一个可能发生了变化：①在线部件的工作时间位相发生了变化（由矩阵 $\boldsymbol{D}$ 刻画）；②冲击到达的间隔时间的位相发生了变化（由矩阵 $\boldsymbol{T}$ 刻画）；③温贮备部件没有遭受冲击（由矩阵 $\boldsymbol{G}_0$ 刻画）；④修理工的休假没有完成（由矩阵 $\boldsymbol{H}_0$ 刻画），转移率可以记为 $\boldsymbol{D}\oplus\boldsymbol{T}\oplus\boldsymbol{G}_0\oplus\boldsymbol{H}_0$。第二项和表示修理工以向量 G_1 从休假返回，且系统中所有部件是完好的，那么系统继续运行，同时在线部件的工作时间位相、冲击到达在线工作部件的间隔时间的位相以及冲击到达温贮备部件的位相不变化，转移率可以记为 $\boldsymbol{I}_{n_3}\otimes\boldsymbol{I}_{n_1}\otimes\boldsymbol{I}_{n_4}\otimes\boldsymbol{G}_1$。第三项和表示相应于在线工作部件遭受了非致命的外部冲击，所以冲击到达的间隔时间以向量 $\boldsymbol{\alpha}$ 重新开始，同时在线部件的工作时间位相、冲击到达温贮备部件的位相以及休假时间的位相不变化，转移率可以记为 $\boldsymbol{I}_{n_3}\otimes q\boldsymbol{T}^0\boldsymbol{\alpha}\otimes\boldsymbol{I}_{n_4}\otimes\boldsymbol{I}_{n_5}$。

矩阵 $\boldsymbol{B}_0$ 和 $\boldsymbol{B}_i(i=1,2,\cdots,n-3)$ 分别表示宏状态 $0\to1_v$ 和 $i_v\to(i+1)_v$ 的转移。这对应于在线工作部件以向量 $\boldsymbol{D}^0$ 发生了故障，或者在线工作部件遭受了致命外部冲击，冲击到达的间隔时间以向量 α 重新开始，同时其中一个温贮备部件以向量 d 开始在线工作，转移率可以记为 $\boldsymbol{D}^0\boldsymbol{d}\otimes\boldsymbol{I}_{n_1}\otimes\boldsymbol{I}_{n_4}\otimes\boldsymbol{I}_{n_5}+\boldsymbol{e}_{n_3}\boldsymbol{d}\otimes p\boldsymbol{T}^0\boldsymbol{\alpha}\otimes\boldsymbol{I}_{n_4}\otimes\boldsymbol{I}_{n_5}$；或者温贮备部件由于到达的外部冲击而发生故障，同时在线工作部件工作时间的位相、冲击到达在线工作部件的间隔时间的位相以及休假时间的位相不变化，转移率可以记为 $\boldsymbol{I}_{n_3}\otimes\boldsymbol{I}_{n_1}\otimes\boldsymbol{G}_1\otimes\boldsymbol{I}_{n_5}$。

矩阵 $\boldsymbol{B}_{n-2}$ 表示宏状态 $(n-2)_v\to(n-1)_v$ 的转移。这相应于系统中只有两个完好的部件（一个在线工作，另一个温贮备），这时既可能是在线工作部件以向量 $\boldsymbol{D}^0$ 发生故障，也可能是在线工作部件遭受了致命外部冲击，或者是温贮备部件由于到达的外部冲击而发生了故障，同时在线工作部件工作时间的位相、冲击到达在线工作部件的间隔时间的位相以及休假时间的位相不变化，这一项类似于 $\boldsymbol{B}_0$，只是在这种情况下，故障发生后系统中只有一个完好的部件，转移率可以记为 $\boldsymbol{D}^0\boldsymbol{d}\otimes\boldsymbol{I}_{n_1}\otimes\boldsymbol{e}_{n_4}\otimes\boldsymbol{I}_{n_5}+\boldsymbol{e}_{n_3}\boldsymbol{d}\otimes p\boldsymbol{T}^0\alpha\otimes\boldsymbol{e}_{n_4}\otimes\boldsymbol{I}_{n_5}+\boldsymbol{I}_{n_3}\otimes\boldsymbol{I}_{n_1}\otimes\boldsymbol{G}_1\boldsymbol{e}\otimes\boldsymbol{I}_{n_5}$。

矩阵 B_{n-1} 表示宏状态 $(n-1)_v\to n_v$ 的转移。因为系统中只有一个部件在线工作，没有温贮备部件，所以在线工作部件以向量 $\boldsymbol{D}^0$ 发生了故障，或者在线工作部件遭受了致命的外部冲击（记为 $p\boldsymbol{T}^0$），而休假时间的位相不变化，转移率可以记为 $\boldsymbol{D}^0\otimes\boldsymbol{e}_{n_1}\otimes I_{n_5}+\boldsymbol{e}_{n_3}\otimes p\boldsymbol{T}^0\otimes\boldsymbol{I}_{n_5}$。

矩阵 $\boldsymbol{C}_i(i=1,2,\cdots,n-2)$ 表示宏状态 $i_v\to i_v$ 的转移。第一项和表示对于在线工作部件如下四个事件中某一个可能发生了变化：①在线部件的工作时间位相发生了变化（由矩阵 $\boldsymbol{D}$ 刻画）；②冲击到达的间隔时间的位相发生了变化（由矩阵 $\boldsymbol{T}$ 刻画）；③温贮备部件没有遭受冲击（由矩阵 $\boldsymbol{G}_0$ 刻画）；④修理工的休假没有完成（由矩阵 $\boldsymbol{H}_0$ 刻画），转移率可以记为 $\boldsymbol{D}\oplus\boldsymbol{T}\oplus\boldsymbol{G}_0\oplus\boldsymbol{H}_0$。第二项和表示在线工作部件遭受了非致命的外部冲击，所以冲击到达的间隔时间以向量 $\boldsymbol{\alpha}$ 重新开始，同时在线部件的工作时间位相、冲击到达温贮备部件的位相以及休假时间的位相不变化，转移率可以记为 $\boldsymbol{I}_{n_3}\otimes q\boldsymbol{T}^0\boldsymbol{\alpha}\otimes\boldsymbol{I}_{n_4}\otimes\boldsymbol{I}_{n_5}$。

矩阵 $\boldsymbol{C}_{n-1}$ 表示宏状态 $(n-1)_v$ 位相之间的转移。这一项类似于矩阵 $\boldsymbol{C}_i(i=1,2,\cdots,n-2)$，只是在这种情况下，系统中只有一个在线工作的部件，没有温贮备部件，所以刻画对于温贮备部件冲击的马尔可夫到达过程不起作用，从而转移率可以记为 $\boldsymbol{D}\oplus\boldsymbol{T}\oplus\boldsymbol{H}_0+\boldsymbol{I}_{n_3}\otimes q\boldsymbol{T}^0\boldsymbol{\alpha}\otimes\boldsymbol{I}_{n_5}$。

矩阵 $\boldsymbol{C}_n$ 表示宏状态 n_v 位相之间的转移。这相应于系统中所有的部件都发生了故障，而修理工正在休假，转移率可以记为 $\boldsymbol{H}_0$。

矩阵 $\boldsymbol{M}_i$ 表示宏状态 $i_v\to i_r(i=N,\cdots,n-2)$ 的转移。这相应于修理工从休假返回（由矩阵 $\boldsymbol{H}_1\boldsymbol{e}$ 刻画），且系统中有 $i(i\geqslant N)$ 个故障部件正等待维修，所以他基于维修 N 策略立即以向量 $\boldsymbol{u}$ 开始维修故障的部件，同时在线部件的工作时间位相、冲击到达在线工作部件的间隔时间的位相以及冲击到达温贮备部件的位相不变化，转移率可以记为 $\boldsymbol{I}_{n_3}\otimes\boldsymbol{I}_{n_1}\otimes\boldsymbol{I}_{n_4}\otimes\boldsymbol{H}_1\boldsymbol{e}\otimes\boldsymbol{u}$。

矩阵 $\boldsymbol{M}_{n-1}$ 表示宏状态 $(n-1)_v\to(n-1)_r$ 的转移。这一项类似于矩阵 $\boldsymbol{M}_i(i=N,\cdots,n-2)$，在这种情况下，系统中只有一个在线工作的部件，没有温贮备部件，所以刻画对于温贮备部件冲击的马尔可夫到达过程不起作用，从而转移率可以记为 $\boldsymbol{I}_{n_3}\otimes\boldsymbol{I}_{n_1}\otimes\boldsymbol{H}_1\boldsymbol{e}\otimes\boldsymbol{u}$。

矩阵 $\boldsymbol{M}_n$ 表示宏状态 $n_v\to n_r$ 的转移。这对应于系统中所有的部件都发生了故障，修理工从休假返回（由矩阵 $\boldsymbol{H}_1\boldsymbol{e}$ 刻画），并基于维修 N 策略以向量 $\boldsymbol{u}$ 开始维修故障部件，转移率可以记为 $\boldsymbol{H}_1\boldsymbol{e}\otimes\boldsymbol{u}$。

矩阵 $\boldsymbol{L}_i(i=1,2,\cdots,n-3)$ 表示宏状态 $i_r\to(i+1)_r$ 的转移。这对应于在线工作部件以向量 $\boldsymbol{D}^0$ 发生故障，或者在线工作部件遭受了致命外部冲击，所以冲击到达的间隔时间以向量 $\boldsymbol{\alpha}$ 重新开始（由矩阵 $p\boldsymbol{T}^0\boldsymbol{\alpha}$ 刻画），同时其中一个温贮备部件代替故障部件以向量 $\boldsymbol{d}$ 开始在线工作，转移率可以记为 $\boldsymbol{D}^0\boldsymbol{d}\otimes\boldsymbol{I}_{n_1}\otimes\boldsymbol{I}_{n_4}\otimes\boldsymbol{I}_{n_6}+\boldsymbol{e}_{n_3}\boldsymbol{d}\otimes p\boldsymbol{T}^0\boldsymbol{\alpha}\otimes\boldsymbol{I}_{n_4}\otimes\boldsymbol{I}_{n_6}$；或者温贮备部件由于到达的外部冲击而发生了故障，同时在线工作部件工作时间的位相、冲击到达在线工作部件的间隔时间的位相以及维修时间的位相不变化，转移率可以记为 $\boldsymbol{I}_{n_3}\otimes\boldsymbol{I}_{n_1}\otimes\boldsymbol{G}_1\otimes\boldsymbol{I}_{n_6}$。

矩阵 $\boldsymbol{L}_{n-2}$ 表示宏状态 $(n-2)_r\to(n-1)_r$ 的转移。这对应于系统中只有两个完好的部件（一个在线工作，另一个温贮备），这一项类似于矩阵 $\boldsymbol{L}_i(i=1,2,\cdots,n-3)$，在这种情况下，发生故障后，系统中只有一个在线工作的部件，没有温贮备部件。

矩阵 $\boldsymbol{L}_{n-1}$ 表示宏状态 $(n-1)_r\to n_r$ 的转移。这相应于系统中没有温贮备部件，因此在线工作部件以向量 $\boldsymbol{D}^0$ 发生故障，或者在线工作部件遭受了致命外部冲击（由矩阵 $p\boldsymbol{T}^0$ 刻画），转移率可以记为 $\boldsymbol{D}^0\otimes\boldsymbol{e}_{n_1}\otimes\boldsymbol{I}_{n_6}+\boldsymbol{e}_{n_3}\otimes p\boldsymbol{T}^0\otimes\boldsymbol{I}_{n_6}$。

矩阵 $\boldsymbol{E}_1$ 表示宏状态 $1_r\to0$ 的转移。这对应于修理工完成了故障部件的维修，且该部件进入温贮备，此时系统中没有故障的部件，所以修理工以向量 $\boldsymbol{h}$ 开始休假，同时维修时间的位相停止了，转移率可以记为 $\boldsymbol{I}_{n_3}\otimes\boldsymbol{I}_{n_1}\otimes\boldsymbol{I}_{n_4}\otimes\boldsymbol{h}\otimes\boldsymbol{U}_1\boldsymbol{e}$。

矩阵 $\boldsymbol{E}_i$ 表示宏状态 $i_r\to(i-1)_r(i=2,3,\cdots,n-2)$ 的转移。这对应于修理工完成维修一个故障部件，且这个部件进入温贮备，修理工基于“先故障先维修”的规则开始维修其他的故障部件，转移率可以记为 $\boldsymbol{I}_{n_3}\otimes\boldsymbol{I}_{n_1}\otimes\boldsymbol{I}_{n_4}\otimes\boldsymbol{U}_1$。

矩阵 $\boldsymbol{E}_{n-1}$ 表示宏状态 $(n-1)_r\to(n-2)_r$ 的转移。这一项类似于矩阵 $\boldsymbol{E}_i$，在这种情况下，系统中只有一个在线工作的部件，没有温贮备部件，当修理工完成了一个故障部件的维修，这个部件进入温贮备，修理工基于“先故障先维修”的规则开始维修其他的故障部件，对于温贮备部件的马尔可夫冲击过程以向量 $\boldsymbol{g}$ 开始运行，转移率可以记为 $\boldsymbol{I}_{n_3}\otimes\boldsymbol{I}_{n_1}\otimes\boldsymbol{g}\otimes\boldsymbol{U}_1$。

矩阵 $\boldsymbol{E}_n$ 表示宏状态 $n_r \to (n-1)_r$ 的转移。这对应于修理工完成了一个故障部件的维修，且这个部件以向量 $\boldsymbol{d}$ 开始在线工作，修理工基于“先故障先维修”的规则立即开始维修其他的故障部件，在线工作部件遭受的外部冲击以向量 $\boldsymbol{\alpha}$ 开始执行 PH 更新过程，转移率可以记为 $\boldsymbol{d} \otimes \boldsymbol{\alpha} \otimes \boldsymbol{U}_1$。

矩阵 $\boldsymbol{F}_i(i=1,2,\cdots,n-2)$ 表示宏状态 $i_r \to i_r$ 的转移。这一项类似于矩阵 $\boldsymbol{C}_i(i=1,2,\cdots,n-2)$，在这种情况下，休假时间的马尔可夫到达过程不起作用，转移率可以记为 $\boldsymbol{D} \oplus \boldsymbol{T} \oplus \boldsymbol{G}_0 \oplus \boldsymbol{U}_0 + \boldsymbol{I}_{n_3} \otimes q\boldsymbol{T}^0 \boldsymbol{\alpha} \otimes \boldsymbol{I}_{n_4} \otimes \boldsymbol{I}_{n_6}$。

矩阵 $\boldsymbol{F}_{n-1}$ 表示宏状态 $(n-1)_r$ 位相之间的转移。这一项类似于矩阵 $\boldsymbol{C}_{n-1}$，在这种情况下，休假时间的马尔可夫到达过程不起作用，所以转移率可以记为 $\boldsymbol{D} \oplus \boldsymbol{T} \oplus \boldsymbol{U}_0 + \boldsymbol{I}_{n_3} \otimes q\boldsymbol{T}^0 \boldsymbol{\alpha} \otimes \boldsymbol{I}_{n_6}$。

矩阵 $\boldsymbol{F}_n$ 表示宏状态 n_r 位相之间的转移。这一项对应于系统中所有部件都发生了故障，只有维修位相之间的变化，转移率可以记为 $\boldsymbol{U}_0$。

6.3 系统的性能度量

6.3.1 系统的转移概率函数和稳态概率向量

系统的转移概率函数能够记为 $\boldsymbol{P}(t)=[P_{ij}(t)]$，其中 $P_{ij}(t)$ 表示可修系统在 $t=0$ 时处于宏状态 i 的条件下，经过时间 t 之后系统的宏状态为 j 的条件概率，$i,j \in \{0,1_v,1_r,2_v,2_r,\cdots,N_v,N_r,\cdots,n_v,n_r\}$。在满足约束条件 $\boldsymbol{P}(0)=\boldsymbol{I}$ 的情况下，能够容易得到 $\boldsymbol{P}(t)=\exp(\boldsymbol{Q}t)$。转移概率矩阵 $\boldsymbol{P}(t)$ 的元素是相应的宏状态的位相之间在时刻 t 时的转移概率函数。对转移概率函数两端进行拉普拉斯变换，记为 $\ell\boldsymbol{P}(t)=\boldsymbol{P}^*(s)$，可以得到：

$$\boldsymbol{P}^*(s)=(s\boldsymbol{I}-\boldsymbol{Q})^{-1} \tag{6-2}$$

有时由于 $\boldsymbol{P}^*(s)$ 的表达式太复杂而不能得到逆拉普拉斯变换，因此只能使用数值计算的方法得到转移概率函数 $\boldsymbol{P}(t)$ 的拉普拉斯变换。

令 $\boldsymbol{\pi}=(\boldsymbol{\pi}_0,\boldsymbol{\pi}_{1_v},\boldsymbol{\pi}_{1_r},\boldsymbol{\pi}_{2_v},\boldsymbol{\pi}_{2_r},\cdots,\boldsymbol{\pi}_{N_v},\boldsymbol{\pi}_{N_r},\cdots,\boldsymbol{\pi}_{n_v},\boldsymbol{\pi}_{n_r})$ 表示系统的稳态概率向量，它满足如下矩阵方程：$\boldsymbol{\pi Q}=\mathbf{0}$，$\boldsymbol{\pi e}=\mathbf{1}$，即：

$$\begin{cases}\boldsymbol{\pi}_0\boldsymbol{A}+\boldsymbol{\pi}_{1_r}\boldsymbol{E}_1=\mathbf{0}\\ \boldsymbol{\pi}_0\boldsymbol{B}_0+\boldsymbol{\pi}_{1_v}\boldsymbol{C}_1=\mathbf{0}\\ \boldsymbol{\pi}_{1_r}\boldsymbol{F}_1+\boldsymbol{\pi}_{2_r}\boldsymbol{E}_2=\mathbf{0}\\ \boldsymbol{\pi}_{i_v}\boldsymbol{B}_i+\boldsymbol{\pi}_{(i+1)_v}\boldsymbol{C}_{i+1}=\mathbf{0},i=1,2,\cdots,n-1\\ \boldsymbol{\pi}_{i_r}\boldsymbol{L}_i+\boldsymbol{\pi}_{(i+1)_r}\boldsymbol{F}_{i+1}+\boldsymbol{\pi}_{(i+2)_r}\boldsymbol{E}_{i+2}=\mathbf{0},i=1,\cdots,N-2\\ \boldsymbol{\pi}_{i_r}\boldsymbol{L}_i+\boldsymbol{\pi}_{(i+1)_v}\boldsymbol{M}_{i+1}+\boldsymbol{\pi}_{(i+1)_r}\boldsymbol{F}_{i+1}+\boldsymbol{\pi}_{(i+1)_r}\boldsymbol{E}_{i+1}=\mathbf{0},i=N-1,\cdots,n-1\\ \boldsymbol{\pi}_{(n-1)_r}\boldsymbol{L}_{n-1}+\boldsymbol{\pi}_{n_v}\boldsymbol{M}_n+\boldsymbol{\pi}_{n_r}\boldsymbol{F}_n=\mathbf{0}\end{cases} \tag{6-3}$$

由式（6-3）中的第二个方程可得：

$$\boldsymbol{\pi}_{1_v}=-\boldsymbol{\pi}_0\boldsymbol{B}_0\boldsymbol{C}_1^{-1} \tag{6-4}$$

又由式（6-3）中的第三个方程可得：

$$\boldsymbol{\pi}_{1_r}=-\boldsymbol{\pi}_{2_r}\boldsymbol{E}_2\boldsymbol{F}_1^{-1} \tag{6-5}$$

从式（6-3）中的第四个方程可得：

$$\boldsymbol{\pi}_{i_v}=\boldsymbol{\pi}_0\prod_{k=0}^{i-1}(-\boldsymbol{B}_k\boldsymbol{C}_{k+1}^{-1}),i=2,3,\cdots,n-1 \tag{6-6}$$

从式（6-3）中的第五个方程可得：

$$\boldsymbol{\pi}_{(i+1)_r}=-[\boldsymbol{\pi}_{i_r}\boldsymbol{L}_i+\boldsymbol{\pi}_{(i+2)_r}\boldsymbol{E}_{i+2}]\boldsymbol{F}_{i+1}^{-1},i=1,\cdots,N-2 \tag{6-7}$$

从式（6-3）中的第六个方程可得：

$$\boldsymbol{\pi}_{(i+1)_r}=-[\boldsymbol{\pi}_{i_r}\boldsymbol{L}_i+\boldsymbol{\pi}_{(i+1)_v}\boldsymbol{M}_{i+1}+\boldsymbol{\pi}_{(i+2)_r}\boldsymbol{E}_{i+2}]\boldsymbol{F}_{i+1}^{-1},i=N-1,\cdots,n-1 \tag{6-8}$$

从式（6-3）中的第七个方程可得：

$$\boldsymbol{\pi}_{n_r}=-[\boldsymbol{\pi}_{(n-1)_r}\boldsymbol{L}_{n-1}+\boldsymbol{\pi}_{n_v}\boldsymbol{M}_n]\boldsymbol{F}_n^{-1} \tag{6-9}$$

由式（6-6）、式（6-7）、式（6-8）、式（6-9）以及正则化条件，可得系统在稳态时在各个宏状态逗留的概率，即稳态概率向量 $\boldsymbol{\pi}$。

6.3.2 系统的瞬时性能测度

（1）可用度

时刻 t 系统工作的概率即为系统的可用度，系统以向量 $\boldsymbol{d}\otimes\boldsymbol{\alpha}\otimes\boldsymbol{g}\otimes\boldsymbol{h}$ 开始工作，因此时刻 t 占用宏状态 $0,1_v,1_r,\cdots,(n-1)_v,(n-1)_r$ 的概率分别为：

$$(\boldsymbol{d}\otimes\boldsymbol{\alpha}\otimes\boldsymbol{g}\otimes\boldsymbol{h})\boldsymbol{P}_{00}(t)\boldsymbol{e}_{n_1n_3n_4n_5}$$
$$(\boldsymbol{d}\otimes\boldsymbol{\alpha}\otimes\boldsymbol{g}\otimes\boldsymbol{h})\boldsymbol{P}_{01_v}(t)\boldsymbol{e}_{n_1n_3n_4n_5}$$
$$(\boldsymbol{d}\otimes\boldsymbol{\alpha}\otimes\boldsymbol{g}\otimes\boldsymbol{h})\boldsymbol{P}_{01_r}(t)\boldsymbol{e}_{n_1n_3n_4n_6},\cdots$$
$$(\boldsymbol{d}\otimes\boldsymbol{\alpha}\otimes\boldsymbol{g}\otimes\boldsymbol{h})\boldsymbol{P}_{0(n-1)_v}(t)\boldsymbol{e}_{n_1n_3n_5}$$
$$(\boldsymbol{d}\otimes\boldsymbol{\alpha}\otimes\boldsymbol{g}\otimes\boldsymbol{h})\boldsymbol{P}_{0(n-1)_r}(t)\boldsymbol{e}_{n_1n_3n_6}$$

从而容易得到系统的可用度为：

$$A(t)=1-(\boldsymbol{d}\otimes\boldsymbol{\alpha}\otimes\boldsymbol{g}\otimes\boldsymbol{h})\boldsymbol{P}_{0n_v}(t)\boldsymbol{e}_{n_5}-(\boldsymbol{d}\otimes\boldsymbol{\alpha}\otimes\boldsymbol{g}\otimes\boldsymbol{h})\boldsymbol{P}_{0n_r}(t)\boldsymbol{e}_{n_6} \tag{6-10}$$

（2）可靠度

可靠度是在时刻 $t=0$ 从初始宏状态到系统第一次发生故障的概率。为了求得系统的可靠度函数 $R(t)$，考虑一个在原马尔可夫过程 $\{X(t),t\geq 0\}$ 基础上得到的新马尔可夫过程 $\{\tilde{X}(t),t\geq 0\}$，这个新马尔可夫过程的工作宏状态和原马尔可夫过程是相同的，而故障状态是一个吸收状态，记为 n^*。因为把原马尔可夫过程 $\{X(t),t\geq 0\}$ 的故障状态看作新马尔可夫过程 $\{\tilde{X}(t),t\geq 0\}$ 的吸收状态，所以新马尔可夫过程 $\{\tilde{X}(t),t\geq 0\}$ 的状态空间为 $S^*=\{0,1_v,1_r,2_v,2_r,\cdots,N_v,N_r,\cdots,(n-1)_v,(n-1)_r,n^*\}$，因此系统的可靠度是由 PH 分布 PH（$\boldsymbol{\gamma}$，$\boldsymbol{Q}_{WW}$）所决定的，即：

$$R(t)=P\{\text{系统在时刻 } t \text{ 之前一直运行}\}=\boldsymbol{\gamma}\exp(\boldsymbol{Q}_{WW}t)\boldsymbol{e}_m \tag{6-11}$$

其中，

$$
Q_{WW}=\begin{array}{c}
\\ 0\\ 1_v\\ 1_r\\ 2_v\\ 2_r\\ \vdots\\ (N-1)_v\\ (N-1)_r\\ N_v\\ N_r\\ (N+1)_v\\ (N+1)_r\\ \vdots\\ (n-1)_v\\ (n-1)_r
\end{array}
\begin{array}{c}
\begin{array}{ccccccccccccccc}
0 & 1_v & 1_r & 2_v & 2_r & \cdots & (N-1)_v & (N-1)_r & N_v & N_r & (N+1)_v & (N+1)_r & \cdots & (n-1)_v & (n-1)_r
\end{array}\\
\left(\begin{array}{ccccccccccccccc}
\boldsymbol{A} & \boldsymbol{B}_0 & & & & & & & & & & & & & \\
 & \boldsymbol{C}_1 & & \boldsymbol{B}_1 & & & & & & & & & & & \\
\boldsymbol{E}_1 & & \boldsymbol{F}_1 & & \boldsymbol{L}_1 & & & & & & & & & & \\
 & & & \boldsymbol{C}_2 & & & & & & & & & & & \\
 & & \boldsymbol{E}_2 & & \boldsymbol{F}_2 & & & & & & & & & & \\
 & & & \ddots & & \ddots & \ddots & \ddots & & & & & & & \\
 & & & & & & \boldsymbol{C}_{N-1} & & \boldsymbol{B}_{N-1} & & & & & & \\
 & & & & & & & \boldsymbol{F}_{N-1} & & \boldsymbol{L}_{N-1} & & & & & \\
 & & & & & & & & \boldsymbol{C}_N & \boldsymbol{M}_N & \boldsymbol{B}_N & & & & \\
 & & & & & & & & & \boldsymbol{F}_N & & \boldsymbol{L}_N & & & \\
 & & & & & & & & & & \boldsymbol{C}_{N+1} & \boldsymbol{M}_{N+1} & & & \\
 & & & & & & & & & & & \boldsymbol{F}_{N+1} & & & \\
 & & & & & & & & & & & & \ddots & \ddots & \ddots \\
 & & & & & & & & & & & & & \boldsymbol{C}_{n-1} & \boldsymbol{M}_{n-1} \\
 & & & & & & & & & & & & & & \boldsymbol{F}_{n-1}
\end{array}\right)
\end{array}
$$

$$\boldsymbol{\gamma}=(\boldsymbol{d}\otimes\boldsymbol{\alpha}\otimes\boldsymbol{g}\otimes\boldsymbol{h},0,\cdots,0)_{1\times m}$$

$$m=(n-1)n_1n_3n_4n_5+n_1n_3n_5+(n-2)n_1n_3n_4n_6+n_1n_3n_6$$

(3) 故障频度

如果 $N(t)$ 表示到时刻 t 的故障次数，且 $M(t)=E[N(t)]$ 表示到时刻 t 的平均故障次数，则故障频度定义为函数 $M(t)$ 的导数，即 $m(t)=(\mathrm{d}/\mathrm{d}t)M(t)$，则马尔可夫过程故障频度的数学表达式在转移密度函数的基础上能够得到：

$$m(t)=\sum_{\substack{i\in W\\ j\in F}}p_i(t)q_{ij} \tag{6-12}$$

其中，$\boldsymbol{W}$ 是工作状态集，$\boldsymbol{F}$ 是故障状态集，$p_i(t)$ 是时刻 t 处于状态 i 的概率，q_{ij} 是转移密度。

时刻 t 在线工作部件由于自身耗损的故障频度为：

$$v_1(t)=(\boldsymbol{d}\otimes\boldsymbol{\alpha}\otimes\boldsymbol{g}\otimes\boldsymbol{h})\boldsymbol{P}_{00}(t)(\boldsymbol{D}^0\otimes\boldsymbol{e}_{n_1n_4n_5})$$

$$
\begin{aligned}
&+ \sum_{i=1}^{n-2} (\boldsymbol{d} \otimes \boldsymbol{\alpha} \otimes \boldsymbol{g} \otimes \boldsymbol{h}) \boldsymbol{P}_{0i_v}(t) (\boldsymbol{D}^0 \otimes \boldsymbol{e}_{n_1 n_4 n_5}) \\
&+ (\boldsymbol{d} \otimes \boldsymbol{\alpha} \otimes \boldsymbol{g} \otimes \boldsymbol{h}) \boldsymbol{P}_{0(n-1)_v}(t) (\boldsymbol{D}^0 \otimes \boldsymbol{e}_{n_1 n_5}) \\
&+ \sum_{i=1}^{n-2} (\boldsymbol{d} \otimes \boldsymbol{\alpha} \otimes \boldsymbol{g} \otimes \boldsymbol{h}) \boldsymbol{P}_{0i_r}(t) (\boldsymbol{D}^0 \otimes \boldsymbol{e}_{n_1 n_4 n_6}) \\
&+ (\boldsymbol{d} \otimes \boldsymbol{\alpha} \otimes \boldsymbol{g} \otimes \boldsymbol{h}) \boldsymbol{P}_{0(n-1)_r}(t) (\boldsymbol{D}^0 \otimes \boldsymbol{e}_{n_1 n_6})
\end{aligned}
\tag{6-13}
$$

时刻 t 在线工作部件由于外部冲击的故障频度为:

$$
\begin{aligned}
v_2(t) = &(\boldsymbol{d} \otimes \boldsymbol{\alpha} \otimes \boldsymbol{g} \otimes \boldsymbol{h}) \boldsymbol{P}_{00}(t) (\boldsymbol{e}_{n_3} \otimes p\boldsymbol{T}^0 \otimes \boldsymbol{e}_{n_4 n_5}) \\
&+ \sum_{i=1}^{n-2} (\boldsymbol{d} \otimes \boldsymbol{\alpha} \otimes \boldsymbol{g} \otimes \boldsymbol{h}) \boldsymbol{P}_{0i_v}(t) (\boldsymbol{e}_{n_3} \otimes p\boldsymbol{T}^0 \otimes \boldsymbol{e}_{n_4 n_5}) \\
&+ (\boldsymbol{d} \otimes \boldsymbol{\alpha} \otimes \boldsymbol{g} \otimes \boldsymbol{h}) \boldsymbol{P}_{0(n-1)_v}(t) (\boldsymbol{e}_{n_3} \otimes p\boldsymbol{T}^0 \otimes \boldsymbol{e}_{n_5}) \\
&+ \sum_{i=1}^{n-2} (\boldsymbol{d} \otimes \boldsymbol{\alpha} \otimes \boldsymbol{g} \otimes \boldsymbol{h}) \boldsymbol{P}_{0i_r}(t) (\boldsymbol{e}_{n_3} \otimes p\boldsymbol{T}^0 \otimes \boldsymbol{e}_{n_4 n_6}) \\
&+ (\boldsymbol{d} \otimes \boldsymbol{\alpha} \otimes \boldsymbol{g} \otimes \boldsymbol{h}) \boldsymbol{P}_{0(n-1)_r}(t) (\boldsymbol{e}_{n_3} \otimes p\boldsymbol{T}^0 \otimes \boldsymbol{e}_{n_6})
\end{aligned}
\tag{6-14}
$$

时刻 t 在线工作部件的故障频度是两个故障频度的和：由于自身耗损的故障频度和由于外部冲击的故障频度，即:

$$
v_3(t) = v_1(t) + v_2(t) \tag{6-15}
$$

令 $v_4(t)$ 为时刻 t 系统中部件的故障频度，则它是两个故障频度的和：在线工作部件的故障频度和温贮备部件的故障频度，即:

$$
\begin{aligned}
v_4(t) = &(\boldsymbol{d} \otimes \boldsymbol{\alpha} \otimes \boldsymbol{g} \otimes \boldsymbol{h}) \boldsymbol{P}_{00}(t) (\boldsymbol{D}^0 \otimes \boldsymbol{e}_{n_1 n_4 n_5} + \boldsymbol{e}_{n_3} \otimes p\boldsymbol{T}^0 \otimes \boldsymbol{e}_{n_4 n_5} \\
&+ \boldsymbol{e}_{n_1 n_3} \otimes \boldsymbol{G}_1 \boldsymbol{e} \otimes \boldsymbol{e}_{n_5}) + \sum_{i=1}^{n-2} (\boldsymbol{d} \otimes \boldsymbol{\alpha} \otimes \boldsymbol{g} \otimes \boldsymbol{h}) \boldsymbol{P}_{0i_v}(t) (\boldsymbol{D}^0 \otimes \boldsymbol{e}_{n_1 n_4 n_5} \\
&+ \boldsymbol{e}_{n_3} \otimes p\boldsymbol{T}^0 \otimes \boldsymbol{e}_{n_4 n_5} + \boldsymbol{e}_{n_1 n_3} \otimes \boldsymbol{G}_1 \boldsymbol{e} \otimes \boldsymbol{e}_{n_5}) \\
&+ (\boldsymbol{d} \otimes \boldsymbol{\alpha} \otimes \boldsymbol{g} \otimes \boldsymbol{h}) \boldsymbol{P}_{0(n-1)_v}(t) (\boldsymbol{D}^0 \otimes \boldsymbol{e}_{n_1 n_5} + \boldsymbol{e}_{n_3} \otimes p\boldsymbol{T}^0 \otimes \boldsymbol{e}_{n_5}) \\
&+ \sum_{i=1}^{n-2} (\boldsymbol{d} \otimes \boldsymbol{\alpha} \otimes \boldsymbol{g} \otimes \boldsymbol{h}) \boldsymbol{P}_{0i_r}(t) (\boldsymbol{D}^0 \otimes \boldsymbol{e}_{n_1 n_4 n_6} + \boldsymbol{e}_{n_3} \otimes p\boldsymbol{T}^0 \otimes \boldsymbol{e}_{n_4 n_6} \\
&+ \boldsymbol{e}_{n_1 n_3} \otimes \boldsymbol{G}_1 \boldsymbol{e} \otimes \boldsymbol{e}_{n_6}) + (\boldsymbol{d} \otimes \boldsymbol{\alpha} \otimes \boldsymbol{g} \otimes \boldsymbol{h}) \boldsymbol{P}_{0(n-1)_r}(t) (\boldsymbol{D}^0 \otimes \boldsymbol{e}_{n_1 n_6} \\
&+ \boldsymbol{e}_{n_3} \otimes p\boldsymbol{T}^0 \otimes \boldsymbol{e}_{n_6})
\end{aligned}
\tag{6-16}
$$

系统的故障频度也是非常重要的一个可靠性指标，定义为单位时间内系统出现停止工作的次数，记为 $v_5(t)$。系统停止工作的宏状态为 n_v 和 n_r，且系统只能从宏状态 $(n-1)_v$ 和 $(n-1)_r$ 转移到以上宏状态，因此：

$$\begin{aligned} v_5(t) = & (\boldsymbol{d} \otimes \boldsymbol{\alpha} \otimes \boldsymbol{g} \otimes \boldsymbol{h}) \boldsymbol{P}_{0(n-1)_v}(t) (\boldsymbol{D}^0 \otimes \boldsymbol{e}_{n_1 n_5} + \boldsymbol{e}_{n_3} \otimes p \boldsymbol{T}^0 \otimes \boldsymbol{e}_{n_5}) \\ & + (\boldsymbol{d} \otimes \boldsymbol{\alpha} \otimes \boldsymbol{g} \otimes \boldsymbol{h}) \boldsymbol{P}_{0(n-1)_r}(t) (\boldsymbol{D}^0 \otimes \boldsymbol{e}_{n_1 n_6} + \boldsymbol{e}_{n_3} \otimes p \boldsymbol{T}^0 \otimes \boldsymbol{e}_{n_6}) \end{aligned} \tag{6-17}$$

（4）修理工工作的概率

当系统占用宏状态 $1_r, 2_r, \cdots, (n-1)_r$ 或 n_r 时，修理工工作，因此在时刻 t 修理工工作的概率为：

$$\begin{aligned} p_W(t) = & \sum_{i=1}^{n-2} (\boldsymbol{d} \otimes \boldsymbol{\alpha} \otimes \boldsymbol{g} \otimes \boldsymbol{h}) \boldsymbol{P}_{0i_r}(t) \boldsymbol{e}_{n_1 n_3 n_4 n_6} \\ & + (\boldsymbol{d} \otimes \boldsymbol{\alpha} \otimes \boldsymbol{g} \otimes \boldsymbol{h}) \boldsymbol{P}_{0(n-1)_r}(t) \boldsymbol{e}_{n_1 n_3 n_6} \\ & + (\boldsymbol{d} \otimes \boldsymbol{\alpha} \otimes \boldsymbol{g} \otimes \boldsymbol{h}) \boldsymbol{P}_{0n_r}(t) \boldsymbol{e}_{n_6} \end{aligned} \tag{6-18}$$

6.3.3 系统的稳态性能测度

（1）可用度

稳态可用度是系统在稳态情形下处于工作状态的概率，即：

$$A = \boldsymbol{\pi}_0 \boldsymbol{e}_{n_1 n_3 n_4 n_5} + \sum_{i=1}^{n-2} \boldsymbol{\pi}_{i_v} \boldsymbol{e}_{n_1 n_3 n_4 n_5} + \boldsymbol{\pi}_{(n-1)_v} \boldsymbol{e}_{n_1 n_3 n_5} + \sum_{i=1}^{n-2} \boldsymbol{\pi}_{i_r} \boldsymbol{e}_{n_1 n_3 n_4 n_6} + \boldsymbol{\pi}_{(n-1)_r} \boldsymbol{e}_{n_1 n_3 n_6} \tag{6-19}$$

（2）故障频度

在稳态情形下，通过取极限可以获得故障频度，即 $m = \lim_{t \to \infty} m(t)$。故障频度表示单位时间内的故障次数，下面分别考虑在线工作部件的故障频度和系统的故障频度。

在线工作部件由于自身耗损的故障频度为：

$$\begin{aligned} v_1 = & \boldsymbol{\pi}_0 (\boldsymbol{D}^0 \otimes \boldsymbol{e}_{n_1 n_4 n_5}) + \sum_{i=1}^{n-2} \boldsymbol{\pi}_{i_v} (\boldsymbol{D}^0 \otimes \boldsymbol{e}_{n_1 n_4 n_5}) + \boldsymbol{\pi}_{(n-1)_v} (\boldsymbol{D}^0 \otimes \boldsymbol{e}_{n_1 n_5}) \\ & + \sum_{i=1}^{n-2} \boldsymbol{\pi}_{i_r} (\boldsymbol{D}^0 \otimes \boldsymbol{e}_{n_1 n_4 n_6}) + \boldsymbol{\pi}_{(n-1)_r} (\boldsymbol{D}^0 \otimes \boldsymbol{e}_{n_1 n_6}) \end{aligned} \tag{6-20}$$

在线工作部件由于外部冲击的故障频度为：

$$
\begin{aligned}
v_2 = &\ \boldsymbol{\pi}_0(\boldsymbol{e}_{n_3} \otimes p\boldsymbol{T}^0 \otimes \boldsymbol{e}_{n_4n_5}) + \sum_{i=1}^{n-2} \boldsymbol{\pi}_{i_v}(\boldsymbol{e}_{n_3} \otimes p\boldsymbol{T}^0 \otimes \boldsymbol{e}_{n_4n_5}) \\
&+ \boldsymbol{\pi}_{(n-1)_v}(\boldsymbol{e}_{n_3} \otimes p\boldsymbol{T}^0 \otimes \boldsymbol{e}_{n_5}) + \sum_{i=1}^{n-2} \boldsymbol{\pi}_{i_r}(\boldsymbol{e}_{n_3} \otimes p\boldsymbol{T}^0 \otimes \boldsymbol{e}_{n_4n_6}) \\
&+ \boldsymbol{\pi}_{(n-1)_r}(\boldsymbol{e}_{n_3} \otimes p\boldsymbol{T}^0 \otimes \boldsymbol{e}_{n_6})
\end{aligned} \tag{6-21}
$$

在线工作部件的故障频度是两个故障频度的和：由于自身耗损的故障频度和由于外部冲击的故障频度，即：

$$v_3 = v_1 + v_2 \tag{6-22}$$

系统中部件的故障频度是两个故障频度的和，即在线工作部件的故障频度和温贮备部件的故障频度。部件故障频度的具体计算公式为：

$$
\begin{aligned}
v_4 = &\ \boldsymbol{\pi}_0(\boldsymbol{D}^0 \otimes \boldsymbol{e}_{n_1n_4n_5} + \boldsymbol{e}_{n_3} \otimes p\boldsymbol{T}^0 \otimes \boldsymbol{e}_{n_4n_5} + \boldsymbol{e}_{n_1n_3} \otimes \boldsymbol{G}_1 \otimes \boldsymbol{e}_{n_5}) \\
&+ \sum_{i=1}^{n-2} \boldsymbol{\pi}_{i_v}(\boldsymbol{D}^0 \otimes \boldsymbol{e}_{n_1n_4n_5} + \boldsymbol{e}_{n_3} \otimes p\boldsymbol{T}^0 \otimes \boldsymbol{e}_{n_4n_5} + \boldsymbol{e}_{n_1n_3} \otimes \boldsymbol{G}_1 \otimes \boldsymbol{e}_{n_5}) \\
&+ \boldsymbol{\pi}_{(n-1)_v}(\boldsymbol{D}^0 \otimes \boldsymbol{e}_{n_1n_5} + \boldsymbol{e}_{n_3} \otimes p\boldsymbol{T}^0 \otimes \boldsymbol{e}_{n_5}) \\
&+ \sum_{i=1}^{n-2} \boldsymbol{\pi}_{i_r}(\boldsymbol{D}^0 \otimes \boldsymbol{e}_{n_1n_4n_6} + \boldsymbol{e}_{n_3} \otimes p\boldsymbol{T}^0 \otimes \boldsymbol{e}_{n_4n_6} + \boldsymbol{e}_{n_1n_3} \otimes \boldsymbol{G}_1 \otimes \boldsymbol{e}_{n_6}) \\
&+ \boldsymbol{\pi}_{(n-1)_r}(\boldsymbol{D}^0 \otimes \boldsymbol{e}_{n_1n_6} + \boldsymbol{e}_{n_3} \otimes p\boldsymbol{T}^0 \otimes \boldsymbol{e}_{n_6})
\end{aligned} \tag{6-23}
$$

系统的故障频度为：

$$
\begin{aligned}
v_5 = &\ \boldsymbol{\pi}_{(n-1)_v}(\boldsymbol{D}^0 \otimes \boldsymbol{e}_{n_1n_5} + \boldsymbol{e}_{n_3} \otimes p\boldsymbol{T}^0 \otimes \boldsymbol{e}_{n_5}) \\
&+ \boldsymbol{\pi}_{(n-1)_r}(\boldsymbol{D}^0 \otimes \boldsymbol{e}_{n_1n_6} + \boldsymbol{e}_{n_3} \otimes p\boldsymbol{T}^0 \otimes \boldsymbol{e}_{n_6})
\end{aligned} \tag{6-24}
$$

（3）修理工工作的概率

在稳态情形下，修理工工作的概率为：

$$p_W = \sum_{i=1}^{n-2} \boldsymbol{\pi}_{i_r} \boldsymbol{e}_{n_1n_3n_4n_6} + \boldsymbol{\pi}_{(n-1)_r} \boldsymbol{e}_{n_1n_3n_6} + \boldsymbol{\pi}_{n_r} \boldsymbol{e}_{n_6} \tag{6-25}$$

（4）系统两次故障之间的平均时间

系统连续两次故障的时间能够直接被求得，系统的初始概率向量为 $\boldsymbol{d} \otimes \boldsymbol{\alpha} \otimes \boldsymbol{g} \otimes \boldsymbol{h}$，因此系统连续两次故障的时间服从 PH 分布，记为 $PH(\boldsymbol{f}, \boldsymbol{Q}_{WW})$，其中初始概率向量为 $\boldsymbol{f} = (\boldsymbol{d} \otimes \boldsymbol{\alpha} \otimes \boldsymbol{g} \otimes \boldsymbol{h}, 0, \cdots, 0)_{1\times m}$，且系统连续

两次故障的平均时间间隔为 $\mu = -\boldsymbol{f}\boldsymbol{Q}_{WW}^{-1}\boldsymbol{e}_m$。

6.4 模型的特殊情形

本小节将讨论系统模型的两个特殊的情形：第一种特殊情形考虑温贮备部件冲击的到达过程、维修时间的分布以及休假时间的分布分别服从不同的 PH 分布；第二种特殊情形考虑系统中没有维修 $N(1\leqslant N\leqslant n)$ 策略的限制。

情形 6－1：假设在本章 6.1 小节模型假设中温贮备部件遭受到的外部冲击的到达过程是一个阶数为 n_4 的 PH 更新过程，记为 $PH(\varphi_1,\boldsymbol{\Phi}_1)$；修理工的休假时间服从一个阶数为 n_5 的 PH 分布，记为 $PH(\varphi_2,\boldsymbol{\Phi}_2)$；维修时间服从一个阶数为 n_6 的 PH 分布，记为 $PH(\varphi_3,\boldsymbol{\Phi}_3)$，则可以得到 $\boldsymbol{G}_0=\boldsymbol{\Phi}_1$，$\boldsymbol{G}_1=\boldsymbol{\Phi}_1^0\varphi_1$，$\boldsymbol{g}=\varphi_1$；$\boldsymbol{H}_0=\boldsymbol{\Phi}_2$，$\boldsymbol{H}_1=\boldsymbol{\Phi}_2^0\varphi_2$，$\boldsymbol{h}=\varphi_2$；$\boldsymbol{U}_0=\boldsymbol{\Phi}_3$，$\boldsymbol{U}_1=\boldsymbol{\Phi}_3^0\varphi_3$，$\boldsymbol{u}=\varphi_3$。

情形 6－2：假设在本章 6.1 小节模型假设中没有维修 $N(1\leqslant N\leqslant n)$ 策略的限制，则如果系统中所有部件都正常工作，修理工将进行随机时间的休假，休假结束返回系统如果发现至少有一个故障部件等待维修，那么他将按照先坏先修的规则逐个维修故障部件，否则他按照多重休假策略继续进行休假。这个新系统的状态转移示例如图 6－2 所示。

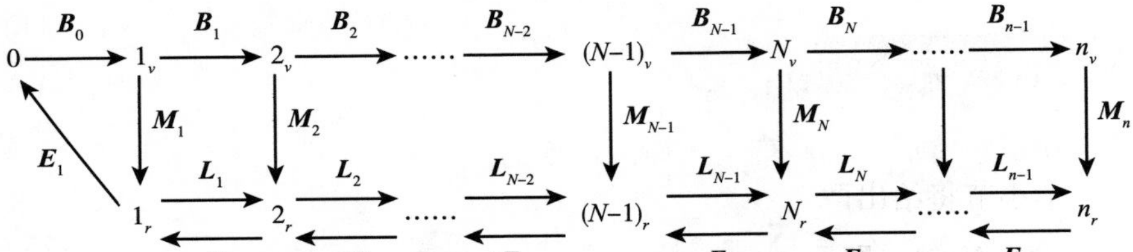

图 6－2　新系统的状态转移示例

这个新系统的转移率矩阵为：

$$
\boldsymbol{Q}'=\begin{array}{c} \\ 0\\1_v\\1_r\\2_v\\2_r\\\vdots\\(N-1)_v\\(N-1)_r\\N_v\\N_r\\(N+1)_v\\(N+1)_r\\\vdots\\(n-1)_v\\(n-1)_r\\n_v\\n_r \end{array}
\begin{array}{ccccccccccccccccc}
0 & 1_v & 1_r & 2_v & 2_r & \cdots & (N-1)_v & (N-1)_r & N_v & N_r & (N+1)_v & (N+1)_r & \cdots & (n-1)_v & (n-1)_r & n_v & n_r \\
\boldsymbol{A} & \boldsymbol{B}_0 & & & & & & & & & & & & & & & \\
 & \boldsymbol{C}_1 & \boldsymbol{M}_1 & \boldsymbol{B}_1 & & & & & & & & & & & & & \\
\boldsymbol{E}_1 & & \boldsymbol{F}_1 & & \boldsymbol{L}_1 & & & & & & & & & & & & \\
 & & & \boldsymbol{C}_2 & \boldsymbol{M}_2 & & & & & & & & & & & & \\
 & & \boldsymbol{E}_2 & & \boldsymbol{F}_2 & & & & & & & & & & & & \\
 & & & \ddots & & \ddots & \ddots & \ddots & & & & & & & & & \\
 & & & & & & \boldsymbol{C}_{N-1} & \boldsymbol{M}_{N-1} & \boldsymbol{B}_{N-1} & & & & & & & & \\
 & & & & & & & \boldsymbol{F}_{N-1} & & \boldsymbol{L}_{N-1} & & & & & & & \\
 & & & & & & & & \boldsymbol{C}_N & \boldsymbol{M}_N & \boldsymbol{B}_N & & & & & & \\
 & & & & & & & & & \boldsymbol{F}_N & & \boldsymbol{L}_N & & & & & \\
 & & & & & & & & & & \boldsymbol{C}_{N+1} & \boldsymbol{M}_{N+1} & & & & & \\
 & & & & & & & & & & & \boldsymbol{F}_{N+1} & & & & & \\
 & & & & & & & & & & & \ddots & \ddots & \ddots & & & \\
 & & & & & & & & & & & & & \boldsymbol{C}_{n-1} & \boldsymbol{M}_{n-1} & \boldsymbol{B}_{n-1} & \\
 & & & & & & & & & & & & & & \boldsymbol{F}_{n-1} & & \boldsymbol{L}_{n-1} \\
 & & & & & & & & & & & & & & & \boldsymbol{C}_n & \boldsymbol{M}_n \\
 & & & & & & & & & & & & & & \boldsymbol{E}_n & & \boldsymbol{F}_n
\end{array}
$$

其中，上述转移率矩阵中的元素 $\boldsymbol{M}_i=\boldsymbol{I}_{n_3}\otimes\boldsymbol{I}_{n_1}\otimes\boldsymbol{I}_{n_4}\otimes\boldsymbol{H}_1\boldsymbol{e}\otimes\boldsymbol{u}$，$i=1,2,\cdots,n-2$，$\boldsymbol{M}_{n-1}=\boldsymbol{I}_{n_3}\otimes\boldsymbol{I}_{n_1}\otimes\boldsymbol{H}_1\boldsymbol{e}\otimes\boldsymbol{u}$，$\boldsymbol{M}_n=\boldsymbol{H}_1\boldsymbol{e}\otimes\boldsymbol{u}$，矩阵中的其他元素和矩阵 $\boldsymbol{Q}$ 中的元素相同。

6.5 数值算例

本小节将给出两个数值算例来解释本章前边各小节给出的结果。假定 $n=5$，$N=3$，即考虑在维修 3 策略下的 5 部件温贮备可修系统。可修系统的宏状态能够记为 $S=\{0,1_v,1_r,2_v,2_r,3_v,3_r,4_v,4_r,5_v,5_r\}$，且 $W=\{0,1_v,1_r,2_v,2_r,3_v,3_r,4_v,4_r\}$ 是系统的工作状态，$F=\{5_v,5_r\}$ 是系统的故障状态。

例 6－1：本例中系统的参数假定如下：

在线工作部件寿命的PH分布为：

$$\boldsymbol{d}=(1,0),\ \boldsymbol{D}=\begin{pmatrix}-0.45 & 0.40\\ 0.35 & -0.40\end{pmatrix},\ \boldsymbol{D}^0=\begin{pmatrix}0.05\\ 0.05\end{pmatrix}$$

显然，在线工作部件有两个工作位相，且第一个位相从开始工作，在线工作部件的平均寿命为20。

在线工作部件能够承受的外部冲击的临界值为 $M=63$，冲击到达在线工作部件间隔时间的PH分布为：

$$\boldsymbol{\alpha}=(1,0),\ \boldsymbol{T}=\begin{pmatrix}-0.50 & 0.00\\ 0.00 & -0.40\end{pmatrix},\ \boldsymbol{T}^0=\begin{pmatrix}0.50\\ 0.40\end{pmatrix}$$

平均间隔时间为2。

外部冲击对在线工作部件造成损坏量的PH分布为：

$$\boldsymbol{\beta}=(1,0),\ \boldsymbol{S}=\begin{pmatrix}-0.03 & 0.00\\ 0.00 & -0.04\end{pmatrix},\ \boldsymbol{S}^0=\begin{pmatrix}0.03\\ 0.04\end{pmatrix}$$

平均损坏量为33.3333，因此一个外部冲击是致命冲击的概率为 $p=0.15$。

温贮备部件遭受的外部冲击的到达过程是如下的马尔可夫到达过程：

$$\boldsymbol{g}=(1,0),\ \boldsymbol{G}_0=\begin{pmatrix}-0.45 & 0.05\\ 0.06 & -0.45\end{pmatrix},\ \boldsymbol{G}_1=\begin{pmatrix}0.40 & 0.00\\ 0.00 & 0.39\end{pmatrix}$$

修理工休假时间的到达是如下的马尔可夫到达过程：

$$\boldsymbol{h}=(1,0),\ \boldsymbol{H}_0=\begin{pmatrix}-0.45 & 0.05\\ 0.10 & -0.50\end{pmatrix},\ \boldsymbol{H}_1=\begin{pmatrix}0.40 & 0.00\\ 0.00 & 0.40\end{pmatrix}$$

维修时间的完成是如下的马尔可夫到达过程：

$$\boldsymbol{u}=(1,0),\ \boldsymbol{U}_0=\begin{pmatrix}-0.30 & 0.01\\ 0.01 & -0.18\end{pmatrix},\ \boldsymbol{U}_1=\begin{pmatrix}0.29 & 0.00\\ 0.00 & 0.17\end{pmatrix}$$

通过运用Matlab软件和本章6.3节中得到的结果，可以求得系统的稳态概率向量如下：

$$\begin{aligned}\boldsymbol{\pi}_0=(&0.0045,0.0003,0.0008,0.0001,0.0000,0.0000,0.0000,0.0000,\\ &0.0048,0.0004,0.0011,0.0001,0.0000,0.0000,0.0000,0.0000)\end{aligned}$$

π_{1_v} = (0.0044, 0.0006, 0.0012, 0.0002, 0.0000, 0.0000, 0.0000, 0.0000, 0.0039, 0.0006, 0.0011, 0.0002, 0.0000, 0.0000, 0.0000, 0.0000)

π_{1_r} = (0.0085, 0.0023, 0.0008, 0.0002, 0.0000, 0.0000, 0.0000, 0.0000, 0.0084, 0.0023, 0.0013, 0.0004, 0.0000, 0.0000, 0.0000, 0.0000)

π_{2_v} = (0.0040, 0.0008, 0.0014, 0.0003, 0.0000, 0.0000, 0.0000, 0.0000, 0.0034, 0.0007, 0.0012, 0.0003, 0.0000, 0.0000, 0.0000, 0.0000)

π_{2_r} = (0.0254, 0.0094, 0.0018, 0.0007, 0.0000, 0.0000, 0.0000, 0.0000, 0.0234, 0.0090, 0.0029, 0.0011, 0.0000, 0.0000, 0.0000, 0.0000)

π_{3_v} = (0.0023, 0.0005, 0.0009, 0.0002, 0.0000, 0.0000, 0.0000, 0.0000, 0.0017, 0.0004, 0.0007, 0.0002, 0.0000, 0.0000, 0.0000, 0.0000)

π_{3_r} = (0.0595, 0.0322, 0.0025, 0.0011, 0.0000, 0.0000, 0.0000, 0.0000, 0.0512, 0.0290, 0.0041, 0.0021, 0.0000, 0.0000, 0.0000, 0.0000)

π_{4_v} = (0.0029, 0.0009, 0.0000, 0.0000, 0.0024, 0.0007, 0.0000, 0.0000)

π_{4_r} = (0.1279, 0.1103, 0.0000, 0.0000, 0.0973, 0.0878, 0.0000, 0.0000)

π_{5_v} = (0.0016, 0.0006)

π_{5_r} = (0.1015, 0.1432)

在稳态情形下，系统最可能占用宏状态 S_3'，大约 42.33% 的时间处于该宏状态；大约 1.21% 的时间处于宏状态 S_1；大约 3.84% 的时间处于宏状态 S_2；大约 0.69% 的时间处于宏状态 S_2'；大约 27.96% 的时间处于宏状态 S_3；大约 24.69% 的时间占用宏状态 S_4、S_5。

图 6-3 是系统的可用度曲线，从图上可以看出，在时刻 $t=304$ 之后系统可用度达到稳态，且稳态可用度为 $A=0.7533$。从系统的可靠度曲线可以求得系统连续两次故障的平均时间为 $\mu=22.7612$（见图 6-4）。从在线工作部件的故障频度和系统中部件的故障频度曲线明显能够看出，在线工作部件的故障频度曲线和系统中部件的故障频度曲线之间的间隔非常大（见图 6-5）。图 6-6 是系统的故障频度曲线。

在稳态情形下，故障频度分别为 $v_1=0.0377$，$v_2=0.5649$，$v_3=0.6026$，$v_4=0.7315$，$v_5=0.3441$，且修理工工作的概率为 $p_W=0.9476$。

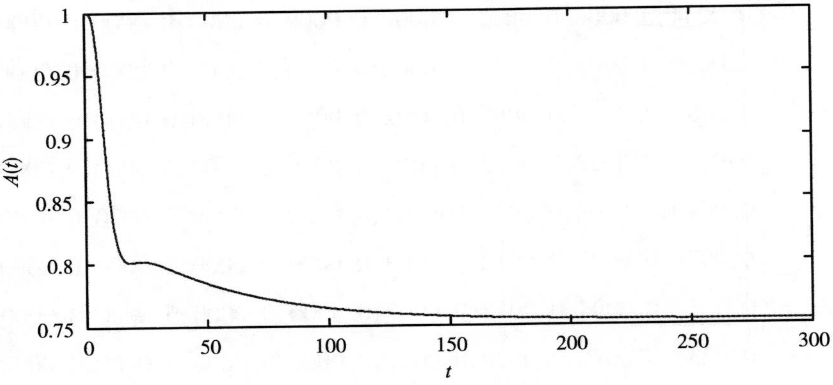

图 6－3　系统的可用度曲线

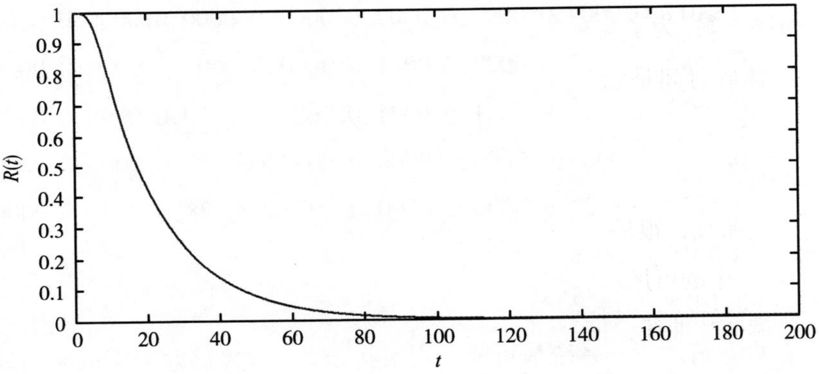

图 6－4　系统的可靠度曲线

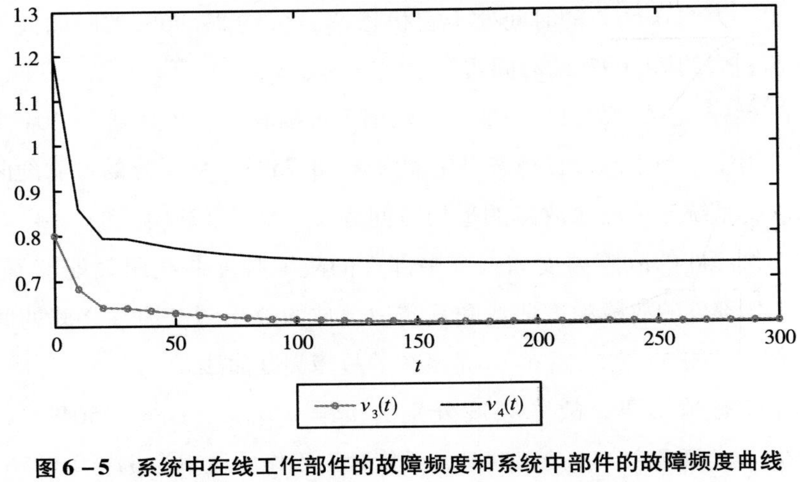

图 6－5　系统中在线工作部件的故障频度和系统中部件的故障频度曲线

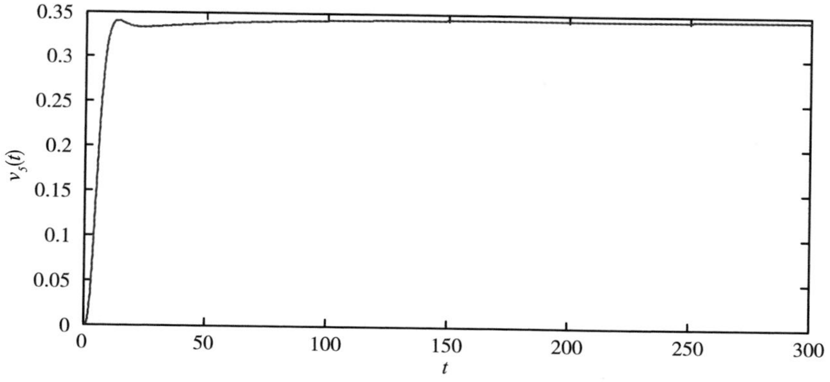

图 6－6　系统的故障频度曲线

例 6－2：为了探寻系统在修理工连续休假时间是相依的情形和修理工连续休假时间是独立的情形下关键性能指标的不同，令 $\boldsymbol{d}=(1)$，$\boldsymbol{D}_0=(-4)$，$\boldsymbol{D}_1=(4)$，此时休假的到达过程是简单的泊松过程，例 6－1 中的其他参数保持不变。图 6－7 分别给出了例 6－1 和例 6－2 情形下系统可用度的变化曲线，很显然，在任意固定的时间点，例 6－2 中的可用度值远小于例 6－1 中的可用度值。图 6－8 分别给出了例 6－1 和例 6－2 情形下系统可靠度的变化曲线，例 6－1 中的可靠度曲线明显高于例 6－2 中的可靠度曲线。由此可以得出如下结论：在同一系统中，如果连续的休假时间是相依的，那么系统相对更可靠。

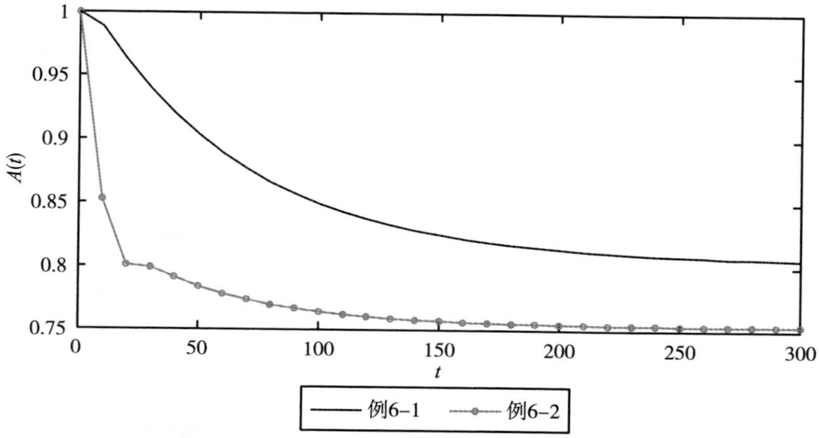

图 6－7　例 6－1 和例 6－2 可用度曲线比较

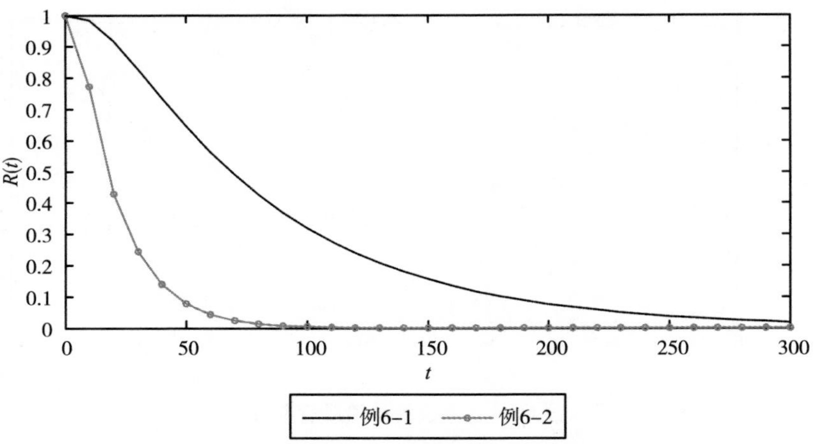

图6-8　例6-1和例6-2可靠度曲线比较

6.6　本章小结

本章建立了修理工采用维修 N 策略的 n 部件温贮备可修系统模型，在线工作部件的故障是来自部件自身寿命的耗损或者外部环境的冲击两个原因，且这两个故障原因是相互独立的，外部环境的冲击是一个极端冲击过程。为了提高修理工的利用率，修理工可以进行多重休假，且只有当系统中累积的故障部件数至少为 N 个时，修理工才从休假返回按照维修常规维修故障的部件。由于 MAP 能刻画连续事件发生的相依性，所以修理工连续休假的时间过程、故障部件维修完成的过程以及温贮备部件遭受冲击的过程都用 MAP 刻画。运用矩阵分析的方法，分别推导出系统在瞬态和稳态情形下的一些可靠性指标。最后用一个数值算例对本章所得理论结论进行了模拟验证。理论结果和数值分析表明：①对于贮备部件较多的冗余可修系统，采用修理工的维修 N 策略可以有效提高修理工的利用率，从而达到降低企业生产经营费用的目的；②考虑修理工连续两次休假时间、故障部件连续两次维修的完成以及连续两次冲击到达时间的相依关系，可以大大提高系统的可靠性。这些结论不仅可以为可靠性工程中的管理人员提供决策指导，而且可以丰富可靠性建模理论的内容。

第7章

混合冲击模式下多状态系统可靠性评估和维修替换策略

在可靠性工程中，系统不但由于内部磨损退化而性能递减，而且系统运行的外部环境条件也可能对其产生“冲击”，系统的故障往往是内部磨损退化和外部环境冲击相互作用的结果。在可靠性中，传统的冲击类型包括极端冲击、累积冲击、δ 冲击、m - 冲击、运行冲击（run shock）等。事实上，系统故障的发生，不只是由于受到单一类型的外部冲击，而是多种类型混合的结果。另外，为了减少由于系统突然故障停工造成的经济损失，进行预防性维修或提前进行替换是常被采用的维修策略。基于以上启发，本章研究混合冲击模式下多状态系统可靠性评估和维修替换策略。

7.1 系统模型假设

混合运行冲击系统的详细假设如下：

假设 7-1：考虑一个随时间的推移会发生内部磨损退化和受一系列外部冲击影响的系统。当 $t=0$，一个新的系统投入运行。很明显，该系统可以通过两种方式失效：由于材料疲劳和老化而引起的内部磨损退化及由于频繁冲击而导致的外部失效。

假设7－2：采用基于故障次数和系统总工作时间的双变量替换策略(L,N)，即在系统发生第 N 次故障或系统总工作时间超过 L 时间单位时，替换系统，以先发生者为准。

假设7－3：把从一个新系统的开始运行到第一次维修或替换完成之间的时间间隔定义为该系统的第一个子周期。把完成第 $n-1$ 次维修到完成 n 次维修或第一次替换之间的时间间隔定义为系统的第 n 个子周期，$n=1,2,\cdots,N-1$；把第 $N-1$ 次维修结束到替换完成的时间间隔称为第 N 个系统的子周期。两个连续替换之间的时间间隔称为一个完整周期。此外，我们假设用于替换失效系统的随机替换时间 R 具有连续的 PH 分布，表示为阶数为 m_1 的 $PH_c(\boldsymbol{\delta},\boldsymbol{H})$。

假设7－4：令 $X_i^n(n=1,2,\cdots,N,i=1,2,\cdots)$ 表示在第 n 个子周期中第$i-1$ 次外部冲击和第 i 次外部冲击之间的时间间隔。我们假设到达时间间隔 X_i^n 是独立同分布的随机变量，并遵循一个共同的连续 PH 分布，表示阶数为 s 的 $PH_c(\boldsymbol{\beta},\boldsymbol{S})$。定义 $Y_i^n(n=1,2,\cdots,N,i=1,2,\cdots)$ 为第 n 个子周期中第 i 次外部冲击的幅度大小，并假设 Y_i^n 为独立的同分布随机变量。确定两个阈值 d_1 和 d_2，使 $d_1<d_2$，当发生连续 k_1 次幅度大于 d_1 且小于 d_2 的外部冲击，或者发生连续 k_2 次幅度至少为 d_2 的外部冲击时，系统故障（$k_1>k_2$）。

假设7－5：令 $W_n(n=1,2,\cdots,N)$ 为在第 n 个子周期中由于内部磨损退化而导致的系统寿命。随机变量 W_n 遵循连续的 PH 分布表示阶数为 m_2 的 $PH_c(\boldsymbol{\alpha},\boldsymbol{a}^{n-1}\boldsymbol{T})$，其中 a 是一个实常数，并且 $a\geqslant1$。显然，随机变量序列 $\{W_n,\ n=1,\ 2,\ \cdots,\ n\}$ 是一个比率为 a 的递减的几何过程。

假设7－6：令 $Z_n(n=1,2,\cdots,N-1)$ 为第 n 次故障后的修复时间，Z_n 服从连续的 PH 分布，表示阶数为 m_3 的 $PH_c(\boldsymbol{\gamma},b^{n-1}\boldsymbol{G})$，其中 b 为实常数且 $0<b<1$。随机变量序列 $\{Y_n,\ n=1,\ 2,\ \cdots,\ N-1\}$ 形成了一个比率为 b 的递增几何过程。

假设 7－7：随机变量 R，X_i^n，Y_i^n，W_n 和 Z_n 是相互独立的。

设 N_n 为在第 n 个子周期中，发生连续 k_1 次幅度大于 d_1 且小于 d_2 的外部冲击，或者发生连续 k_2 次幅度至少为 d_2 的外部冲击时的冲击的次数，则第 n 个子周期中由于外部冲击引起的系统寿命可以表示为：

$$T_n = \sum_{i=1}^{N_n} X_i^n \tag{7-1}$$

为了更好地理解所提出的模型，图 7－1 给出了系统的外部冲击的可能实现。根据该模型的假设，如果 $k_1=3$，$k_2=2$，当发生至少 3 次 d_1 大小的连续冲击或至少 2 次 d_2 大小的连续冲击时，系统将失效。从图 7－1 可以明显看出，第五次冲击后系统失效，因为第三、第四、第五次冲击的幅度大于 d_1 但小于 d_2。因此，系统的寿命是 $T_n=X_1^n+\cdots+X_5^n$。如果 $k_1=5$，$k_2=2$，则系统故障的发生是由于第八次和第九次冲击的幅度大于 d_2。在这种情况下，系统的寿命为 $T_n=X_1^n+\cdots+X_9^n$。

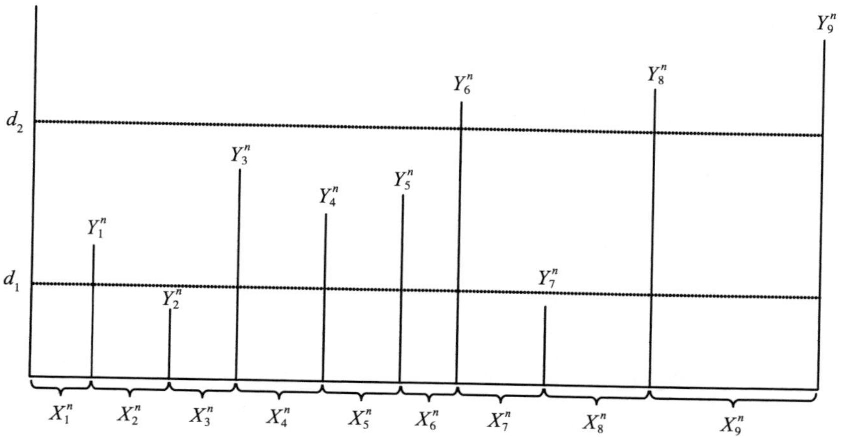

图 7－1 外部冲击的可能实现

很明显，当内部磨损退化过程进入吸收状态时系统失效，或至少 k_1 次连续冲击幅度大于 d_1 但小于 d_2 或至少 k_2 次连续冲击幅度大于 d_2，以先发生者为准。因此，在第 n 个子周期中，由于内部磨损退化和外部冲击而导致的系统寿命可以表示为：

$$O_n = \min(W_n, T_n) \tag{7-2}$$

定理 7-1：令 $p_1=P\{d_1\leqslant Y_i^n<d_2\}$，$p_2=P\{Y_i^n\geqslant d_2\}$，$i=1,2,\cdots N_n$，则随机变量 N_n 遵循离散的 PH 分布，表示阶数为 k_1+k_2-1 的 $PH_d(\boldsymbol{\varepsilon},\boldsymbol{Q})$，其中，$\boldsymbol{\varepsilon}=(1,0,\cdots,0)_{1\times[(k_1+k_2-1)\times(k_1+k_2-1)]}$，

$$
\boldsymbol{Q}=\begin{array}{c} \\ 0\\ 1\\ 11\\ \vdots\\ \underbrace{11\cdots1}_{k_1-1}\\ 2\\ 22\\ \vdots\\ \underbrace{22\cdots2}_{k_2-1}\end{array}
\begin{array}{c}
\begin{array}{ccccccccc} 0 & 1 & 11 & \cdots & \underbrace{11\cdots1}_{k_1-1} & 2 & 22 & \cdots & \underbrace{22\cdots2}_{k_2-1}\end{array}\\
\begin{pmatrix}
1-p_1-p_2 & p_1 & 0 & \cdots & 0 & p_2 & 0 & \cdots & 0\\
1-p_1-p_2 & 0 & p_1 & \cdots & 0 & p_2 & 0 & \cdots & 0\\
1-p_1-p_2 & 0 & 0 & \cdots & 0 & p_2 & 0 & \cdots & 0\\
\vdots & \vdots & \vdots & \ddots & \vdots & \vdots & \vdots & \cdots & 0\\
1-p_1-p_2 & 0 & 0 & \cdots & 0 & 0 & 0 & \cdots & 0\\
1-p_1-p_2 & p_1 & 0 & \cdots & 0 & 0 & p_2 & \cdots & 0\\
1-p_1-p_2 & p_1 & 0 & \cdots & 0 & 0 & 0 & \cdots & 0\\
\vdots & \vdots & \vdots & \ddots & \vdots & \vdots & \vdots & \ddots & \vdots\\
1-p_1-p_2 & p_1 & 0 & \cdots & 0 & 0 & 0 & \cdots & 0
\end{pmatrix}_{(k_1+k_2-1)\times(k_1+k_2-1)}
\end{array}
\tag{7-3}
$$

且 $\boldsymbol{u}=(0,0,\cdots,0,p_1+p_2,0,\cdots,0,p_2)_{1\times(k_1+k_2-1)}$。

证明：让我们定义一系列的试验 I_i，$i=1,2,\cdots$

$$
I_i=\begin{cases}0, & 如果\ Y_i^n<d_1\\ 1, & 如果\ d_1\leqslant Y_i^n<d_2\\ 2, & 如果\ Y_i^n\geqslant d_2\end{cases}
\tag{7-4}
$$

随机变量 N_n 是定义在序列 I_i，$i=1,2,\cdots$ 上的马尔可夫链进入吸收状态前的时间。然后，相应的马尔可夫链有 k_1+k_2-1 瞬态和三个吸收态，分别记为 $\{0,1,11,\cdots,\underbrace{11\cdots1}_{k_1-1},2,22,\cdots,\underbrace{22\cdots2}_{k_2-1}\}$ 和 $\{\underbrace{11\cdots1}_{k_1},\underbrace{11\cdots1}_{k_1-1},2,\underbrace{22\cdots2}_{k_2}\}$。马尔可夫链瞬态之间的转移概率矩阵为 Q，从瞬态到吸收态的转移概率向量为 u。

注 7-1：根据离散 PH 分布的定义（何啟明，2014），离散 PH 分布是在有吸收状态的马尔可夫链中进入吸收状态前时间的分布，其概率质量函数如下：

$$P\{N=n\}=\varepsilon Q^{n-1}u,n=1,2,\cdots$$

由于矩阵 $\boldsymbol{Q}^{n-1}$第一行中的第 k_1 个元素表示在连续 $n-1$ 次冲击中，最后 k_1-1 次连续冲击的幅度大于 d_1 但不超过 d_2 或最后 k_2-1 次连续冲击的幅度至少为 d_2 的概率，矩阵 $\boldsymbol{Q}^{n-1}$第一行中第 k_1+k_2-1 个元素表示在连续 $n-1$ 次冲击中，最后 k_2-1 次连续冲击的幅度至少为 d_2 的概率，$\boldsymbol{\varepsilon Q}^{n-1}\boldsymbol{u}$ 则表示在连续 n 次冲击中，最后连续 k_1 次冲击的大小至少为 d_1 但不大于 d_2 或最后连续 k_2 次冲击的大小至少为 d_2 的概率，即马尔可夫链进入吸收状态。证明定理 7-1 的类似方法读者可参阅艾尔玛司（2019）的研究。

定理 7-2：如果到达间隔时间 X_i^n，$i=1$，2，…是独立同分布随机变量，且 $X_i^n\sim PH_c(\boldsymbol{\beta},\boldsymbol{S})$，阶数为 s，并且独立于由于外部冲击导致系统故障之前的冲击次 $N_n\sim PH_d(\boldsymbol{\varepsilon},\boldsymbol{Q})$，阶数为 k_1+k_2-1，则在第 n 个子周期中，由于外部冲击，系统的寿命遵循阶数为 $s(k_1+k_2-1)$的连续的 PH 分布：

$$T_n=\sum_{i=1}^{N_n}X_i^n\sim PH_c(\boldsymbol{\beta}\otimes\boldsymbol{\varepsilon},\boldsymbol{S}\otimes\boldsymbol{I}+(\boldsymbol{S}^0\boldsymbol{\beta})\otimes\boldsymbol{Q}) \tag{7-5}$$

证明：根据众所周知的 PH 分布的封闭性质（何啟明，2014），可以立即得到 T_n 的分布。

定理 7-3：如果由于内部磨损退化而导致的系统寿命是 $W_n\sim PH_c(\boldsymbol{\alpha},a^{n-1}\boldsymbol{T})$，阶数为 m_2，并且独立于外部冲击而导致的系统寿命是 $T_n\sim PH_c[\boldsymbol{\beta}\otimes\boldsymbol{\varepsilon},\boldsymbol{S}\otimes\boldsymbol{I}+(\boldsymbol{S}^0\boldsymbol{\beta})\otimes\boldsymbol{Q}]$，阶数为 $s(k_1+k_2-1)$，则在第 n 个子周期中，系统由于内部磨损退化或外部冲击而导致的系统寿命 O_n 遵循阶数为 $m_2s(k_1+k_2-1)$的连续 PH 分布：

$$O_n\sim PH_c[\boldsymbol{\alpha}\otimes(\boldsymbol{\beta}\otimes\boldsymbol{\varepsilon}),a^{n-1}\boldsymbol{T}\oplus(\boldsymbol{S}\otimes\boldsymbol{I}+(\boldsymbol{S}^0\boldsymbol{\beta})\otimes\boldsymbol{Q})] \tag{7-6}$$

证明：由于在第 n 个子周期中，系统的寿命 O_n 是由于内部磨损退化和外部冲击共同决定的，因此根据何啟明（2014）命题 1.3.1 中 PH 分布的封闭性质，可以立即得到 O_n 的分布。

根据 PH 分布的封闭性质，可以得到以下结果：

①随机变量 $\sum_{i=1}^{n}O_i,(n=2,3,\cdots,N)$ 遵循阶数为 $nm_2s(k_1+k_2-1)$的连续的 PH 分布 $PH_c(\boldsymbol{\varphi}_n,\boldsymbol{\Delta}_n)$，其中：

$$\boldsymbol{\varphi}_n = [\boldsymbol{\alpha} \otimes (\boldsymbol{\beta} \otimes \boldsymbol{\varepsilon}), \boldsymbol{0}_{1\times(n-1)m_2 s(k_1+k_2-1)}] \tag{7-7}$$

$$\boldsymbol{\Delta}_n = \begin{pmatrix} \boldsymbol{\Delta}_{11} & \boldsymbol{\Delta}_{12} & & & \\ & \boldsymbol{\Delta}_{22} & \boldsymbol{\Delta}_{23} & & \\ & & \ddots & \ddots & \\ & & & \boldsymbol{\Delta}_{(n-1)\times(n-1)} & \boldsymbol{\Delta}_{(n-1)\times n} \\ & & & & \boldsymbol{\Delta}_{nn} \end{pmatrix} \tag{7-8}$$

$$\boldsymbol{\Delta}_{kk} = a^{k-1}\boldsymbol{T} \oplus (\boldsymbol{S} \otimes \boldsymbol{I} + (\boldsymbol{S}^0\boldsymbol{\beta}) \otimes \boldsymbol{Q}), k=1,2,\cdots,n \tag{7-9}$$

$$\boldsymbol{\Delta}_{k\times(k+1)} = -[a^{k-1}\boldsymbol{T} \oplus (\boldsymbol{S} \otimes \boldsymbol{I} + (\boldsymbol{S}^0\boldsymbol{\beta}) \otimes \boldsymbol{Q})]\boldsymbol{e}[\boldsymbol{\alpha} \otimes (\boldsymbol{\beta} \otimes \boldsymbol{\varepsilon})],$$
$$k=1,2,\cdots,n-1 \tag{7-10}$$

②随机变量 $\sum_{n=1}^{N} Z_n$ 遵循阶数为 Nm_3 连续的 PH 分布 $PH_c(\tilde{\boldsymbol{\varphi}}, \tilde{\boldsymbol{\Delta}})$，其中，$\tilde{\varphi} = [\boldsymbol{\gamma}, \boldsymbol{0}_{(N-1)m_3}]$。

$$\tilde{\boldsymbol{\Delta}} = \begin{pmatrix} \boldsymbol{G} & -\boldsymbol{Ge\gamma} & & & \\ & b\boldsymbol{G} & -b\boldsymbol{Ge\gamma} & & \\ & & \ddots & \ddots & \\ & & & b^{N-2}\boldsymbol{G} & -b^{N-2}\boldsymbol{Ge\gamma} \\ & & & & b^{N-1}\boldsymbol{G} \end{pmatrix} \tag{7-11}$$

7.2 连续两次替换的平均时间

连续两次替换的时间长度等于一个完全周期内的工作时间、修复时间和替换时间之和，因此二维替换策略(L,N)下的 MTBF 可以表示为：

$$\begin{aligned} \text{MTBR}_{(L,N)} &= E[\min\{\sum_{n=1}^{N} O_n, L\}] + E[(\sum_{n=1}^{N} Z_n)_{\chi\{\sum_{n=1}^{N} O_n \leqslant L\}} \\ &\quad + (\sum_{n=1}^{M(L)} Z_n)_{\chi\{\sum_{n=1}^{N} O_n > L\}}] + E[R] \end{aligned} \tag{7-12}$$

其中，χ_A 是一个示性函数，即：

$$\chi_A=\begin{cases}1,\text{如果事件 }A\text{ 发生}\\0,\text{如果事件 }A\text{ 不发生}\end{cases}$$

$M(L)$表示到时刻L完成的子周期次数。

注7-2：当$M(L)=0$，系统在时间间隔$[0,L]$内运行，然后在时间$t=L$内被一个新的相同的系统取代，这是我们提出的模型中的一个非常简单的情况，因此在我们目前的模型中不考虑它。

下面，我们计算一个完整周期中的平均工作时间、平均修复时间和平均替换时间。

整个周期内的平均工作时间为：

$$\begin{aligned}E\left[\min\left\{\sum_{n=1}^{N}O_n,L\right\}\right]&=\int_0^L x\varphi_N\exp(\boldsymbol{\Delta}_N x)\boldsymbol{\Delta}^0dx+\int_L^{+\infty}L\varphi_N\exp(\boldsymbol{\Delta}_N x)\boldsymbol{\Delta}_N^0dx\\&=\sum_{n=0}^{\infty}\frac{(n+1)}{(n+2)!}\varphi_N\boldsymbol{\Delta}_N^{-2}(\boldsymbol{\Delta}_N L)^{n+2}\boldsymbol{\Delta}_N^0+L\varphi_N\exp(\boldsymbol{\Delta}_N L)\boldsymbol{e}\end{aligned}\tag{7-13}$$

整个周期内的平均修复时间可记为：

$$E\left[\left(\sum_{n=1}^{N}Z_n\right)_{\chi\{\sum_{n=1}^{N}O_n\leqslant L\}}+\left(\sum_{n=1}^{M(L)}Z_n\right)_{\chi\{\sum_{n=1}^{N}O_n>L\}}\right]\tag{7-14}$$

式（7-14）中的第一项求和为：

$$\begin{aligned}E\left[\left(\sum_{n=1}^{N}Z_n\right)_{\chi\{\sum_{n=1}^{N}O_n\leqslant L\}}\right]&=E\left[\sum_{n=1}^{N}Z_n\,\middle|\,\sum_{n=1}^{N}O_n\leqslant L\right]\cdot P\left\{\sum_{n=1}^{N}O_n\leqslant L\right\}\\&=\sum_{n=1}^{N}(-\gamma b^{n-1}\boldsymbol{G}^{-1}\boldsymbol{e})\cdot[1-\varphi_N\exp(\boldsymbol{\Delta}_N L)\boldsymbol{e}]\end{aligned}\tag{7-15}$$

式（7-14）中的第二项求和为：

$$\begin{aligned}E\left[\left(\sum_{n=1}^{M(L)}Z_n\right)_{\chi\{\sum_{n=1}^{N}O_n\leqslant L\}}\right]&=E\left[\left(\sum_{n=1}^{M(L)}Z_n\right)\,\middle|\,\sum_{n=1}^{N}O_n>L\right]\cdot P\left\{\sum_{n=1}^{N}O_n>L\right\}\\&=E\left[E\left[\left(\sum_{n=1}^{M(L)}Z_n\right)\middle|M(L)\right]\right]\cdot\varphi_N\exp(\boldsymbol{\Delta}_N L)\boldsymbol{e}\\&=E\left[\sum_{n=1}^{N-1}Z_n\middle|M(L)=n\right]\cdot P\{M(L)=n\}\\&\quad\cdot\varphi_N\exp(\boldsymbol{\Delta}_N L)\boldsymbol{e}\end{aligned}$$

$$= \sum_{n=1}^{N-1} (-\gamma b^{n-1} \boldsymbol{G}^{-1} \boldsymbol{e}) \cdot P\{M(L) = n\} \cdot \varphi_N \exp(\boldsymbol{\Delta}_N L) \boldsymbol{e} \tag{7-16}$$

另外，我们也有：

$$\begin{aligned} P\{M(L) = n\} &= P\{\sum_{k=1}^{n} O_n < L \leqslant \sum_{k=1}^{n+1} O_n\} \\ &= \varphi_{n+1} \exp(\boldsymbol{\Delta}_{n+1} L) e - \varphi_n \exp(\boldsymbol{\Delta}_n L) e \end{aligned} \tag{7-17}$$

根据式（7－15）、式（7－16）、式（7－17），可以得到整个周期内的平均修复时间：

$$\begin{aligned} & E[(\sum_{n=1}^{N} Z_n)_{\chi\{\sum_{n=1}^{N} O_n \leqslant L\}} + (\sum_{n=1}^{M(L)} Z_n)_{\chi\{\sum_{n=1}^{N} O_n \leqslant L\}}] \\ = & \sum_{n=1}^{N} (-\boldsymbol{\gamma} b^{n-1} \boldsymbol{G}^{-1} \boldsymbol{e}) \cdot [1 - \varphi_N \exp(\boldsymbol{\Delta}_N L) \boldsymbol{e}] \\ & + \sum_{n=1}^{N-1} (-\gamma b^{n-1} \boldsymbol{G}^{-1} \boldsymbol{e}) \cdot [\varphi_{n+1} \exp(\boldsymbol{\Delta}_{n+1} L) \boldsymbol{e} \\ & - \varphi_n \exp(\boldsymbol{\Delta}_n L) \boldsymbol{e}] \cdot \varphi_N \exp(\boldsymbol{\Delta}_N L) \boldsymbol{e} \end{aligned} \tag{7-18}$$

从模型假设中我们得到：

$$E[R] = -\delta \boldsymbol{H}^{-1} e_{m_1} \tag{7-19}$$

将式(7－13)、式(7－18) 和式(7－19) 代入式(7－14)，得到：

$$\begin{aligned} \mathrm{MTBR}_{(L,N)} = & \sum_{n=0}^{\infty} \frac{(n+1)}{(n+2)!} \varphi_N \boldsymbol{\Delta}_N^{-2} (\boldsymbol{\Delta}_N L)^{n+2} \boldsymbol{\Delta}_N^{0} + L\varphi_N \exp(\boldsymbol{\Delta}_N L) \boldsymbol{e} \\ & + \sum_{n=1}^{N} (-\gamma b^{n-1} \boldsymbol{G}^{-1} \boldsymbol{e}) \cdot [1 - \varphi_N \exp(\boldsymbol{\Delta}_N L) \boldsymbol{e}] \\ & + \sum_{n=1}^{N-1} (-\gamma b^{n-1} \boldsymbol{G}^{-1} \boldsymbol{e}) \cdot [\varphi_{n+1} \exp(\boldsymbol{\Delta}_{n+1} L) \boldsymbol{e} \\ & - \varphi_n \exp(\boldsymbol{\Delta}_n L) \boldsymbol{e}] \cdot \varphi_N \exp(\boldsymbol{\Delta}_N L) \boldsymbol{e} + (-\boldsymbol{\delta} \boldsymbol{H}^{-1} \boldsymbol{e}_{m_1}) \end{aligned} \tag{7-20}$$

7.3 系统的优化替换策略

我们知道，更新回报过程是由连续的更新周期和每个周期中产生的费用构成的。根据著名的更新回报定理（Ross，1996），单位时间的长期平均利润可以表示为：

$$C(L,N)=\frac{\text{每个更新周期内的平均利润}}{\text{每个更新周期的平均长度}}$$

现在，定义以下费用率：

c_o：系统运行时的运营回报率；

c_r：系统出现故障时的维修费用率；

c_p：替换系统时的替换费用率；

B：替换系统的基本费用。

$$\max_{L,N}C(L,N)=\max_{L,N}\frac{c_o[E[\min\{\sum_{n=1}^{N}O_n,L\}]]-c_rE[(\sum_{n=1}^{N}Z_n)_{\chi\{\sum_{n=1}^{N}O_n\le L\}}+(\sum_{n=1}^{M(L)}Z_n)_{\chi\{\sum_{n=1}^{N}O_n>L\}}]-c_pE[R]-B}{\text{MTBR}_{(L,N)}}\tag{7-21}$$

将式（7－13）、式（7－18）和式（7－19）代入式（7－21），得到：

$$\max_{L,N}C(L,N)=\max_{L,N}\frac{\begin{pmatrix}c_o[\sum_{n=0}^{\infty}\frac{(n+1)}{(n+2)!}\varphi_N\boldsymbol{\Delta}_N^{-2}(\boldsymbol{\Delta}_NL)^{n+2}\boldsymbol{\Delta}_N^0+L\varphi_N\exp(\boldsymbol{\Delta}_NL)\boldsymbol{e}]\\-c_r[\sum_{n=1}^{N}(-\boldsymbol{\gamma}b^{n-1}\boldsymbol{G}^{-1}\boldsymbol{e})\cdot(1-\varphi_N\exp(\boldsymbol{\Delta}_NL)\boldsymbol{e})+\sum_{n=1}^{N-1}(-\boldsymbol{\gamma}b^{n-1}\boldsymbol{G}^{-1}\boldsymbol{e})\cdot\\(\varphi_{n+1}\exp(\boldsymbol{\Delta}_{n+1}L)\boldsymbol{e}-\varphi_n\exp(\boldsymbol{\Delta}_nL)\boldsymbol{e})\cdot\varphi_N\exp(\boldsymbol{\Delta}_NL)\boldsymbol{e}]\\-c_p[-\boldsymbol{\delta}\boldsymbol{H}^{-1}\boldsymbol{e}_{m_1}]-B\end{pmatrix}}{\begin{pmatrix}\sum_{n=0}^{\infty}\frac{(n+1)}{(n+2)!}\varphi_N\boldsymbol{\Delta}_N^{-2}(\boldsymbol{\Delta}_NL)^{n+2}\boldsymbol{\Delta}_N^0+L\varphi_N\exp(\boldsymbol{\Delta}_NL)\boldsymbol{e}\\+\sum_{n=1}^{N}(-\boldsymbol{\gamma}b^{n-1}\boldsymbol{G}^{-1}\boldsymbol{e})\cdot[1-\varphi_N\exp(\boldsymbol{\Delta}_NL)\boldsymbol{e}]\\+\sum_{n=1}^{N-1}(-\boldsymbol{\gamma}b^{n-1}\boldsymbol{G}^{-1}\boldsymbol{e})\cdot[\varphi_{n+1}\exp(\boldsymbol{\Delta}_{n+1}L)\boldsymbol{e}-\varphi_n\exp(\boldsymbol{\Delta}_nL)\boldsymbol{e}]\cdot\\\varphi_N\exp(\boldsymbol{\Delta}_NL)\boldsymbol{e}+(-\boldsymbol{\delta}\boldsymbol{H}^{-1}\boldsymbol{e}_{m_1})\end{pmatrix}}\tag{7-22}$$

从式（7－22）可以看出，由于优化问题的高度非线性和复杂性，很难求出最优解(L^*,N^*)。因此，在下一节中，通过数值实验证明长期平均利润率函数$C(L,N)$是存在唯一最优解(L^*,N^*)的。

7.4 数值算例

如图7－2所示，微型发动机由几个正交的线性梳状驱动执行器组成，它们被机械地连接到一个旋转齿轮上。齿轮和销接头之间的摩擦表面的磨损通常会导致销断裂，这是微型发动机故障的主要原因。此外，在微型发动机的冲击试验中，当连续k_1次幅度大于d_1且小于d_2的外部冲击或连续k_2次幅度至少为d_2的外部冲击发生时，可以观察到弹簧断裂，其中$d_1<d_2$，$k_1>k_2$。因此，微型发动机存在两个相互竞争的失效过程——磨损退化造成的软故障和外部冲击造成的弹簧断裂造成的硬故障。

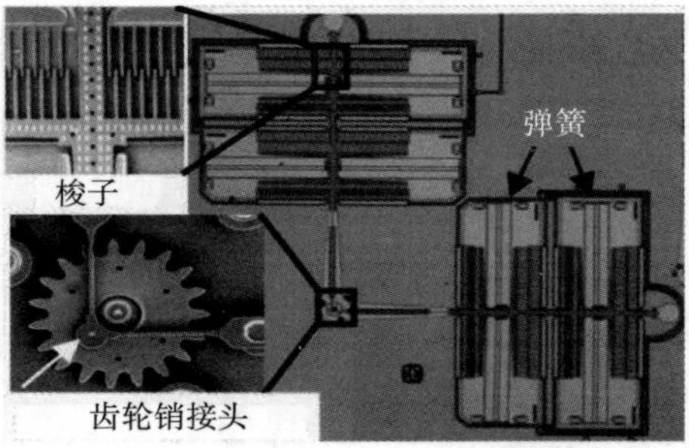

图7－2　微发动机的扫描电镜图像

资料来源：坦纳和杜加（Tanner & Dugger，2003）。

系统参数取如下值：

① 连续两次外部冲击的到达时间间隔：$X_i^n \sim PH_c(\boldsymbol{\beta},\boldsymbol{S})\ i=1,2,\cdots,n=1,2,\cdots,N$。

$$\boldsymbol{\beta}=(1,0),\boldsymbol{S}=\begin{pmatrix}-0.15 & 0.15\\ 0 & -0.15\end{pmatrix},\ \boldsymbol{S}^0=\begin{pmatrix}0\\ 0.15\end{pmatrix}$$

② 第n个子周期中第i次冲击的幅度：$Y_i^n \sim \exp(5)\ i=1,2,\cdots,n=1,$

$2,\cdots,N$。

③ 第 n 个子周期中内部磨损退化导致的系统寿命：$W_n \sim PH_c(\boldsymbol{\alpha}, a^{n-1}\boldsymbol{T})\ n=1,2,\cdots,N$。

$$\boldsymbol{\alpha}=(1,0),\boldsymbol{T}=\begin{pmatrix}-0.004 & 0.004\\ 0 & -0.004\end{pmatrix},\ \boldsymbol{T}^0=\begin{pmatrix}0\\ 0.004\end{pmatrix}\quad \boldsymbol{a}=1.1$$

④ 第 n 次故障后的修复时间：$Z_n \sim PH_c(\boldsymbol{\gamma}, b^{n-1}\boldsymbol{G})\ n=1,2,\cdots,N-1$。

$$\boldsymbol{\gamma}=(1,0),\boldsymbol{G}=\begin{pmatrix}-0.12 & 0.12\\ 0 & -0.12\end{pmatrix},\ \boldsymbol{G}^0=\begin{pmatrix}0\\ 0.12\end{pmatrix}\quad \boldsymbol{b}=0.95$$

⑤ 系统替换时间：$R \sim PH_c(\boldsymbol{\delta}, \boldsymbol{H})$。

$$\boldsymbol{\delta}=(1,0),\boldsymbol{H}=\begin{pmatrix}-0.2 & 0.2\\ 0 & -0.2\end{pmatrix},\ \boldsymbol{H}^0=\begin{pmatrix}0\\ 0.2\end{pmatrix}$$

其他参数假设为：$k_1=3$，$k_2=2$，$d_1=0.5$，$d_2=1$，费用参数为 $c_o=210$，$c_r=24$，$c_p=29$，$B=3100$。图 7－3 是表示利润率函数 C（L，N），$N=10$ 的曲线，如图所示，系统在（$L=102$，$N=10$）时达到最大长期平均利润率，且为 934.459。这意味着系统管理者应在第 10 次故障后或系统总工作时间超过 102 个时间单位时，替换老化系统，以先发生的为准。

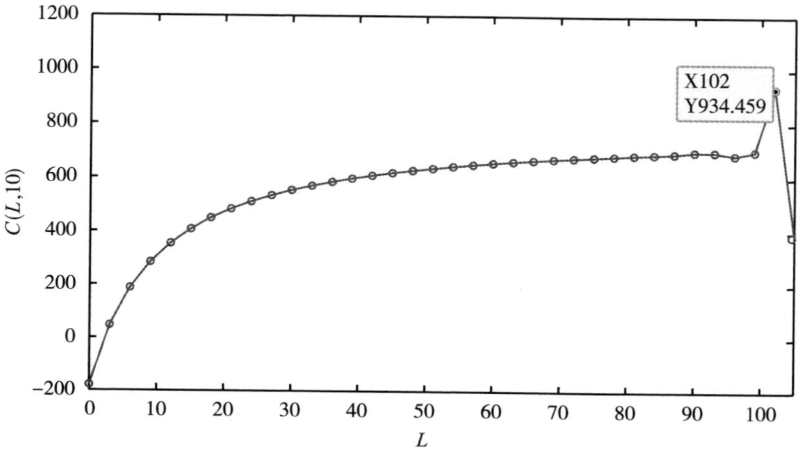

图 7－3　当 $N=10$ 时，系统长期平均利润率关于替换策略（L,N）的函数曲线

7.5 本章小结

本章提出并研究了一种混合运行冲击模式下的多竞争故障几何过程维修系统模型，该模型中涉及的所有随机变量均为位相型分布，并采用双变量替换策略(L,N)。由于PH分布的稠密性，所以它可用于近似任意定义在正实数上的一般分布。因此，我们超越了以往的工作，不仅考虑了所有情况下的位相型分布和混合运行冲击，而且采用了双变量替换策略(L,N)。利用PH分布的封闭特性，得到了系统的长期平均利润率。值得注意的是，该系统的长期平均利润率的表达式$C(L,N)$具有高度非线性和复杂性。因此，我们还没有得到相应的优化问题的最优解析解，由于使用PH分布，所构造的系统模型的维数会急剧增加。寻找降维方法也是今后研究的一个重要问题。此外，还可以研究在多重相依竞争失效过程条件下的其他混合冲击模型。例如，对于两个固定的临界值δ和L，当两个连续冲击到达的时间间隔小于δ，或冲击的累积幅度大于L时，系统失效。

第8章

K－混合冗余策略情形下多状态可修系统

在工程实践中，通过使用高可靠性的部件或者使用冗余部件来提高系统可靠性是最常采用的方法。但是，增加冗余部件往往导致系统费用和重量也随之增加，因此，在不增加系统费用的前提下设法使系统的可靠性达到最优是研究者们一直关注的问题。有效利用传统冗余策略或者采用新的冗余策略是提高系统可靠性的方法。一般地，活跃冗余策略（active redundancy strategy）和贮备冗余策略（standby redundancy strategy）是最常用的提高系统可靠性的冗余策略。在活跃冗余策略中，系统中的所有部件都从0时刻开始工作，尽管系统的运行只需要有一个工作的部件即可；在贮备冗余策略中，系统中只需要一个部件工作来保证系统运行，其余部件处于贮备模式。根据环境条件对贮备部件性能影响的不同，贮备冗余策略可以分为冷贮备、温贮备、热贮备三种模式。虽然这些冗余策略大大提高了系统的可靠性，在工程实践中也得到了广泛的应用，但是还远远不能满足实际的需要，所以引入一些更符合实际的新冗余策略不仅具有一定的实际意义，而且可以丰富可靠性理论。

8.1 系统模型假设

本节考虑一个 K－混合冗余策略情形下的三部件可修系统，系统中有一个开关和一个修理工，修理工可以进行多重休假。只要有一个部件在线工作，系统就能运行。如果系统中三个部件都发生了故障，或者系统中在线工作部件都发生了故障且开关也发生了故障，那么系统就停止运行。为了提高系统的可靠性、减少由于突然停机带来的经济损失，系统中采用 K－混合冗余策略和修理工的多重休假策略。假设在任意时刻，开关可用的概率为 p，不可用的概率为 $q=1-p$。系统详细假设如下：

假设 8－1：在初始时刻 $t=0$，系统中所有三个部件是全新的且开关也是完美的，部件 1 和部件 2 在线工作，部件 3 处于冷贮备模式。在 $t=0$ 时刻，修理工开始他的第一次休假。系统运行一段时间之后，如果其中一个在线工作部件发生了故障（如部件 1 发生了故障），而部件 2 仍然在线工作，那么根据 K－混合冗余策略，部件 3 替换部件 1 在线开始工作（如果此时开关是完美的）。

假设 8－2：在修理工第一次休假期间，如果在线工作部件一直正常工作，那么修理工从第一次休假返回后立即开始他的第二次休假；而如果在休假期间，其中一个在线工作部件发生了故障，那么修理工从休假返回后立即对故障的开关和部件进行维修。修理工在对故障部件维修期间，如果其余在线工作部件也发生了故障，那么修理工按照顺序继续对故障部件和开关进行维修，直到系统中三个部件和开关都正常后，他才进行第二次休假，即修理工采用多重休假策略。

假设 8－3：故障部件修复如新，且修理工按照“先进先出”的规则对故障部件进行维修。

假设 8－4：开关的维修时间忽略不计。

假设 8－5：在线工作部件的寿命服从阶数为 m 的 PH 分布 $PH(\boldsymbol{\alpha},\boldsymbol{W})$，修理工的休假时间服从阶数为 n_1 的 PH 分布 $PH(\boldsymbol{\beta},\boldsymbol{S})$，故障部件的维修时

间服从阶数为 n_2 的 PH 分布 $PH(\boldsymbol{\gamma},\boldsymbol{T})$，且系统中所有随机变量相互独立。

所提出的多状态系统在微电网配电（Rana et al.，2019）、航天器推进系统（Li et al.，2020）和油轮发电机组（Tareko，2018）等实际系统中非常常见。接下来，我们将给出所提模型两个实际应用的例子。

①微电网配电：微电网配电可以为能源短缺的发展中国家提供负担得起的电力。光伏、风力涡轮机和电池存储是构成微电网的常见和重要的可再生能源。这些可再生能源独立发电以满足电力需求。为了提高微电网的可靠性，通常在工程实践中引入 K－混合冗余策略和混合冗余策略（Rana et al.，2019）。

②航天器推进系统：推进系统是航天器中的安全关键子系统，用于为轨道转移机动、重力补偿、位置维持和高度调整提供动力。在工程实践中，K－混合冗余策略和混合冗余策略通常用于提高推进系统的可靠性（Li et al.，2020）。

图 8－1 解释了当开关正常时，在 K－混合冗余策略下所提出的系统演化过程。最初，系统中有两个部件在线工作和一个冷贮备部件。当第二个在线工作部件发生故障时，根据 K－混合冗余策略，冷贮备部件替换故障部件在线工作，即系统再次使用两个在线工作部件继续运行。当第一个在线工作部件也发生故障时，此时系统中没有冷贮备部件，系统必须使用仅有的一个在线工作部件保持运行，当第三个在线工作部件也发生故障时，系统将停止运行。K－混合冗余策略尽可能长时间地保持系统中有两个部件在线工作。

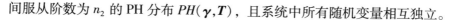

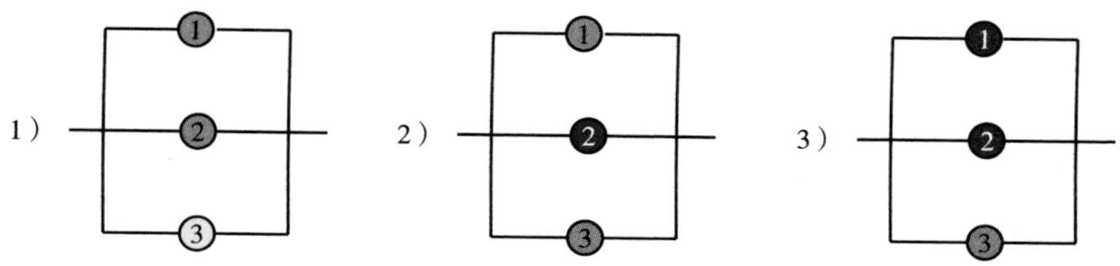

图 8－1 当开关正常时，K－混合冗余策略

需要注意的是：①尽管只要其中一个部件在线工作，系统就可以运行，但K－混合冗余策略会尽可能长地保持系统中有两个部件在线工作。然而，在混合冗余策略中，只有当两个在线工作部件发生故障时，才会启动冷备部件，这是K－混合冗余策略和混合冗余策略的区别。②PH分布中的每一个位相代表分布的一个状态，PH分布的位相数等于其阶数。因此，与由指数分布、威布尔分布和伽马分布等一般分布构造的二值状态系统不同，PH分布中的不同位相可以分别表示不同的运行水平、维修水平和休假水平，因此，利用PH分布建立了多状态可修系统模型。

8.2 系统的转移率矩阵

在K－混合策略下，所提出的具有三个相同部件和一个开关的系统可以用一个有限状态连续时间马尔可夫过程$\{X(t),t\geqslant 0\}$刻画。系统的状态空间为$\boldsymbol{\Omega}=\{\boldsymbol{S}_1,\boldsymbol{S}_2,\boldsymbol{S}_3,\boldsymbol{S}_4,\boldsymbol{S}_5,\boldsymbol{S}_6,\boldsymbol{S}_7,\boldsymbol{S}_8,\boldsymbol{S}_9\}$。为了讨论的方便，定义位相$\{(i,j,k,l):1\leqslant i\leqslant m,1\leqslant j\leqslant m,1\leqslant l\leqslant n_1,1\leqslant k\leqslant n_2\}$，其中$i$和$j$分别表示在线工作部件的位相，$l$表示修理工休假时间的位相，$k$表示维修时间位相。此外，状态空间$\Omega$中的每个状态被解释如下。

宏状态$\boldsymbol{S}_1=\{(0,i,j,l):1\leqslant i\leqslant m,1\leqslant j\leqslant m,1\leqslant l\leqslant n_1\}$：系统中故障部件的数量为0个，其中两个部件处于在线工作状态，而另一个部件处于冷贮备状态，修理工正在休假。

宏状态$\boldsymbol{S}_2=\{(1,i,j,l):1\leqslant i\leqslant m,1\leqslant j\leqslant m,1\leqslant l\leqslant n_1\}$：系统中出现故障的部件数量为1个，其中两个部件在线工作，另一个部件出现故障，正在等待维修，修理工正在休假期间。

宏状态$\boldsymbol{S}_3=\{(1,i,j,k):1\leqslant i\leqslant m,1\leqslant j\leqslant m,1\leqslant k\leqslant n_2\}$：系统中故障部件的数量为1个，两个部件在线工作，另一个部件出现故障，修理工正在维修故障部件。

宏状态$\boldsymbol{S}_4=\{(1,i,k):1\leqslant i\leqslant m,1\leqslant l\leqslant n_1\}$：系统中故障部件的数量为1个，其中一个部件在线工作，一个部件处于冷贮备模式，而另一个故障部件正在等待维修，修理工正在休假期间。在这种情况下，尽管存在冷贮备部件，但由于开关故障，因此不能将冷贮备部件切换到工作状态，且修理工正在休假，因此不能对故障开关进行维修。

宏状态 $S_5=\{(2,i,l):1\leqslant i\leqslant m,1\leqslant l\leqslant n_1\}$：系统中出现故障的部件数量为 2 个，其中一个部件在线工作，而另两个部件出现故障，正在等待维修，修理工正在休假期间。

宏状态 $S_6=\{(2,i,k):1\leqslant i\leqslant m,1\leqslant k\leqslant n_2\}$：系统中出现故障的部件数量为 2 个，其中一个部件在线工作，而另两个部件处于故障状态，修理工正在根据维修规则维修其中一个故障部件。

宏状态 $S_7=\{(2,l):1\leqslant l\leqslant n_1\}$：系统中出现故障的部件数量为 2 个，其中一个部件处于冷贮备模式，而另两个部件出现故障，正在等待维修，修理工处于休假期。在这种情况下，由于开关故障，因此冷贮备部件无法切换到工作状态。

宏状态 $S_8=\{(3,l):1\leqslant l\leqslant n_1\}$：系统中出现故障的部件数量为 3 个，所有部件都出现故障，正在等待维修，修理工正在休假。

宏状态 $S_9=\{(3,l):1\leqslant k\leqslant n_2\}$：系统中故障部件的数量为 3 个，所有部件都处于故障状态，修理工正在按照维修规则维修其中一个故障部件。

因此，系统的工作状态集为 $\boldsymbol{U}=\{\boldsymbol{S}_1,\boldsymbol{S}_2,\boldsymbol{S}_3,\boldsymbol{S}_4,\boldsymbol{S}_5,\boldsymbol{S}_6\}$，故障状态集为$\boldsymbol{F}=\{\boldsymbol{S}_7,\boldsymbol{S}_8,\boldsymbol{S}_9\}$。图 8－2 是 K－混合冗余策略下系统宏状态之间的转移示例。

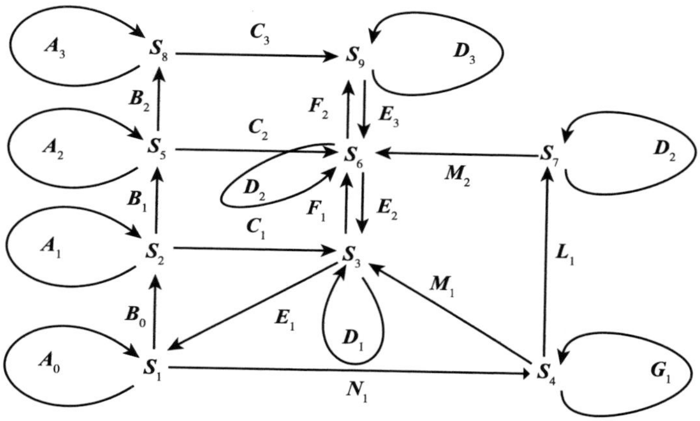

图 8－2 K－混合冗余策略下系统宏状态之间的转移示例

由系统状态空间 $\boldsymbol{\Omega}$ 中的宏状态之间的转移率组成的转移率矩阵 $\boldsymbol{Q}$ 如下：

$$
\boldsymbol{Q}=\begin{array}{c} \\ \mathbf{S}_1 \\ \mathbf{S}_2 \\ \mathbf{S}_3 \\ \mathbf{S}_4 \\ \mathbf{S}_5 \\ \mathbf{S}_6 \\ \mathbf{S}_7 \\ \mathbf{S}_8 \\ \mathbf{S}_9 \end{array}
\begin{array}{c} \begin{array}{ccccccccc} \mathbf{S}_1 & \mathbf{S}_2 & \mathbf{S}_3 & \mathbf{S}_4 & \mathbf{S}_5 & \mathbf{S}_6 & \mathbf{S}_7 & \mathbf{S}_8 & \mathbf{S}_9 \end{array} \\
\begin{pmatrix}
\boldsymbol{A}_0 & \boldsymbol{B}_0 & 0 & \boldsymbol{N}_1 & 0 & 0 & 0 & 0 & 0 \\
0 & \boldsymbol{A}_1 & \boldsymbol{C}_1 & 0 & \boldsymbol{B}_1 & 0 & 0 & 0 & 0 \\
\boldsymbol{E}_1 & 0 & \boldsymbol{D}_1 & 0 & 0 & \boldsymbol{F}_1 & 0 & 0 & 0 \\
0 & 0 & \boldsymbol{M}_1 & \boldsymbol{G}_1 & 0 & 0 & \boldsymbol{L}_1 & 0 & 0 \\
0 & 0 & 0 & 0 & \boldsymbol{A}_2 & \boldsymbol{C}_2 & 0 & \boldsymbol{B}_2 & 0 \\
0 & 0 & \boldsymbol{E}_2 & 0 & 0 & \boldsymbol{D}_2 & 0 & 0 & \boldsymbol{F}_2 \\
0 & 0 & 0 & 0 & 0 & \boldsymbol{M}_2 & \boldsymbol{G}_2 & 0 & 0 \\
0 & 0 & 0 & 0 & 0 & 0 & 0 & \boldsymbol{A}_3 & \boldsymbol{C}_3 \\
0 & 0 & 0 & 0 & 0 & \boldsymbol{E}_3 & 0 & 0 & \boldsymbol{D}_3
\end{pmatrix} \end{array} \tag{8-1}
$$

其中，

$$\boldsymbol{A}_0=\boldsymbol{W}\otimes\boldsymbol{I}_m\otimes\boldsymbol{I}_{n_1}+\boldsymbol{I}_m\otimes\boldsymbol{W}\otimes\boldsymbol{I}_{n_1}+\boldsymbol{I}_m\otimes\boldsymbol{I}_m\otimes\boldsymbol{S}+\boldsymbol{I}_m\otimes\boldsymbol{I}_m\otimes\boldsymbol{S}^0\boldsymbol{\beta}$$

$$\boldsymbol{A}_1=\boldsymbol{W}\otimes\boldsymbol{I}_m\otimes\boldsymbol{I}_{n_1}+\boldsymbol{I}_m\otimes\boldsymbol{W}\otimes\boldsymbol{I}_{n_1}+\boldsymbol{I}_m\otimes\boldsymbol{I}_m\otimes\boldsymbol{S}$$

$$\boldsymbol{A}_2=\boldsymbol{W}\otimes\boldsymbol{I}_m+\boldsymbol{I}_m\otimes\boldsymbol{S}$$

$$\boldsymbol{A}_3=\boldsymbol{S}$$

$$\boldsymbol{B}_0=p\boldsymbol{W}^0\boldsymbol{\alpha}\otimes\boldsymbol{I}_m\otimes\boldsymbol{I}_{n_1}+\boldsymbol{I}_m\otimes p\boldsymbol{W}^0\boldsymbol{\alpha}\otimes\boldsymbol{I}_{n_1}$$

$$\boldsymbol{B}_1=\boldsymbol{W}^0\otimes\boldsymbol{I}_m\otimes\boldsymbol{I}_{n_1}+\boldsymbol{I}_m\otimes\boldsymbol{W}^0\otimes\boldsymbol{I}_{n_1}$$

$$\boldsymbol{B}_2=\boldsymbol{W}^0\otimes\boldsymbol{I}_{n_1}$$

$$\boldsymbol{C}_1=\boldsymbol{I}_m\otimes\boldsymbol{I}_m\otimes\boldsymbol{S}^0\boldsymbol{\gamma}$$

$$\boldsymbol{C}_2=\boldsymbol{I}_m\otimes\boldsymbol{S}^0\boldsymbol{\gamma}$$

$$\boldsymbol{C}_3=\boldsymbol{S}^0\boldsymbol{\gamma}$$

$$\boldsymbol{D}_1=\boldsymbol{W}\otimes\boldsymbol{I}_m\otimes\boldsymbol{I}_{n_2}+\boldsymbol{I}_m\otimes\boldsymbol{W}\otimes\boldsymbol{I}_{n_2}+\boldsymbol{I}_m\otimes\boldsymbol{I}_m\otimes\boldsymbol{T}$$

$$\boldsymbol{D}_2=\boldsymbol{W}\otimes\boldsymbol{I}_{n_2}+\boldsymbol{I}_m\otimes\boldsymbol{T}$$

$$\boldsymbol{D}_3=\boldsymbol{T}$$

$$\boldsymbol{E}_1=\boldsymbol{I}_m\otimes\boldsymbol{I}_m\otimes\boldsymbol{T}^0\boldsymbol{\beta}$$

$E_2 = I_m \otimes \alpha \otimes T^0 \gamma$

$E_3 = \alpha \otimes T^0 \gamma$

$F_1 = W^0 \otimes I_m \otimes I_{n_2} + I_m \otimes W^0 \otimes I_{n_2}$

$F_2 = W^0 \otimes I_{n_2}$

$G_1 = W \otimes I_{n_1} + I_m \otimes S$

$G_2 = S$

$L_1 = W^0 \otimes I_{n_1}$

$M_1 = I_m \otimes \alpha \otimes S^0 \gamma$

$M_2 = \alpha \otimes S^0 \gamma$

$N_1 = qW^0 \otimes I_m \otimes I_{n_1} + I_m \otimes qW^0 \otimes I_{n_3}$

系统转移率矩阵 $\boldsymbol{Q}$ 的维数为 $m^2(2n_1+n_2)+(m+1)(2n_1+n_2)$，附录 1 中阐明了转移率矩阵中分块的推导。

8.3 系统的性能测度

在本节中，分别在瞬态和稳态下推导了所提出系统的一些性能指标。

连续时间马尔可夫过程 $\{X(t),t\geqslant 0\}$ 的转移概率函数矩阵可以表示为 $[\boldsymbol{P}_{ab}(t)]$，其中 $\boldsymbol{P}_{ab}(t)$ 表示在任何给定时刻 t 从宏观状态 a 到宏观状态 b 的转移概率，且 a，$b \in \boldsymbol{\Omega}$。该转移概率函数可以根据众所周知的矩阵指数函数计算为 $\boldsymbol{P}(t)=\exp(\boldsymbol{Q}t)$，s. t. $\boldsymbol{P}(0)=\boldsymbol{I}$。

8.3.1 系统的瞬时性能测度

本小节探讨了系统瞬态情形下系统的性能。

（1）可用度

可用度是指系统在某一时刻 t 运行的概率。当系统处于宏状态 $\boldsymbol{S}_1,\boldsymbol{S}_2,\boldsymbol{S}_3,\boldsymbol{S}_4,\boldsymbol{S}_5,\boldsymbol{S}_6$ 时，系统处于运行状态，且系统的初始概率向量由 $\boldsymbol{\alpha} \otimes \boldsymbol{\alpha} \otimes \boldsymbol{\beta}$ 控制，因此系统的瞬时可用度如下：

$$
\begin{aligned}
A(t) &= (\boldsymbol{\alpha} \otimes \boldsymbol{\alpha} \otimes \boldsymbol{\beta}) \{ \sum_{i=1}^{2} \boldsymbol{P}_{S_1S_i}(t) \boldsymbol{e}_{m^2n_1} + \boldsymbol{P}_{S_1S_3}(t) \boldsymbol{e}_{m^2n_2} \\
&\quad + \sum_{i=4}^{5} \boldsymbol{P}_{S_1S_i}(t) \boldsymbol{e}_{mn_1} + \boldsymbol{P}_{S_1S_6}(t) \boldsymbol{e}_{mn_2} \} \\
&= 1 - (\boldsymbol{\alpha} \otimes \boldsymbol{\alpha} \otimes \boldsymbol{\beta}) \{ \sum_{i=7}^{8} \boldsymbol{P}_{S_1S_i}(t) \boldsymbol{e}_{n_1} + \boldsymbol{P}_{S_1S_9}(t) \boldsymbol{e}_{n_2} \}
\end{aligned} \tag{8-2}
$$

（2）可靠性和系统连续两次故障之间的平均时间

可靠性定义为系统在时间间隔$[0,t]$内处于运行状态的概率。令：

$$
\boldsymbol{Q}_{UU} = \begin{array}{c} \\ \boldsymbol{S}_1 \\ \boldsymbol{S}_2 \\ \boldsymbol{S}_3 \\ \boldsymbol{S}_4 \\ \boldsymbol{S}_5 \\ \boldsymbol{S}_6 \end{array}
\begin{array}{c}
\begin{array}{cccccc} \boldsymbol{S}_1 & \boldsymbol{S}_2 & \boldsymbol{S}_3 & \boldsymbol{S}_4 & \boldsymbol{S}_5 & \boldsymbol{S}_6 \end{array} \\
\begin{pmatrix}
\boldsymbol{A}_0 & \boldsymbol{B}_0 & 0 & \boldsymbol{N}_1 & 0 & 0 \\
0 & \boldsymbol{A}_1 & \boldsymbol{C}_1 & 0 & \boldsymbol{B}_1 & 0 \\
\boldsymbol{E}_1 & 0 & \boldsymbol{D}_1 & 0 & 0 & \boldsymbol{F}_1 \\
0 & 0 & \boldsymbol{M}_1 & \boldsymbol{G}_1 & 0 & 0 \\
0 & 0 & 0 & 0 & \boldsymbol{A}_2 & \boldsymbol{C}_2 \\
0 & 0 & \boldsymbol{E}_2 & 0 & 0 & \boldsymbol{D}_2
\end{pmatrix}
\end{array} \tag{8-3}
$$

根据科洪和霍克斯（1982）的研究，可靠度为：

$$
R(t) = (\boldsymbol{\alpha} \otimes \boldsymbol{\alpha} \otimes \boldsymbol{\beta}, \boldsymbol{0}) \exp(\boldsymbol{Q}_{UU} t) \boldsymbol{e}_{[(2n_1+n_2)(m^2+m)]} \tag{8-4}
$$

系统连续两次故障之间的时间间隔遵循 PH 分布，表示阶数为$(2n_1 + n_2)(m^2 + m)$的 PH 分布 $PH[(\boldsymbol{\alpha} \otimes \boldsymbol{\alpha} \otimes \boldsymbol{\beta}, \boldsymbol{0}), \boldsymbol{Q}_{UU}]$，因此连续系统故障的平均时间为$\mu = -(\boldsymbol{\alpha} \otimes \boldsymbol{\alpha} \otimes \boldsymbol{\beta}, \boldsymbol{0}) \boldsymbol{Q}_{UU}^{-1} \boldsymbol{e}_{[(2n_1+n_2)(m^2+m)]}$。

（3）系统故障频度

系统故障频度定义为每单位时间内系统故障的平均次数。当系统发生 $\boldsymbol{S}_4 \to \boldsymbol{S}_7$，$\boldsymbol{S}_5 \to \boldsymbol{S}_8$，$\boldsymbol{S}_6 \to \boldsymbol{S}_9$ 转移时，系统出现故障。因此，系统的故障频度为：

$$
v(t) = (\boldsymbol{\alpha} \otimes \boldsymbol{\alpha} \otimes \boldsymbol{\beta}) [\sum_{i=4}^{5} \boldsymbol{P}_{S_1S_i}(t) (\boldsymbol{W}^0 \otimes \boldsymbol{e}_{n_1}) + \boldsymbol{P}_{S_1S_6}(t) (\boldsymbol{W}^0 \otimes \boldsymbol{e}_{n_2})] \tag{8-5}
$$

（4）修理工空闲的概率

当系统处于宏观状态 $\boldsymbol{S}_1, \boldsymbol{S}_2, \boldsymbol{S}_4, \boldsymbol{S}_5, \boldsymbol{S}_7, \boldsymbol{S}_8$ 时，修理工正在休假，因此修理工的空闲概率为：

$$p_{Idle}(t) = (\boldsymbol{\alpha} \otimes \boldsymbol{\alpha} \otimes \boldsymbol{\beta})\left[\sum_{i=1}^{2} \boldsymbol{P}_{S_1S_i}(t)\boldsymbol{e}_{m^2n_1} + \sum_{i=4}^{5} \boldsymbol{P}_{S_1S_i}(t)\boldsymbol{e}_{mn_1} + \sum_{i=7}^{8} \boldsymbol{P}_{S_1S_i}(t)\boldsymbol{e}_{n_1}\right] \tag{8-6}$$

(5) 修理工返回系统的概率

当系统发生 $\boldsymbol{S}_2 \to \boldsymbol{S}_3$，$\boldsymbol{S}_4 \to \boldsymbol{S}_3$，$\boldsymbol{S}_5 \to \boldsymbol{S}_6$，$\boldsymbol{S}_7 \to \boldsymbol{S}_6$，$\boldsymbol{S}_8 \to \boldsymbol{S}_9$ 转移时，修理工会回到系统。因此，在时刻 t 修理工返回系统的概率为：

$$p_{back}(t) = (\boldsymbol{\alpha} \otimes \boldsymbol{\alpha} \otimes \boldsymbol{\beta})\left[\boldsymbol{P}_{S_1S_2}(t)(\boldsymbol{e}_m \otimes \boldsymbol{e}_m \otimes \boldsymbol{S}^0) + \sum_{i=4}^{5} \boldsymbol{P}_{S_1S_i}(t)(\boldsymbol{e}_m \otimes \boldsymbol{S}^0) + \sum_{i=7}^{8} \boldsymbol{P}_{S_1S_i}(t)\boldsymbol{S}^0\right] \tag{8-7}$$

8.3.2 系统的稳态性能测度

在本节中，将在稳态情形下计算系统的性能指标。

令 $\boldsymbol{\pi} = (\boldsymbol{\pi}_{S_1}, \boldsymbol{\pi}_{S_2}, \boldsymbol{\pi}_{S_3}, \boldsymbol{\pi}_{S_4}, \boldsymbol{\pi}_{S_5}, \boldsymbol{\pi}_{S_6}, \boldsymbol{\pi}_{S_7}, \boldsymbol{\pi}_{S_8}, \boldsymbol{\pi}_{S_9})$ 是稳态概率向量，元素 $\boldsymbol{\pi}_i$，$\boldsymbol{i} \in \{\boldsymbol{S}_1, \boldsymbol{S}_2, \boldsymbol{S}_3, \boldsymbol{S}_4, \boldsymbol{S}_5, \boldsymbol{S}_6, \boldsymbol{S}_7, \boldsymbol{S}_8, \boldsymbol{S}_9\}$ 表示系统稳态情形下处于宏状态 i 的概率向量。向量 $\boldsymbol{\pi}$ 满足矩阵方程 $\boldsymbol{\pi Q} = 0$，服从归一化条件 $\boldsymbol{\pi e} = 1$。向量 $\boldsymbol{e}$ 对应于一个列向量，其元素为 1，具有由上下文定义的适当维数。因此，方程式如下：

$$\begin{cases}
\boldsymbol{\pi}_{S_1}\boldsymbol{A}_0 + \boldsymbol{\pi}_{S_3}\boldsymbol{E}_1 = 0 \\
\boldsymbol{\pi}_{S_1}\boldsymbol{B}_0 + \boldsymbol{\pi}_{S_2}\boldsymbol{A}_1 = 0 \\
\boldsymbol{\pi}_{S_2}\boldsymbol{C}_1 + \boldsymbol{\pi}_{S_3}\boldsymbol{D}_1 + \boldsymbol{\pi}_{S_4}\boldsymbol{M}_1 + \boldsymbol{\pi}_{S_6}\boldsymbol{E}_2 = 0 \\
\boldsymbol{\pi}_{S_1}\boldsymbol{N}_1 + \boldsymbol{\pi}_{S_4}\boldsymbol{G}_1 = 0 \\
\boldsymbol{\pi}_{S_2}\boldsymbol{B}_1 + \boldsymbol{\pi}_{S_5}\boldsymbol{A}_2 = 0 \\
\boldsymbol{\pi}_{S_3}\boldsymbol{F}_1 + \boldsymbol{\pi}_{S_5}\boldsymbol{C}_2 + \boldsymbol{\pi}_{S_6}\boldsymbol{D}_2 + \boldsymbol{\pi}_{S_7}\boldsymbol{M}_2 + \boldsymbol{\pi}_{S_9}\boldsymbol{E}_3 = 0 \\
\boldsymbol{\pi}_{S_4}\boldsymbol{L}_1 + \boldsymbol{\pi}_{S_7}\boldsymbol{G}_2 = 0 \\
\boldsymbol{\pi}_{S_5}\boldsymbol{B}_2 + \boldsymbol{\pi}_{S_8}\boldsymbol{A}_3 = 0 \\
\boldsymbol{\pi}_{S_6}\boldsymbol{F}_2 + \boldsymbol{\pi}_{S_8}\boldsymbol{C}_3 + \boldsymbol{\pi}_{S_9}\boldsymbol{D}_3 = 0 \\
\boldsymbol{\pi}_{S_1}\boldsymbol{e}_{m^2n_1} + \boldsymbol{\pi}_{S_2}\boldsymbol{e}_{m^2n_1} + \boldsymbol{\pi}_{S_3}\boldsymbol{e}_{m^2n_2} + \boldsymbol{\pi}_{S_4}\boldsymbol{e}_{mn_1} + \boldsymbol{\pi}_{S_5}\boldsymbol{e}_{mn_1} + \boldsymbol{\pi}_{S_6}\boldsymbol{e}_{mn_2} + \\
\boldsymbol{\pi}_{S_7}\boldsymbol{e}_{n_1} + \boldsymbol{\pi}_{S_8}\boldsymbol{e}_{n_1} + \boldsymbol{\pi}_{S_9}\boldsymbol{e}_{n_2} = 1
\end{cases} \tag{8-8}$$

（1）可用度

稳态可用度表示系统运行的时间比例，其计算如下：

$$A = \boldsymbol{\pi}_{S_1}\boldsymbol{e}_{m^2n_1} + \boldsymbol{\pi}_{S_2}\boldsymbol{e}_{m^2n_1} + \boldsymbol{\pi}_{S_3}\boldsymbol{e}_{m^2n_2} + \boldsymbol{\pi}_{S_4}\boldsymbol{e}_{mn_1} + \boldsymbol{\pi}_{S_5}\boldsymbol{e}_{mn_1} + \boldsymbol{\pi}_{S_6}\boldsymbol{e}_{mn_2}$$
$$= 1 - \boldsymbol{\pi}_{S_7}\boldsymbol{e}_{n_1} - \boldsymbol{\pi}_{S_8}\boldsymbol{e}_{n_1} - \boldsymbol{\pi}_{S_9}\boldsymbol{e}_{n_2} \tag{8-9}$$

（2）系统故障频度

稳态情形下系统故障频度为：

$$v = \boldsymbol{\pi}_{S_4}(\boldsymbol{W}^0 \otimes \boldsymbol{e}_{n_1}) + \boldsymbol{\pi}_{S_5}(\boldsymbol{W}^0 \otimes \boldsymbol{e}_{n_1}) + \boldsymbol{\pi}_{S_6}(\boldsymbol{W}^0 \otimes \boldsymbol{e}_{n_2}) \tag{8-10}$$

（3）修理工空闲的概率

稳态情形下修理工空闲的概率为：

$$p_{Idle} = \boldsymbol{\pi}_{S_1}\boldsymbol{e}_{m^2n_1} + \boldsymbol{\pi}_{S_2}\boldsymbol{e}_{m^2n_1} + \boldsymbol{\pi}_{S_4}\boldsymbol{e}_{mn_1} + \boldsymbol{\pi}_{S_5}\boldsymbol{e}_{mn_1} + \boldsymbol{\pi}_{S_7}\boldsymbol{e}_{n_1} + \boldsymbol{\pi}_{S_8}\boldsymbol{e}_{n_1} \tag{8-11}$$

（4）修理工返回系统的概率

稳态情形下修理工返回系统的概率为：

$$p_{back} = \boldsymbol{\pi}_{S_2}(\boldsymbol{e}_m \otimes \boldsymbol{e}_m \otimes \boldsymbol{S}^0) + \sum_{i=4}^{5}\boldsymbol{\pi}_{S_i}(\boldsymbol{e}_m \otimes \boldsymbol{S}^0) + \sum_{i=7}^{8}\boldsymbol{\pi}_{S_i}(t)\boldsymbol{S}^0 \tag{8-12}$$

8.4 数值算例

为了研究新提出的冗余策略的效率及其与现有混合冗余策略相比的性能，在本节中给出了一些数值结果。

8.4.1 系统可靠性关于开关可靠性 p 的敏感性

系统参数如表 8－1 所示。

表 8－1　　系统参数

部件寿命	维修时间	休假时间
$PH\left(\boldsymbol{\alpha}(1, 0), \boldsymbol{W}=\begin{pmatrix}-0.45 & 0.25\\ 0.35 & -0.40\end{pmatrix}\right)$	$PH\left(\boldsymbol{\gamma}(1, 0), \boldsymbol{T}=\begin{pmatrix}-1.25 & 0.80\\ 0.80 & -1.25\end{pmatrix}\right)$	$PH\left(\boldsymbol{\beta}(1, 0), \boldsymbol{S}=\begin{pmatrix}-1.55 & 0.95\\ 0.95 & -1.55\end{pmatrix}\right)$
平均寿命：7.0270 月	平均维修时间：2.2222 天	平均休假时间：1.6667 天

为了便于讨论，令 $\boldsymbol{P}_{S_i}(t)=(\boldsymbol{\alpha}\otimes\boldsymbol{\alpha}\otimes\boldsymbol{\beta})\boldsymbol{P}_{S_1S_i}(t),i=1,2,\cdots,9$，其中 $\boldsymbol{P}_{S_i}(t)$ 表示系统在时刻 t 处于宏状态 $\boldsymbol{S}_i$ 的概率向量。取 $p=0.95$，可以获得系统在每个时间点处于宏观状态 $\boldsymbol{S}_1,\boldsymbol{S}_2,\boldsymbol{S}_3,\boldsymbol{S}_4,\boldsymbol{S}_5,\boldsymbol{S}_6,\boldsymbol{S}_7,\boldsymbol{S}_8,\boldsymbol{S}_9$ 的概率值，如表 8-2 所示。从表 8-2 可以看出，系统在接近 $t=25$ 时达到稳定状态。当系统达到稳定状态时，34.85% 的时间处于宏状态 $\boldsymbol{S}_1$，9.86% 的时间处于宏状态 $\boldsymbol{S}_2$，20.86% 的时间处于宏状态 $\boldsymbol{S}_3$，0.64% 的时间处于宏状态 $\boldsymbol{S}_4$，4.06% 的时间处于宏状态 $\boldsymbol{S}_5$，20.69% 的时间处于宏状态 $\boldsymbol{S}_6$。处于宏状态 $\boldsymbol{S}_7$，$\boldsymbol{S}_8$，$\boldsymbol{S}_9$ 的总时间占 9.04%，系统的稳态可用度为 $A=0.9096$，即系统大约 90.96% 的时间在运行。系统连续两次故障的平均时间可计算为 $\mu=32.5953$。

表 8-2　系统在瞬态和稳态状态下处于宏观状态的概率

t	$\boldsymbol{P}_{S_1}(t)$	$\boldsymbol{P}_{S_2}(t)$	$\boldsymbol{P}_{S_3}(t)$	$\boldsymbol{P}_{S_4}(t)$	$\boldsymbol{P}_{S_5}(t)$	$\boldsymbol{P}_{S_6}(t)$	$\boldsymbol{P}_{S_7}(t)$	$\boldsymbol{P}_{S_8}(t)$	$\boldsymbol{P}_{S_9}(t)$	$A(t)$
0	1.0000	0.0000	0.0000	0.0000	0.0000	0.0000	0.0000	0.0000	0.0000	1.0000
5	0.3919	0.1260	0.1933	0.0084	0.0597	0.1594	0.0021	0.0142	0.0450	0.9387
10	0.3546	0.1014	0.2067	0.0066	0.0432	0.2007	0.0015	0.0109	0.0743	0.9132
15	0.3495	0.0989	0.2083	0.0064	0.0409	0.2059	0.0014	0.0097	0.0788	0.9100
20	0.3487	0.0986	0.2086	0.0064	0.0406	0.2067	0.0014	0.0095	0.0794	0.9096
25	0.3485	0.0986	0.2086	0.0064	0.0406	0.2068	0.0014	0.0095	0.0795	0.9096
∞	0.3485	0.0986	0.2086	0.0064	0.0406	0.2069	0.0014	0.0095	0.0795	0.9096

图 8-3 是任务期间系统故障频度的瞬态行为。稳态情形下系统故障的频度为 $v=0.0366$。图 8-4 显示了修理工随时间空闲的概率曲线。可以看出，随着系统运行时间的增加，修理工空闲的概率越来越小，这是因为随着运行时间的增加，系统的磨损和老化越来越大，因此需要维修的概率会增加。当达到稳定状态时，修理工空闲的概率为 $p_{Idle}=0.5050$，即修理工休假的时间约为 50.5%。因此，修理工可以在休假期间兼职做其他工作，从而大大提高修理工人力资源的利用率。

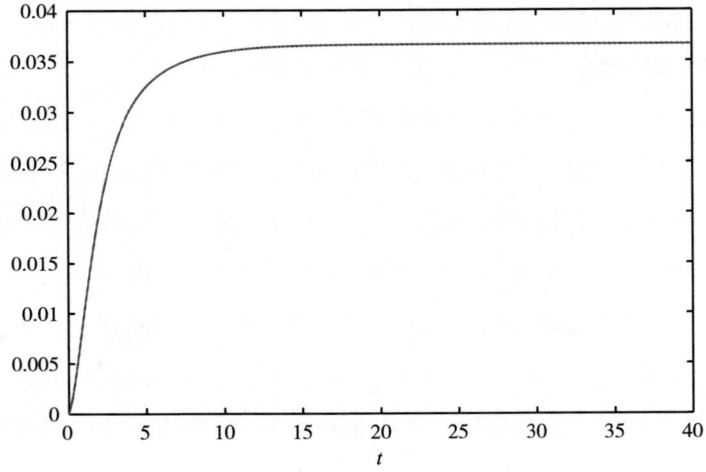

图 8-3　系统故障频度随时间 t 的变化曲线

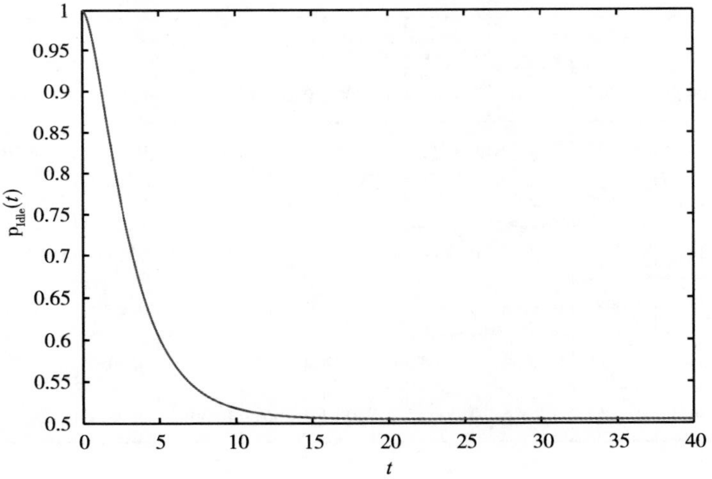

图 8-4　修理工空闲的概率随时间 t 的变化曲线

为了研究参数 p 对可靠性的影响，系统中前面参数的值是固定的，只有 p 的值是变化的。当参数 p 在 0.5、0.7 和 0.9 之间变化时，系统的可用度和可靠度的变化趋势如图 8-5 和图 8-6 所示。从图 8-5 和图 8-6 可以看出，可用度和可靠度对参数 p 的变化很敏感。正如预期的那样，增加 p 会导致可靠性的增加。

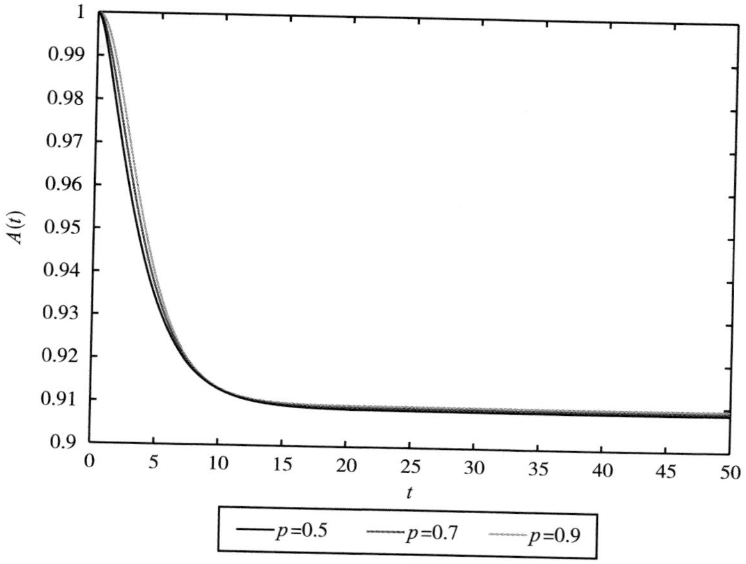

图 8-5 可用度对参数 p 的敏感性曲线

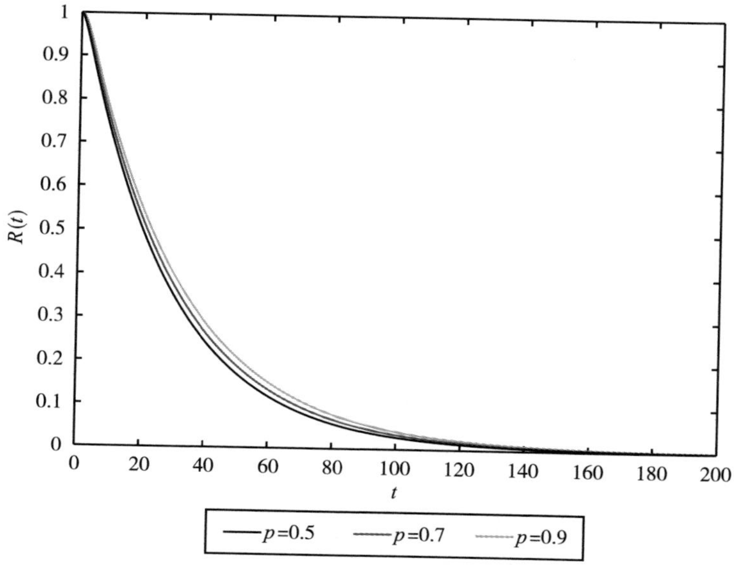

图 8-6 可靠度对参数 p 的敏感性曲线

8.4.2 提出的K－混合冗余策略模型与现有的混合冗余策略模式的比较

（1）两种冗余策略模型可靠性度量的比较

本节比较了分别采用K－混合冗余策略和混合冗余策略系统的可靠性。在混合冗余策略可修系统中，对应马尔可夫过程$\{Y(t),t\geqslant 0\}$的状态空间可以表示为$\boldsymbol{\Omega}'=\{\boldsymbol{S}_1,\boldsymbol{S}_4,\boldsymbol{S}',\boldsymbol{S}'',\boldsymbol{S}''',\boldsymbol{S}_5,\boldsymbol{S}_6,\boldsymbol{S}_7,\boldsymbol{S}_8,\boldsymbol{S}_9\}$，其中宏状态$\boldsymbol{S}_1,\boldsymbol{S}_4,\boldsymbol{S}_5,\boldsymbol{S}_6,\boldsymbol{S}_7,\boldsymbol{S}_8$和$\boldsymbol{S}_9$与上述相同，而宏状态$\boldsymbol{S}'=\{(1,i,k):1\leqslant i\leqslant m,1\leqslant k\leqslant n_2\}$，它表示故障部件的数量为1，其中一个部件在线，一个部件处于冷贮备状态，而另一个部件出现故障，修理工正在维修故障部件。在线工作部件的运行时间位相为i，维修时间位相为k。宏观状态$\boldsymbol{S}''=\{(0,i,l):1\leqslant i\leqslant m,1\leqslant l\leqslant n_1\}$，在这种情况下，故障部件的数量为0，一个部件处于在线状态，另两个部件处于冷贮备状态，维修人员处于休假期。宏状态$\boldsymbol{S}'''=\{(1,l):1\leqslant l\leqslant n_1\}$，它表示故障部件的数量为1，两个部件处于冷贮备状态，维修人员正在休假，因此故障部件正在等待维修，休假时间位相是l。因此，系统的工作状态集为$\boldsymbol{U}'=\{\boldsymbol{S}_1,\boldsymbol{S}_4,\boldsymbol{S}',\boldsymbol{S}'',\boldsymbol{S}_5,\boldsymbol{S}_6\}$，故障状态集为$\boldsymbol{F}'=\{\boldsymbol{S}''',\boldsymbol{S}_7,\boldsymbol{S}_8,\boldsymbol{S}_9\}$。图8－7是混合冗余策略下系统状态间的转移示例，由状态空间Ω'中元素之间的转移率组成的无穷小生成元矩阵如下：

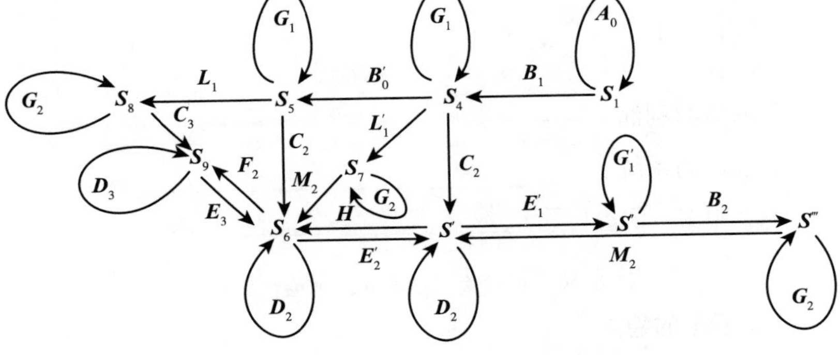

图8－7　混合冗余策略下系统状态间的转移示例

$$Q' = \begin{array}{c|cccccccccc} & S_1 & S_4 & S' & S'' & S''' & S_5 & S_6 & S_7 & S_8 & S_9 \\ \hline S_1 & \boldsymbol{A}_0 & \boldsymbol{B}_1 & 0 & 0 & 0 & 0 & 0 & 0 & 0 & 0 \\ S_4 & 0 & \boldsymbol{G}_1 & \boldsymbol{C}_2 & 0 & 0 & \boldsymbol{B}'_0 & 0 & \boldsymbol{L}'_1 & 0 & 0 \\ S' & 0 & 0 & \boldsymbol{D}_2 & \boldsymbol{E}'_1 & 0 & 0 & \boldsymbol{H} & 0 & 0 & 0 \\ S'' & 0 & 0 & 0 & \boldsymbol{G}'_1 & \boldsymbol{B}_2 & 0 & 0 & 0 & 0 & 0 \\ S''' & 0 & 0 & \boldsymbol{M}_2 & 0 & \boldsymbol{G}_2 & 0 & 0 & 0 & 0 & 0 \\ S_5 & 0 & 0 & 0 & 0 & 0 & \boldsymbol{G}_1 & \boldsymbol{C}_2 & 0 & \boldsymbol{L}_1 & 0 \\ S_6 & 0 & 0 & \boldsymbol{E}'_2 & 0 & 0 & 0 & \boldsymbol{D}_2 & 0 & 0 & \boldsymbol{F}_2 \\ S_7 & 0 & 0 & 0 & 0 & 0 & 0 & \boldsymbol{M}_2 & \boldsymbol{G}_2 & 0 & 0 \\ S_8 & 0 & 0 & 0 & 0 & 0 & 0 & 0 & 0 & \boldsymbol{G}_2 & \boldsymbol{C}_3 \\ S_9 & 0 & 0 & 0 & 0 & 0 & 0 & \boldsymbol{E}_3 & 0 & 0 & \boldsymbol{D}_3 \end{array} \tag{8-13}$$

其中，$\boldsymbol{B}'_0 = p\boldsymbol{W}^0\boldsymbol{\alpha}\otimes\boldsymbol{I}_{n_1}$，$\boldsymbol{L}'_1 = q\boldsymbol{W}^0\otimes\boldsymbol{I}_{n_1}$，$\boldsymbol{E}'_1 = \boldsymbol{I}_m\otimes\boldsymbol{T}^0\boldsymbol{\beta}$，$\boldsymbol{H} = \boldsymbol{W}^0\boldsymbol{\alpha}\otimes\boldsymbol{I}_{n_2}$，$\boldsymbol{E}'_2 = \boldsymbol{I}_m\otimes\boldsymbol{T}^0\boldsymbol{r}$，而其他分块矩阵与矩阵 $\boldsymbol{Q}$ 中对应的分块矩阵相同。无穷小生成元矩阵 $\boldsymbol{Q}'$的阶数为 $m(mn_1+3n_1+2n_2+1)+3n_1+n_2$。

表 8－1 给出了参数值，且假定 $p=0.95$。在当前参数设置下，K－混合冗余策略和混合冗余策略下的可用度函数及可靠度函数图像分别如图 8－8 与图 8－9 所示。可以看出，采用混合冗余策略会导致比采用 K－混合冗余策略更低的可靠性。这意味着系统设计师应优先考虑 K－混合冗余策略，以提高产品可靠性。

（2）两种冗余策略模型的利润比较

在可靠性工程中，我们不仅要考虑系统的可靠性指标，还要更加关注系统所创造的利润。在本小节中，我们比较了采用 K－混合冗余策略和混合冗余策略的系统利润。

对于采用 K－混合冗余策略的系统，总利润可表示如下：

$$B_1 = c_oA + c_vp_{Idle} - c_rv \tag{8-14}$$

其中，A 是系统的稳态可用度，p_{Idle}是修理工的稳态空闲概率，v 是系统的稳态故障频度。

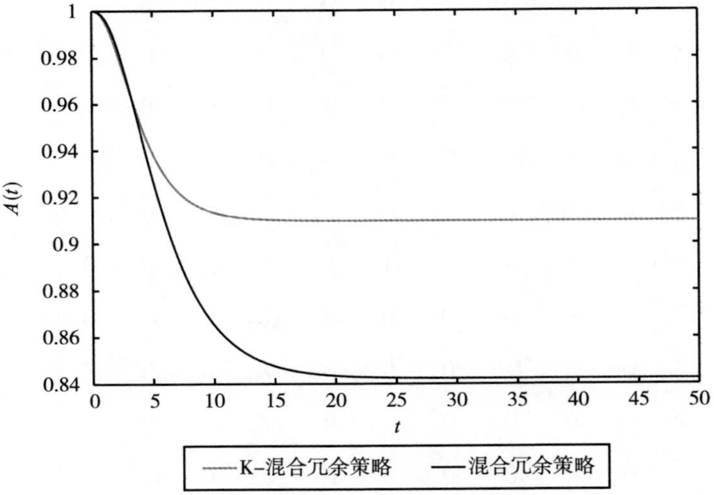

图 8-8　K-混合冗余策略和混合冗余策略下的可用度函数

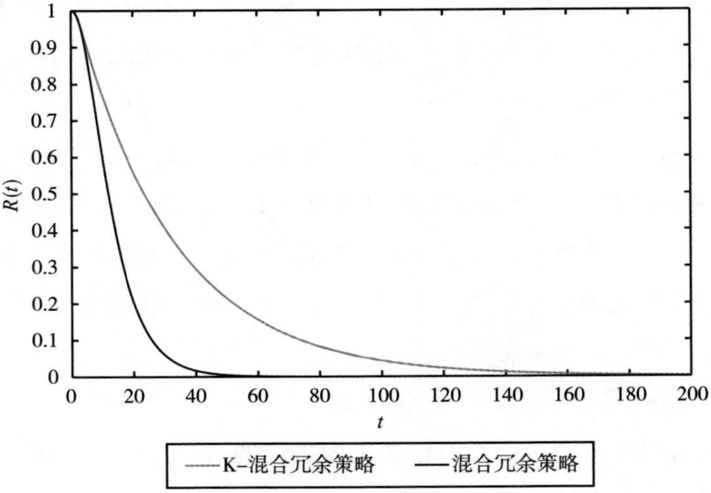

图 8-9　K-混合冗余策略和混合冗余策略下的可靠度函数

采用混合冗余策略的系统的总利润如下：

$$B_2 = c_o A_0 + c_v p_{Idle0} - c_r v_0 \tag{8-15}$$

其中，A_0 表示稳态可用度，p_{Idle0} 表示修理工的稳态空闲概率，v_0 表示稳态故障频度。表 8-3 显示了采用两种冗余策略的系统的可靠性测度。采用 K – 混合冗余策略的系统稳态可用度和稳态故障频度高于采用混合冗余策略系统。相比之下，采用 K – 混合冗余策略的系统中修理工的稳态空闲概率低于采用混合冗余策略系统。

表 8 – 3　　采用 K – 混合冗余策略和混合冗余策略的系统可靠性

A	p_{Idle}	v	A_0	p_{Idle0}	v_0
0. 9096	0. 5050	0. 0366	0. 8423	0. 7336	0. 0106

为了进行利润比较，我们计算了差异 B_1 和 B_2，即 $\Delta B = B_1 - B_2 = c_o(A - A_0) + c_v(p_{Idle} - p_{Idle0}) - c_r(v - v_0)$。下面考虑了两种情形：

情形 8 – 1：$c_o = 3000$ 美元，$c_v = 800$ 美元，$c_r = 300$ 美元；

情形 8 – 2：$c_o = 3500$ 美元，$c_v = 1000$ 美元，$c_r = 500$ 美元。

表 8 – 4 显示了当系统采用两种不同的冗余策略时情形 8 – 1 和情形 8 – 2 的总利润的差异。从表 8 – 4 中我们可以看出，K – 混合冗余策略在 $\Delta B > 0$ 时是更好的策略；相反，当 $\Delta B < 0$ 时，混合冗余策略是更好的策略。因此，可以通过计算总利润的差异来选择最佳冗余策略。

表 8 – 4　　情形 1 和情形 2 的总利润之差　　单位：美元

情形	c_0	c_v	c_r	B_1	B_2	ΔB
1	3000	800	300	3121. 82	3110. 6	11. 22
2	3500	1000	500	3670. 30	3676. 30	– 6. 00

8. 5　本章小结

本章建立了一个 K – 混合冗余策略下的可修系统模型，其中修理工采用多重休假，开关不可靠。与传统的添加冗余部件不同，通过采用 K – 混合冗余策略，所提出的可修系统中的冗余部件得到了充分和更有效的利用。此外，该系统中的随机时间服从不同的 PH 分布。由于 PH 分布构成了一类通用的分布，可以任意接近非负实轴上定义的任何概率分布，并且 PH 分布的不同位相可以表示不同的工作水平，因此所提出的系统可靠性模型具有更好的通用性。采用矩阵分析方法，得到了所提出的系统瞬态和稳态性能指标的一些结构良好的表达式。此外，由于使用了 PH 分布，这些结果在数值上是可处理的；更重要的是，在模型中引入修理工多重休假可以充分利用人力资源并增加系统的利润。最后，给出了一些数值算例来说明推导的结果，并对所建立的可靠性模型进行了敏感性分析和利润比较。

可以得出有意义的结论，即增加开关可靠性会导致更高的系统性能。对于相同的开关可靠性，所提出的 K－混合冗余策略的系统性能优于混合冗余策略。在利润方面，可以通过计算总收益的差异来确定最优冗余策略。因此，系统设计师在设计产品或系统时考虑系统性能和利润是非常重要的。

第9章

G－混合冗余策略情形下四部件多状态可修系统

对于高科技工业的系统设计师来说，如何提高系统的可靠性是一个至关重要的因素，通过使用高可靠性的部件或者冗余部件来提高其可靠性是经常采用的方法之一。在不增加系统费用和重量的前提下提高系统的可靠性是研究者们关注的主要问题。一般地，主动冗余策略（active redundancy strategy）和贮备冗余策略（standby redundancy strategy）是最常用的提高系统可靠性的冗余策略。在主动冗余策略中，系统中的所有部件从0时刻开始工作，尽管系统的运行只需要一个部件工作即可。在贮备冗余策略中，系统中只需要一个部件工作来保证系统运行，其余部件处于贮备模式。近年来，研究者们相继提出了混合冗余策略（mixed redundancy strategy）、K－混合冗余策略（K－mixed redundancy strategy）、G－混合冗余策略（G－mixed redundancy strategy），G－混合冗余策略是先前所有冗余策略的更一般形式。到目前为止，研究者们把混合冗余策略、K－混合冗余策略、G－混合冗余策略主要用于冗余分配问题和可靠性优化问题。这激发了对G－混合冗余策略下的四部件可修系统进行建模和可靠性评估。模型中引入PH分布描述各类时间随机变量，修理工采用多重休假策略，利用矩阵分析的方法推导出系统在瞬态和稳态下的一些可靠性指标，并通过数值算例讨论了开关可靠性对系统可靠性的影响，并且对G－混合冗余策略下系统的可靠性与K－混合冗余策略下系统可靠性进行了比较。

9.1 G－混合冗余策略的运行机制

为了更好地理解G－混合冗余策略的运行机制，以四部件组成的系统为例，说明前面提到的五个不同的冗余策略：主动冗余策略、贮备冗余策略、混合冗余策略、K－混合冗余策略及G－混合冗余策略。表9－1是由四部件组成的系统在不同冗余策略下活跃部件数 n_A 和贮备部件数 n_s 取值情况；为了与后续讨论一致，在G－混合冗余策略中，系统尽可能保持活跃模式的部件数取值为 $n_G=2$。

表9－1　　四部件系统的五个不同冗余策略

冗余策略	n_A	n_s	n_G
主动	4	0	—
贮备	1	3	—
混合	3	1	—
K－混合	3	1	—
G－混合	3	1	2

从图9－1可以看出，在混合冗余策略下，当部件2发生故障时，贮备部件4并不对故障部件2进行替换，只有当在线工作的三个部件都发生故障时，贮备部件才替换故障部件在线工作；而在K－混合冗余策略下，当部件2发生故障时，贮备部件4立刻替换故障部件2在线工作，因为K－混合冗余策略是设法保持系统中初始活跃部件的个数（见图9－2）。从图9－3可以看出，与K－混合冗余策略不同，G－混合冗余策略设法保持系统中工作的部件数 $n_G=2$，所以当部件2发生故障时，贮备部件4不对它进行替换，而当部件1发生故障时，贮备部件4立刻对它进行替换在线工作，确保在线工作的部件数等于2。

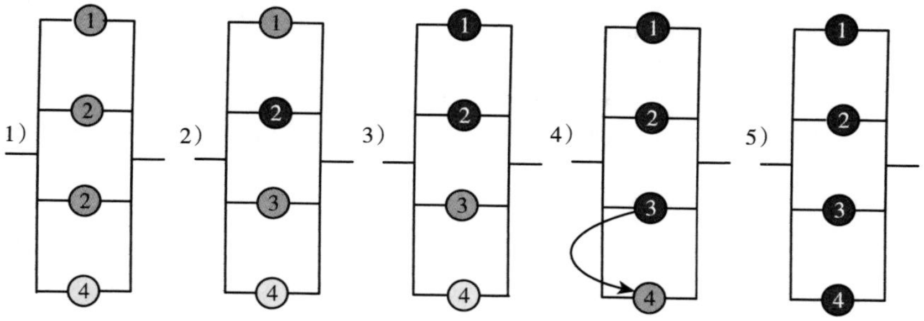

图 9-1　混合冗余策略

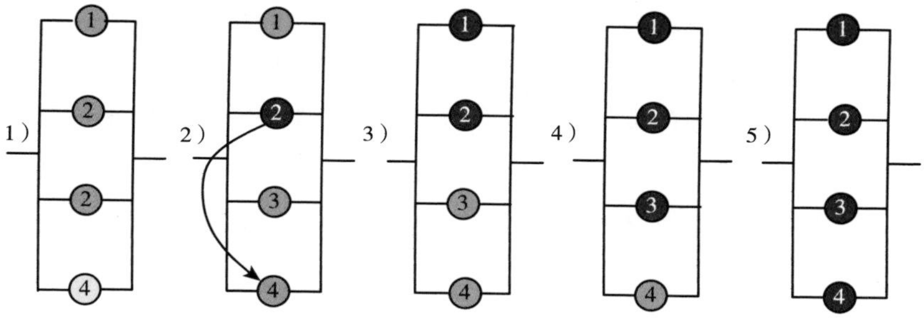

图 9-2　K-混合冗余策略

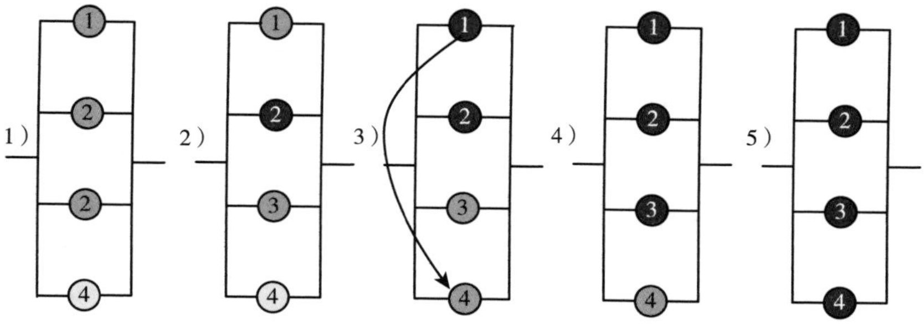

图 9-3　G-混合冗余策略（$n_G=2$）

9.2　模型构建

9.2.1　模型假设

考虑一个由四个部件、一个维修工以及一个开关组成的可修系统，为了提高系统的可靠性，减少系统由于突然停机造成的经济损失，系统模型采用 G - 混合冗余策略模式（见图 9 - 3，$n_G = 2$），维修工休假采用多重休假策略；假设在任意时刻开关完好的概率为 p，故障的概率为 $q = 1 - p$，模型的具体假设如下。

假设 9 - 1：在初始时刻 $t = 0$，系统中四个部件都是新的，且开关正常，部件 1、部件 2、部件 3 在线开始工作，部件 4 冷贮备，维修工离开系统开始他的第一次休假。系统运行一段时间后，如果在线工作部件有一个发生了故障（如部件 2 发生故障），而部件 1 和部件 3 仍然正常工作，那么根据 G - 混合冗余策略，贮备部件 4 不对故障部件进行替换；如果另一个也发生了故障（如部件 1 发生故障），那么贮备部件 4 替换故障部件 1 在线开始工作（如果此时开关完好），因为 G - 混合冗余策略设法保持系统中工作的部件数 $n_G = 2$。当系统中所有部件都发生了故障时，系统就停止工作。

假设 9 - 2：当维修工从他的第一次休假返回，如果系统中此时没有故障的部件等待维修，那么他立即进行第二次休假；如果系统中此时有故障的部件等待维修，那么他停止休假，先维修开关（如果开关不可用），再按照“先进先出”的规则，立即对故障的部件进行维修，且修复如新，直到系统中所有部件和开关都正常，他才进行第二次休假，即维修工采用多重休假策略。

假设 9 - 3：开关的维修时间忽略不计。

假设 9 - 4：在线工作部件的寿命服从阶数为 m 的 PH 分布，表示为 $PH(\boldsymbol{\alpha}, \boldsymbol{W})$；维修工的休假时间服从阶数为 n_1 的 PH 分布，表示为 $PH(\boldsymbol{\beta}, \boldsymbol{S})$；故障部件的维修时间服从阶数为 n_2 的 PH 分布，表示为 $PH(\boldsymbol{\gamma}, \boldsymbol{T})$。

假设 9 - 5：系统中所有随机变量相互独立。

以上所建立的系统模型可用于微电网配电、飞机液压动力系统和油轮的发电机组等实际工程系统中。

在能源短缺的发展中国家提供经济环保的电力是一个具有挑战性的

问题，可以通过部署微电网技术来解决。通常，每个微电网由若干可再生能源组成，这些可再生能源发电以满足电力需求。每个可再生能源，如光伏、风力涡轮机、电池存储和水力发电，可被视为独立发电的冗余单元。为了提高微电网的可靠性，建议研究所有可能的冗余策略并选择最佳方案，G-混合冗余策略是优选方案之一。此外，由于可再生能源容易发生故障，因此需要一名维修人员对微电网执行维保活动。当微电网中没有故障的可再生能源时，维修人员将执行其他分配的职责（如预防性维护），这表明维修人员正在休假。因此，可以在有修理工的 G-混合冗余策略下研究微电网结构，这与以上提出的可靠性模型相吻合。因此，本模型可能有助于优化微电网的性能。

根据模型的假设，系统可以用一个连续时间马尔可夫过程 $\{X(t), t\geqslant 0\}$ 来刻画，且系统的状态空间可以表示为 $\boldsymbol{\Omega}=\{\boldsymbol{S}_1,\boldsymbol{S}_2,\boldsymbol{S}_3,\boldsymbol{S}_4,\boldsymbol{S}_5,\boldsymbol{S}_6,\boldsymbol{S}_7,\boldsymbol{S}_8,\boldsymbol{S}_9,\boldsymbol{S}_{10},\boldsymbol{S}_{11},\boldsymbol{S}_{12}\}$，为了便于讨论，定义位相 $\{(i_1,i_2,i_3,l,k):1\leqslant i_1\leqslant m,1\leqslant i_2\leqslant m,1\leqslant i_3\leqslant m,1\leqslant l\leqslant m,1\leqslant k\leqslant n_2\}$，其中 i_1，i_2，i_3 分别表示在线工作部件的工作位相，l 表示维修工休假时间的位相，k 表示故障部件的修理时间位相。状态空间 $\boldsymbol{\Omega}$ 中每个宏状态表示的意义见附录 2。

因此，系统的工作状态集为 $\boldsymbol{U}=\{\boldsymbol{S}_1,\boldsymbol{S}_2,\boldsymbol{S}_3,\boldsymbol{S}_4,\boldsymbol{S}_5,\boldsymbol{S}_6,\boldsymbol{S}_7,\boldsymbol{S}_8,\boldsymbol{S}_9,\boldsymbol{S}_{10},\boldsymbol{S}_{11}\}$，故障状态集为 $\boldsymbol{F}=\{\boldsymbol{S}_{12},\boldsymbol{S}_{13},\boldsymbol{S}_{14}\}$，且这些宏状态之间的相互转移情况如图 9-4 所示。

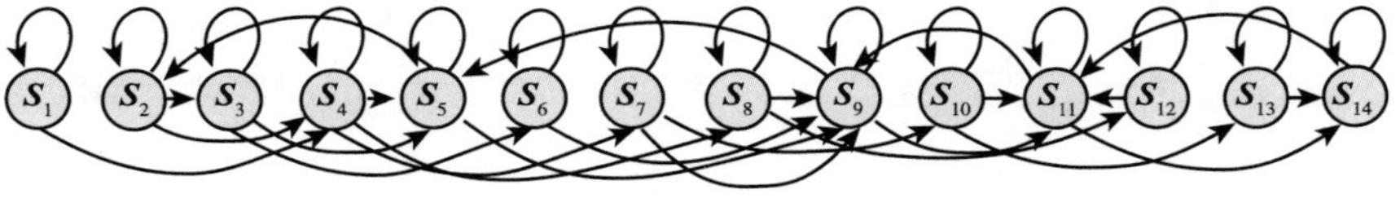

图 9-4 系统的状态转移

9.2.2 无穷小生成元

根据以上系统状态空间中各个宏状态表示的意义以及系统状态空间

的划分，可以得到该连续时间马尔可夫过程$\{X(t),t\geqslant 0\}$的无穷小生成元$\boldsymbol{Q}$如下：

$$
\boldsymbol{Q}=\begin{array}{c} \\ \boldsymbol{S}_1\\ \boldsymbol{S}_2\\ \boldsymbol{S}_3\\ \boldsymbol{S}_4\\ \boldsymbol{S}_5\\ \boldsymbol{S}_6\\ \boldsymbol{S}_7\\ \boldsymbol{S}_8\\ \boldsymbol{S}_9\\ \boldsymbol{S}_{10}\\ \boldsymbol{S}_{11}\\ \boldsymbol{S}_{12}\\ \boldsymbol{S}_{13}\\ \boldsymbol{S}_{14}\end{array}
\begin{array}{c}
\begin{array}{cccccccccccccc} \boldsymbol{S}_1 & \boldsymbol{S}_2 & \boldsymbol{S}_3 & \boldsymbol{S}_4 & \boldsymbol{S}_5 & \boldsymbol{S}_6 & \boldsymbol{S}_7 & \boldsymbol{S}_8 & \boldsymbol{S}_9 & \boldsymbol{S}_{10} & \boldsymbol{S}_{11} & \boldsymbol{S}_{12} & \boldsymbol{S}_{13} & \boldsymbol{S}_{14} \end{array}\\
\begin{pmatrix}
\boldsymbol{A}_1 & 0 & 0 & \boldsymbol{D}_1 & 0 & 0 & 0 & 0 & 0 & 0 & 0 & 0 & 0 & 0\\
0 & \boldsymbol{A}_2 & \boldsymbol{B}_1 & \boldsymbol{C}_1 & 0 & 0 & 0 & 0 & 0 & 0 & 0 & 0 & 0 & 0\\
0 & 0 & \boldsymbol{A}_3 & 0 & \boldsymbol{C}_2 & \boldsymbol{D}_2 & 0 & 0 & 0 & 0 & 0 & 0 & 0 & 0\\
0 & 0 & 0 & \boldsymbol{A}_4 & \boldsymbol{B}_2 & 0 & \boldsymbol{D}_3 & \boldsymbol{E}_1 & 0 & 0 & 0 & 0 & 0 & 0\\
0 & \boldsymbol{G}_3 & 0 & 0 & \boldsymbol{A}_5 & 0 & 0 & 0 & \boldsymbol{E}_2 & 0 & 0 & 0 & 0 & 0\\
0 & 0 & 0 & 0 & 0 & \boldsymbol{A}_6 & 0 & 0 & \boldsymbol{D}_4 & 0 & 0 & 0 & 0 & 0\\
0 & 0 & 0 & 0 & 0 & 0 & \boldsymbol{A}_7 & 0 & \boldsymbol{C}_3 & \boldsymbol{D}_5 & 0 & 0 & 0 & 0\\
0 & 0 & 0 & 0 & 0 & 0 & 0 & \boldsymbol{A}_8 & \boldsymbol{B}_3 & 0 & 0 & \boldsymbol{E}_3 & 0 & 0\\
0 & 0 & 0 & 0 & \boldsymbol{G}_5 & 0 & 0 & 0 & \boldsymbol{A}_9 & 0 & \boldsymbol{C}_4 & 0 & 0 & 0\\
0 & 0 & 0 & 0 & 0 & 0 & 0 & 0 & 0 & \boldsymbol{A}_{10} & \boldsymbol{B}_4 & 0 & \boldsymbol{D}_6 & 0\\
0 & 0 & 0 & 0 & 0 & 0 & 0 & 0 & \boldsymbol{G}_2 & 0 & \boldsymbol{A}_{11} & 0 & 0 & \boldsymbol{D}_7\\
0 & 0 & 0 & 0 & 0 & 0 & 0 & 0 & 0 & 0 & \boldsymbol{G}_1 & \boldsymbol{A}_{12} & 0 & 0\\
0 & 0 & 0 & 0 & 0 & 0 & 0 & 0 & 0 & 0 & 0 & 0 & \boldsymbol{A}_{13} & \boldsymbol{B}_5\\
0 & 0 & 0 & 0 & 0 & 0 & 0 & 0 & 0 & 0 & \boldsymbol{G}_4 & 0 & 0 & \boldsymbol{A}_{14}
\end{pmatrix}
\end{array}
\tag{9-1}
$$

其阶数为$m^3n_1+3m^2n_1+2m^2n_2+3mn_1+mn_2+3n_1+n_2$。

$\boldsymbol{A}_1$表示宏状态$\boldsymbol{S}_1$到宏状态$\boldsymbol{S}_1$之间的转移：$\boldsymbol{A}_1=(\boldsymbol{W}\oplus\boldsymbol{W}\oplus\boldsymbol{W})\otimes\boldsymbol{I}_{n_1}+\boldsymbol{I}_m\otimes\boldsymbol{I}_m\otimes\boldsymbol{I}_m\otimes\boldsymbol{S}+\boldsymbol{I}_m\otimes\boldsymbol{I}_m\otimes\boldsymbol{I}_m\otimes\boldsymbol{S}^0\boldsymbol{\beta}$。其中：$(\boldsymbol{W}\oplus\boldsymbol{W}\oplus\boldsymbol{W})\otimes\boldsymbol{I}_{n_1}$表示三个在线工作部件中的一个部件工作位相发生转移，其余两个部件工作位相未发生转移，且维修工休假位相也未发生转移；$\boldsymbol{I}_m\otimes\boldsymbol{I}_m\otimes\boldsymbol{I}_m\otimes\boldsymbol{S}$示三个在线工作部件的工作位相未发生转移，而维修工的休假位相发生了转移；$\boldsymbol{I}_m\otimes\boldsymbol{I}_m\otimes\boldsymbol{I}_m\otimes\boldsymbol{S}^0\boldsymbol{\beta}$表示三个在线工作部件的工作位相未发生转移，而维修工从休假返回$\boldsymbol{S}^0$，发现系统中没有故障部件，所以他以向量$\boldsymbol{\beta}$立即

开始他的第二次休假。同理可知：

$$A_2 = W \otimes I_m \otimes I_{n_1} + I_m \otimes W \otimes I_{n_1} + I_m \otimes I_m \otimes S + I_m \otimes I_m \otimes S^0 \beta$$

$$A_3 = W \otimes I_{n_1} + I_{n_1} \otimes S$$

$$A_4 = W \otimes I_m \otimes I_{n_1} + I_m \otimes W \otimes I_{n_1} + I_m \otimes I_m \otimes S$$

$$A_5 = W \otimes I_m \otimes I_{n_2} + I_m \otimes W \otimes I_{n_2} + I_m \otimes I_m \otimes T$$

$$A_6 = S$$

$$A_7 = W \otimes I_m \otimes I_{n_1} + I_m \otimes W \otimes I_{n_1} + I_m \otimes I_m \otimes S$$

$$A_8 = W \otimes I_{n_1} + I_m \otimes S$$

$$A_9 = W \otimes I_m \otimes I_{n_2} + I_m \otimes W \otimes I_{n_2} + I_m \otimes I_m \otimes T$$

$$A_{10} = W \otimes I_{n_1} + I_m \otimes S$$

$$A_{11} = W \otimes I_{n_2} + I_m \otimes \mathrm{T}$$

$$A_{12} = S$$

$$A_{13} = S$$

$$A_{14} = T$$

B_1 表示系统从宏状态 S_2 转移到宏状态 S_3，$B_1 = qW^0 \otimes I_m \otimes I_{n_1} + I_m \otimes qW^0 \otimes I_{n_1}$。其中：$qW^0 \otimes I_m \otimes I_{n_1}$ 表示系统中第一个在线工作部件发生故障 W^0，且此时开关故障不可用 q，所以冷贮备部件不能替代故障部件在线工作，而另一个工作部件的工作位相未发生转移，维修工休假时间位相也未发生转移；$I_m \otimes qW^0 \otimes I_{n_1}$ 表示系统中第二个在线工作部件发生故障 W^0，且此时开关故障不可用 q，所以冷贮备部件不能替代故障部件在线工作，而另一个工作部件的工作位相未发生转移，维修工休假时间位相也未发生转移。同理可知：

$$B_2 = I_m \otimes I_m \otimes S^0 \gamma$$

$$B_3 = \alpha \otimes I_m \otimes S^0 \gamma$$

$$B_4 = I_m \otimes S^0 \gamma$$

$$B_5 = S^0 \gamma$$

$$C_1 = pW^0 \alpha \otimes I_m \otimes I_{n_1} + I_m \otimes pW^0 \alpha \otimes I_{n_1}$$

$$C_2 = \boldsymbol{\alpha} \otimes \boldsymbol{I}_m \otimes \boldsymbol{S}^0 \boldsymbol{\gamma}$$

$$C_3 = \boldsymbol{I}_m \otimes \boldsymbol{I}_m \otimes \boldsymbol{S}^0 \boldsymbol{\gamma}$$

$$C_4 = \boldsymbol{W}^0 \otimes \boldsymbol{I}_m \otimes \boldsymbol{I}_{n_2} + \boldsymbol{I}_m \otimes \boldsymbol{W}^0 \otimes \boldsymbol{I}_{n_2}$$

$$D_1 = \boldsymbol{W}^0 \otimes \boldsymbol{I}_m \otimes \boldsymbol{I}_m \otimes \boldsymbol{I}_{n_1} + \boldsymbol{I}_m \otimes \boldsymbol{W}^0 \otimes \boldsymbol{I}_m \otimes \boldsymbol{I}_{n_1} + \boldsymbol{I}_m \otimes \boldsymbol{I}_m \otimes \boldsymbol{W}^0 \otimes \boldsymbol{I}_{n_1}$$

$$D_2 = \boldsymbol{W}^0 \otimes \boldsymbol{I}_{n_1}$$

$$D_3 = p\boldsymbol{W}^0 \boldsymbol{\alpha} \otimes \boldsymbol{I}_m \otimes \boldsymbol{I}_{n_1} + \boldsymbol{I}_m \otimes p\boldsymbol{W}^0 \boldsymbol{\alpha} \otimes \boldsymbol{I}_{n_1}$$

$$D_4 = \boldsymbol{\alpha} \otimes \boldsymbol{\alpha} \otimes \boldsymbol{S}^0 \boldsymbol{\gamma}$$

$$D_5 = \boldsymbol{W}^0 \otimes \boldsymbol{I}_m \otimes \boldsymbol{I}_{n_1} + \boldsymbol{I}_m \otimes \boldsymbol{W}^0 \otimes \boldsymbol{I}_{n_1}$$

$$D_6 = \boldsymbol{W}^0 \otimes \boldsymbol{I}_{n_1}$$

$$D_7 = \boldsymbol{W}^0 \otimes \boldsymbol{I}_{n_2}$$

$$E_1 = q\boldsymbol{W}^0 \otimes \boldsymbol{I}_m \otimes \boldsymbol{I}_{n_1} + \boldsymbol{I}_m \otimes q\boldsymbol{W}^0 \otimes \boldsymbol{I}_{n_1}$$

$$E_2 = \boldsymbol{W}^0 \boldsymbol{\alpha} \otimes \boldsymbol{I}_m \otimes \boldsymbol{I}_{n_2} + \boldsymbol{I}_m \otimes \boldsymbol{W}^0 \boldsymbol{\alpha} \otimes \boldsymbol{I}_{n_2}$$

$$E_3 = \boldsymbol{W}^0 \otimes \boldsymbol{I}_{n_1}$$

$$G_1 = \boldsymbol{\alpha} \otimes \boldsymbol{S}^0 \boldsymbol{\gamma}$$

$$G_2 = \boldsymbol{\alpha} \otimes \boldsymbol{I}_m \otimes \boldsymbol{T}^0 \boldsymbol{\gamma}$$

$$G_3 = \boldsymbol{I}_m \otimes \boldsymbol{I}_m \otimes \boldsymbol{T}^0 \boldsymbol{\beta}$$

$$G_4 = \boldsymbol{\alpha} \otimes \boldsymbol{T}^0 \boldsymbol{\gamma}$$

$$G_5 = \boldsymbol{I}_m \otimes \boldsymbol{I}_m \otimes \boldsymbol{T}^0 \boldsymbol{\gamma}$$

9.2.3 稳态概率向量

令 $\boldsymbol{\pi} = (\boldsymbol{\pi}_{S_1}, \boldsymbol{\pi}_{S_2}, \boldsymbol{\pi}_{S_3}, \boldsymbol{\pi}_{S_4}, \boldsymbol{\pi}_{S_5}, \boldsymbol{\pi}_{S_6}, \boldsymbol{\pi}_{S_7}, \boldsymbol{\pi}_{S_8}, \boldsymbol{\pi}_{S_9}, \boldsymbol{\pi}_{S_{10}}, \boldsymbol{\pi}_{S_{11}}, \boldsymbol{\pi}_{S_{12}}, \boldsymbol{\pi}_{S_{13}}, \boldsymbol{\pi}_{S_{14}})$表示系统的稳态概率向量；令 $\boldsymbol{\pi}_i$，$i \in \{S_1, S_2, S_3, S_4, S_5, S_6, S_7, S_8, S_9, S_{10}, S_{11}, S_{12}, S_{13}, S_{14}\}$表示系统进入稳态时，处于宏状态 i 的概率，其满足如下方程：

$$\begin{cases} \boldsymbol{\pi Q} = 0 \\ \boldsymbol{\pi e} = 1 \end{cases} \tag{9-2}$$

解上述方程组，可得到系统处于各个宏状态的稳态概率向量。

9.3　可靠性指标

本小节给出系统的瞬态可靠性指标：可用度、可靠度、故障频度、修理工空闲的概率以及系统相应的稳态可靠性指标。

令 $\boldsymbol{P}(t)=[\boldsymbol{P}_{ab}(t)]$表示连续时间马尔可夫链$\{X(t),t\geqslant 0\}$的转移概率矩阵，元素 $\boldsymbol{P}_{ab}(t)$表示 0 时刻系统处于宏状态 a 的条件下，经过时间 t 后处于宏状态 b 的概率，即 $\boldsymbol{P}_{ab}(t)=P\{X(t)=b\mid X(t)=a\},a,b\in\boldsymbol{\Omega}$，且转移概率函数满足 $\boldsymbol{P}(t)=\exp(\boldsymbol{Q}t)$，$\boldsymbol{P}(0)=\boldsymbol{I}$。

9.3.1　瞬态性能指标

（1）可用度

系统的瞬态可靠性指标定义为时刻 t 系统处于工作状态的概率，由于系统的工作状态集为 $\boldsymbol{U}=\{\boldsymbol{S}_1,\boldsymbol{S}_2,\boldsymbol{S}_3,\boldsymbol{S}_4,\boldsymbol{S}_5,\boldsymbol{S}_6,\boldsymbol{S}_7,\boldsymbol{S}_8,\boldsymbol{S}_9,\boldsymbol{S}_{10},\boldsymbol{S}_{11}\}$，所以时刻 t 系统的瞬态可用度为：

$$\begin{aligned}A(t)=&(\boldsymbol{\alpha}\otimes\boldsymbol{\alpha}\otimes\boldsymbol{\alpha}\otimes\boldsymbol{\beta})\{\boldsymbol{P}_{S_1S_1}(t)\mathrm{e}_{m^3n_1}+\boldsymbol{P}_{S_1S_2}(t)\mathrm{e}_{m^2n_1}+\boldsymbol{P}_{S_1S_3}(t)\mathrm{e}_{mn_1}\\&+\boldsymbol{P}_{S_1S_4}(t)\mathrm{e}_{m^2n_1}+\boldsymbol{P}_{S_1S_5}(t)\mathrm{e}_{m^2n_2}+\boldsymbol{P}_{S_1S_6}(t)\mathrm{e}_{n_1}+\boldsymbol{P}_{S_1S_7}(t)\mathrm{e}_{m^2n_1}\\&+\boldsymbol{P}_{S_1S_8}(t)\mathrm{e}_{mn_1}+\boldsymbol{P}_{S_1S_9}(t)\mathrm{e}_{m^2n_2}+\boldsymbol{P}_{S_1S_{10}}(t)\mathrm{e}_{mn_1}+\boldsymbol{P}_{S_1S_{11}}(t)\mathrm{e}_{mn_2}\}\\=&1-(\boldsymbol{\alpha}\otimes\boldsymbol{\alpha}\otimes\boldsymbol{\alpha}\otimes\boldsymbol{\beta})\{\sum_{i=12}^{13}\boldsymbol{P}_{S_1S_i}(t)\mathrm{e}_{n_1}+\boldsymbol{P}_{S_1S_{14}}(t)\mathrm{e}_{n_2}\}\end{aligned}\qquad(9-3)$$

（2）可靠度和连续两次故障的平均时间

可靠度定义为系统在时间区间［0，t］内一直处于工作状态的概率，为此引入如下概率矩阵函数定义：

$$\boldsymbol{P}_{UU}(t)\triangleq P\{X(t)=j,X(u)\in\boldsymbol{U},u\leqslant t\mid X(0)=i\},i,j\in\boldsymbol{U}\qquad(9-4)$$

其中，元素 $P\{X(t)=j,X(u)\in\boldsymbol{U},u\leqslant t\mid X(0)=i\}$，$i$，$j\in\boldsymbol{U}$ 表示系统 0 时刻处于状态 i 的条件下，时间区间（0，t］一直在工作状态集 $\boldsymbol{U}$ 中逗留的概率，则：

$$\boldsymbol{P}_{UU}(t)=\exp(\boldsymbol{Q}_{UU}t) \tag{9-5}$$

令：

$$\boldsymbol{Q}_{UU}=\begin{array}{c} \\ \boldsymbol{S}_1\\ \boldsymbol{S}_2\\ \boldsymbol{S}_3\\ \boldsymbol{S}_4\\ \boldsymbol{S}_5\\ \boldsymbol{S}_6\\ \boldsymbol{S}_7\\ \boldsymbol{S}_8\\ \boldsymbol{S}_9\\ \boldsymbol{S}_{10}\\ \boldsymbol{S}_{11} \end{array}\begin{array}{c} \begin{array}{ccccccccccc} \boldsymbol{S}_1 & \boldsymbol{S}_2 & \boldsymbol{S}_3 & \boldsymbol{S}_4 & \boldsymbol{S}_5 & \boldsymbol{S}_6 & \boldsymbol{S}_7 & \boldsymbol{S}_8 & \boldsymbol{S}_9 & \boldsymbol{S}_{10} & \boldsymbol{S}_{11} \end{array}\\ \begin{pmatrix} \boldsymbol{A}_1 & \boldsymbol{0} & \boldsymbol{0} & \boldsymbol{D}_1 & \boldsymbol{0} & \boldsymbol{0} & \boldsymbol{0} & \boldsymbol{0} & \boldsymbol{0} & \boldsymbol{0} & \boldsymbol{0}\\ \boldsymbol{0} & \boldsymbol{A}_2 & \boldsymbol{B}_1 & \boldsymbol{C}_1 & \boldsymbol{0} & \boldsymbol{0} & \boldsymbol{0} & \boldsymbol{0} & \boldsymbol{0} & \boldsymbol{0} & \boldsymbol{0}\\ \boldsymbol{0} & \boldsymbol{0} & \boldsymbol{A}_3 & \boldsymbol{0} & \boldsymbol{C}_2 & \boldsymbol{D}_2 & \boldsymbol{0} & \boldsymbol{0} & \boldsymbol{0} & \boldsymbol{0} & \boldsymbol{0}\\ \boldsymbol{0} & \boldsymbol{0} & \boldsymbol{0} & \boldsymbol{A}_4 & \boldsymbol{B}_2 & \boldsymbol{0} & \boldsymbol{D}_3 & \boldsymbol{E}_1 & \boldsymbol{0} & \boldsymbol{0} & \boldsymbol{0}\\ \boldsymbol{0} & \boldsymbol{G}_3 & \boldsymbol{0} & \boldsymbol{0} & \boldsymbol{A}_5 & \boldsymbol{0} & \boldsymbol{0} & \boldsymbol{0} & \boldsymbol{E}_2 & \boldsymbol{0} & \boldsymbol{0}\\ \boldsymbol{0} & \boldsymbol{0} & \boldsymbol{0} & \boldsymbol{0} & \boldsymbol{0} & \boldsymbol{A}_6 & \boldsymbol{0} & \boldsymbol{0} & \boldsymbol{D}_4 & \boldsymbol{0} & \boldsymbol{0}\\ \boldsymbol{0} & \boldsymbol{0} & \boldsymbol{0} & \boldsymbol{0} & \boldsymbol{0} & \boldsymbol{0} & \boldsymbol{A}_7 & \boldsymbol{0} & \boldsymbol{C}_3 & \boldsymbol{D}_5 & \boldsymbol{0}\\ \boldsymbol{0} & \boldsymbol{0} & \boldsymbol{0} & \boldsymbol{0} & \boldsymbol{0} & \boldsymbol{0} & \boldsymbol{0} & \boldsymbol{A}_8 & \boldsymbol{B}_3 & \boldsymbol{0} & \boldsymbol{0}\\ \boldsymbol{0} & \boldsymbol{0} & \boldsymbol{0} & \boldsymbol{0} & \boldsymbol{G}_5 & \boldsymbol{0} & \boldsymbol{0} & \boldsymbol{0} & \boldsymbol{A}_9 & \boldsymbol{0} & \boldsymbol{C}_4\\ \boldsymbol{0} & \boldsymbol{0} & \boldsymbol{0} & \boldsymbol{0} & \boldsymbol{0} & \boldsymbol{0} & \boldsymbol{0} & \boldsymbol{0} & \boldsymbol{0} & \boldsymbol{A}_{10} & \boldsymbol{B}_4\\ \boldsymbol{0} & \boldsymbol{0} & \boldsymbol{0} & \boldsymbol{0} & \boldsymbol{0} & \boldsymbol{0} & \boldsymbol{0} & \boldsymbol{0} & \boldsymbol{G}_2 & \boldsymbol{0} & \boldsymbol{A}_{11} \end{pmatrix} \end{array} \tag{9-6}$$

从而可得系统的可靠度函数为：

$$\mathrm{R(t)}=(\boldsymbol{\alpha}\otimes\boldsymbol{\alpha}\otimes\boldsymbol{\alpha}\otimes\boldsymbol{\beta},\boldsymbol{0})\exp(\boldsymbol{Q}_{UU}t)\boldsymbol{e}_{[m^3n_1+3m^2n_1+2m^2n_2+3mn_1+mn_2+n_1]} \tag{9-7}$$

连续两次故障的时间服从阶数为 $m^3n_1+3m^2n_1+2m^2n_2+3mn_1+mn_2+n_1$ 的 PH 分布，表示为 $PH(\boldsymbol{\alpha}\otimes\boldsymbol{\alpha}\otimes\boldsymbol{\alpha}\otimes\boldsymbol{\beta},\boldsymbol{0},\boldsymbol{Q}_{UU})$，所以连续两次故障的平均时间为 $\mu=-(\boldsymbol{\alpha}\otimes\boldsymbol{\alpha}\otimes\boldsymbol{\alpha}\otimes\boldsymbol{\beta},\boldsymbol{0})\boldsymbol{Q}_{UU}^{-}\boldsymbol{e}_{[m^3n_1+3m^2n_1+2m^2n_2+3mn_1+mn_2+n_1]}$。

（3）系统的故障频率

系统的故障频率定义为系统单位时间的平均故障次数。当系统宏状态 $\boldsymbol{S}_8\rightarrow\boldsymbol{S}_{12}$，$\boldsymbol{S}_{10}\rightarrow\boldsymbol{S}_{13}$，$\boldsymbol{S}_{11}\rightarrow\boldsymbol{S}_{14}$ 发生转移时，系统发生故障，因此系统的瞬态故障频度为：

$$\begin{aligned} v(t)=(\boldsymbol{\alpha}\otimes\boldsymbol{\alpha}\otimes\boldsymbol{\alpha}\otimes\boldsymbol{\beta})[&\boldsymbol{P}_{S_1S_8}(t)(\boldsymbol{W}^0\otimes\boldsymbol{e}_{n_1})+\boldsymbol{P}_{S_1S_{10}}(t)(\boldsymbol{W}^0\otimes\boldsymbol{e}_{n_1})\\ &+\boldsymbol{P}_{S_1S_{11}}(t)(\boldsymbol{W}^0\otimes\boldsymbol{e}_{n_2})] \end{aligned} \tag{9-8}$$

（4）维修工空闲的概率

当系统处于宏状态 $\boldsymbol{S}_1,\boldsymbol{S}_2,\boldsymbol{S}_3,\boldsymbol{S}_4,\boldsymbol{S}_6,\boldsymbol{S}_7,\boldsymbol{S}_8,\boldsymbol{S}_{10},\boldsymbol{S}_{12},\boldsymbol{S}_{13}$ 时，维修工在休假，而当系统处于宏状态 $\boldsymbol{S}_5,\boldsymbol{S}_9,\boldsymbol{S}_{11},\boldsymbol{S}_{14}$ 时，维修工在维修故障部件，因此维修工空闲的概率为：

$$p_{Idle}(t)=1-(\boldsymbol{\alpha}\otimes\boldsymbol{\alpha}\otimes\boldsymbol{\alpha}\otimes\boldsymbol{\beta})[\boldsymbol{P}_{S_1S_5}(t)e_{m^2n_2}+\boldsymbol{P}_{S_1S_9}(t)\boldsymbol{e}_{m^2n_2}+\boldsymbol{P}_{S_1S_{11}}(t)\boldsymbol{e}_{m^2n_2}+\boldsymbol{P}_{S_1S_{14}}(t)\boldsymbol{e}_{n_2}] \quad (9-9)$$

9.3.2 稳态性能指标

（1）可用度

稳态可用度度量系统进入稳态时，处于工作状态所占的时间比例，从而：

$$\begin{aligned}A&=\lim_{t\to\infty}A(t)=\boldsymbol{\pi}_{S_1}\boldsymbol{e}_{m^3n_1}+\boldsymbol{\pi}_{S_2}\boldsymbol{e}_{m^2n_1}+\boldsymbol{\pi}_{S_3}\boldsymbol{e}_{mn_1}+\boldsymbol{\pi}_{S_4}\boldsymbol{e}_{m^2n_1}+\boldsymbol{\pi}_{S_5}\boldsymbol{e}_{m^2n_2}\\&\quad+\boldsymbol{\pi}_{S_6}\boldsymbol{e}_{n_1}+\boldsymbol{\pi}_{S_7}\boldsymbol{e}_{m^2n_1}+\boldsymbol{\pi}_{S_8}\boldsymbol{e}_{mn_1}+\boldsymbol{\pi}_{S_9}\boldsymbol{e}_{m^2n_2}+\boldsymbol{\pi}_{S_{10}}\boldsymbol{e}_{mn_1}+\boldsymbol{\pi}_{S_{11}}\boldsymbol{e}_{mn_2}\\&=1-(\boldsymbol{\alpha}\otimes\boldsymbol{\alpha}\otimes\boldsymbol{\alpha}\otimes\boldsymbol{\beta})\{\boldsymbol{\pi}_{S_{12}}\boldsymbol{e}_{n_1}+\boldsymbol{\pi}_{S_{13}}\boldsymbol{e}_{n_1}+\boldsymbol{\pi}_{S_{14}}\boldsymbol{e}_{n_2}\}\end{aligned} \quad (9-10)$$

（2）故障频度

系统进入稳态时故障频度为：

$$v=\lim_{t\to\infty}v(t)=\boldsymbol{\pi}_{S_8}(\boldsymbol{W}^0\otimes\boldsymbol{e}_{n_1})+\boldsymbol{\pi}_{S_{10}}(\boldsymbol{W}^0\otimes\boldsymbol{e}_{n_1})+\boldsymbol{\pi}_{S_{11}}(\boldsymbol{W}^0\otimes\boldsymbol{e}_{n_2}) \quad (9-11)$$

（3）维修工空闲的概率

系统进入稳态时维修工空闲的概率为：

$$p_{Idle}=\lim_{t\to\infty}p_{Idle}(t)=1-\boldsymbol{\pi}_{S_5}\boldsymbol{e}_{m^2n_2}+\boldsymbol{\pi}_{S_9}\boldsymbol{e}_{m^2n_2}+\boldsymbol{\pi}_{S_{11}}\boldsymbol{e}_{m^2n_2}+\boldsymbol{\pi}_{S_{14}}\boldsymbol{e}_{n_2} \quad (9-12)$$

9.4 数值算例

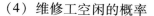

本小节通过一个数值算例来验证前面小节所提新模型的正确性和有效性，并讨论开关可靠性 p 对系统可靠性的影响，最后把该模型与存在的 K–混合冗余策略多状态可修系统模型进行了比较分析。系统中各个参数

的取值汇总在表9－2中。

表9－2 系统参数

工作部件寿命	故障部件维修时间	维修工休假时间
$PH\left(\boldsymbol{\alpha}=(1,0),\ \boldsymbol{W}=\begin{pmatrix}-0.40 & 0.30\\ 0.25 & -0.30\end{pmatrix}\right)$ 平均寿命：13.3333月	$PH\left(\boldsymbol{\gamma}=(1,0),\ \boldsymbol{T}=\begin{pmatrix}-1.30 & 0.90\\ 0.90 & -1.30\end{pmatrix}\right)$ 平均维修时间：2.500天	$PH\left(\boldsymbol{\beta}=(1,0),\ \boldsymbol{S}=\begin{pmatrix}-1.65 & 0.95\\ 0.95 & -1.65\end{pmatrix}\right)$ 平均休假时间：1.4286天

9.4.1 开关可靠性p对系统可靠性的影响

为了便于后边讨论，令$\boldsymbol{P}_{S_i}(t)=(\boldsymbol{\alpha}\otimes\boldsymbol{\alpha}\otimes\boldsymbol{\alpha}\otimes\boldsymbol{\beta})\boldsymbol{P}_{S_1S_i}(t),i=1,2,\cdots,14$，则$\boldsymbol{P}_{S_i}(t)$表示时刻$t$时，系统处于宏状态$\boldsymbol{S}_i$的概率向量。取$p=0.95$，瞬态和稳态情形下系统在每个时刻点处于各个宏状态的概率汇总在表9－3中。从表9－3可以看出，系统大约在$t=40$进入稳态且达到稳态时，系统有98.94%的时间处于工作状态集$\boldsymbol{U}=\{\boldsymbol{S}_1,\boldsymbol{S}_2,\boldsymbol{S}_3,\boldsymbol{S}_4,\boldsymbol{S}_5,\boldsymbol{S}_6,\boldsymbol{S}_7,\boldsymbol{S}_8,\boldsymbol{S}_9,\boldsymbol{S}_{10},\boldsymbol{S}_{11}\}$中，而其中53.02%的时间处于宏状态$\boldsymbol{S}_2$，19.23%的时间处于宏状态$\boldsymbol{S}_5$，处于宏状态$\boldsymbol{S}_1$，$\boldsymbol{S}_3$，$\boldsymbol{S}_4$，$\boldsymbol{S}_6$，$\boldsymbol{S}_7$，$\boldsymbol{S}_8$，$\boldsymbol{S}_9$，$\boldsymbol{S}_{10}$，$\boldsymbol{S}_{11}$的总时间只占26.69%，处于故障状态集$\boldsymbol{F}=\{\boldsymbol{S}_{12},\boldsymbol{S}_{13},\boldsymbol{S}_{14}\}$的时间占1.06%。

图9－5是系统的可用度函数曲线，在$t=30$之前，系统可用度下降较快，$t=30$之后系统达到稳态可用度，且稳态可用度$A=0.9894$；图9－6是系统的可靠度函数曲线，在$t=30$之后系统可靠度接近于0，且系统连续两次故障的平均时间为$\mu=305.7398$；图9－7是系统的故障频度函数曲线，在时间区间［0，15］内，系统的故障频度由0逐渐增大到0.0041，之后系统达到稳态故障频度$v=0.0041$；图9－8是维修工空闲的概率曲线，在时间区间［0，10］内，维修工空闲的概率由1逐渐减小到0.6286，$t=10$之后，维修工空闲的概率随着时间的变化出现微小增加，

表 9–3　瞬态和稳态情形下系统处于各个宏状态的概率

t	$\boldsymbol{P}_{S_1}(t)$	$\boldsymbol{P}_{S_2}(t)$	$\boldsymbol{P}_{S_3}(t)$	$\boldsymbol{P}_{S_4}(t)$	$\boldsymbol{P}_{S_5}(t)$	$\boldsymbol{P}_{S_6}(t)$	$\boldsymbol{P}_{S_7}(t)$	$\boldsymbol{P}_{S_8}(t)$	$\boldsymbol{P}_{S_9}(t)$	$\boldsymbol{P}_{S_{10}}(t)$	$\boldsymbol{P}_{S_{11}}(t)$	$\boldsymbol{P}_{S_{12}}(t)$	$\boldsymbol{P}_{S_{13}}(t)$	$\boldsymbol{P}_{S_{14}}(t)$	$A(t)$	$v(t)$	$p_{Idle}(t)$
0	1.0000	0.0000	0.0000	0.0000	0.0000	0.0000	0.0000	0.0000	0.0000	1.0000	0.0000	0.0000	0.0000	0.0000	1.0000	0.0000	1.0000
10	0.0998	0.4090	0.0035	0.0940	0.2094	0.0003	0.0167	0.0009	0.1093	0.0038	0.0449	0.0001	0.0004	0.0077	0.9917	0.0038	0.6286
20	0.0116	0.5144	0.0048	0.0855	0.1946	0.0004	0.0151	0.0008	0.1092	0.0032	0.0497	0.0001	0.0003	0.0101	0.9895	0.0041	0.6365
30	0.0014	0.5282	0.0050	0.0849	0.1926	0.0005	0.0150	0.0008	0.1084	0.0032	0.0495	0.0001	0.0003	0.0101	0.9894	0.0041	0.6394
40	0.0002	0.5300	0.0050	0.0848	0.1923	0.0005	0.0150	0.0008	0.1082	0.0032	0.0494	0.0001	0.0003	0.0101	0.9894	0.0041	0.6400
50	0.0000	0.5302	0.0050	0.0848	0.1923	0.0005	0.0150	0.0008	0.1081	0.0032	0.0494	0.0001	0.0003	0.0101	0.9894	0.0041	0.6401
∞	0.0000	0.5302	0.0050	0.0848	0.1923	0.0005	0.0150	0.0008	0.1081	0.0032	0.0494	0.0001	0.0003	0.0101	0.9894	0.0041	0.6401

且在 $t=35$ 进入稳态，稳态情形下维修工空闲的概率为 $p_{Idle}=0.6401$，即维修工大约有 64.01% 的时间处于休假模式，因此维修工可以利用休假时间兼职做其他工作，从而大大提高维修工的利用率，可以为企业增加利润减少费用开支。

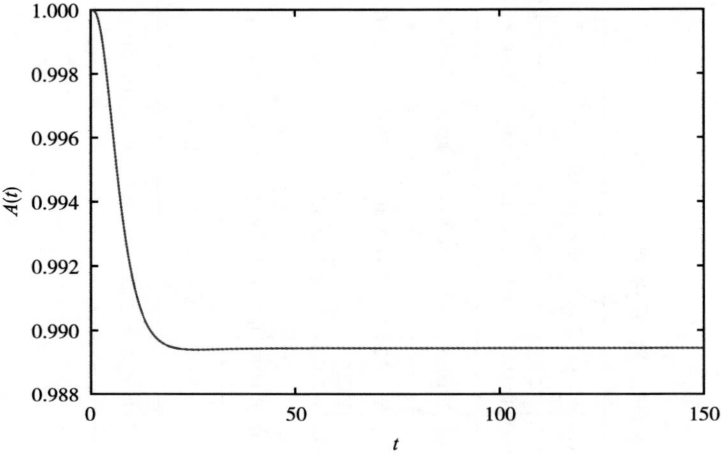

图 9－5　系统的可用度函数曲线

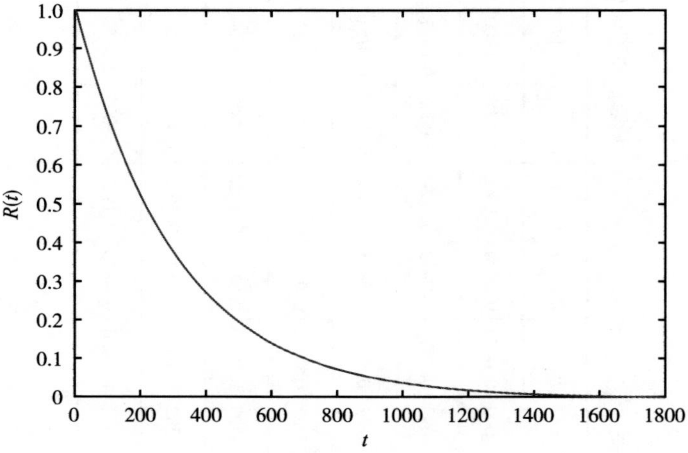

图 9－6　系统的可靠度函数曲线

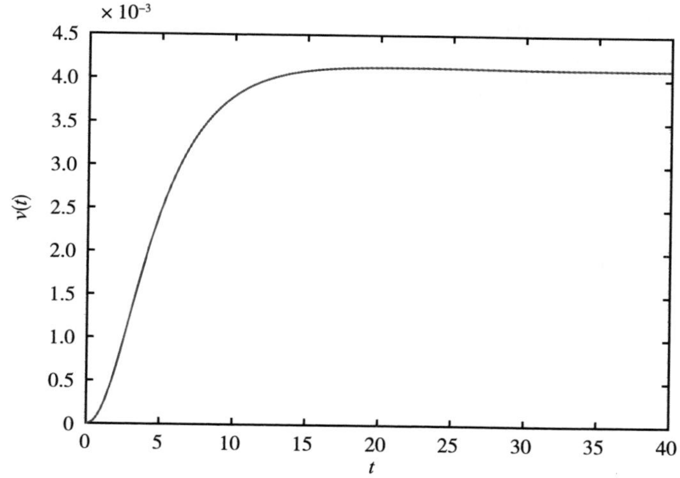

图 9-7　系统的故障频度函数曲线

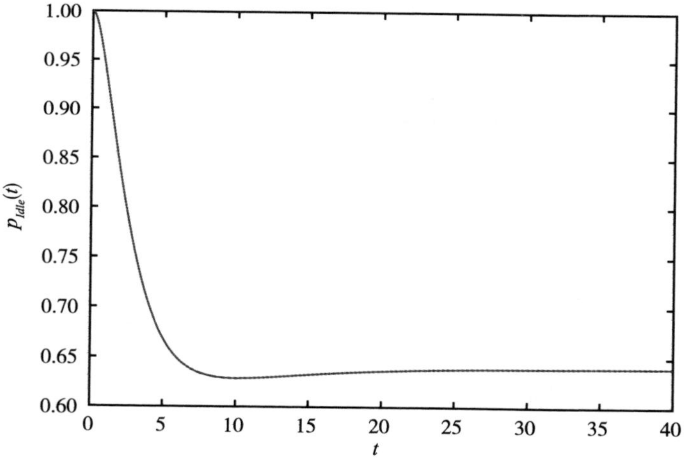

图 9-8　维修工空闲的概率曲线

为了研究开关可靠性 p 对系统可靠性的影响，系统其他参数仍取表 9-2 中的值，只改变 p 值的大小。图 9-9 和图 9-10 分别是开关可靠性 p 对系统可用度和可靠度的影响曲线，可以看出系统刚开始工作的一段时间，开关可靠性 p 越大系统可用度和可靠度越大，然而这之后的工作时间，开关可靠性 p 越小，系统可用度和可靠度反而越大。这是由于系统在刚开始工作的一段时间，维修工在休假，开关可靠性p越大，系统中的故障部件越可能被贮备部件替换在线工作，所以系统的可用度和可靠度越大；然而系统工作一段时间后，维修工从休假返回系统，开关可靠性p越小越可能得到维修，所以系统的可用度和可靠度越大。

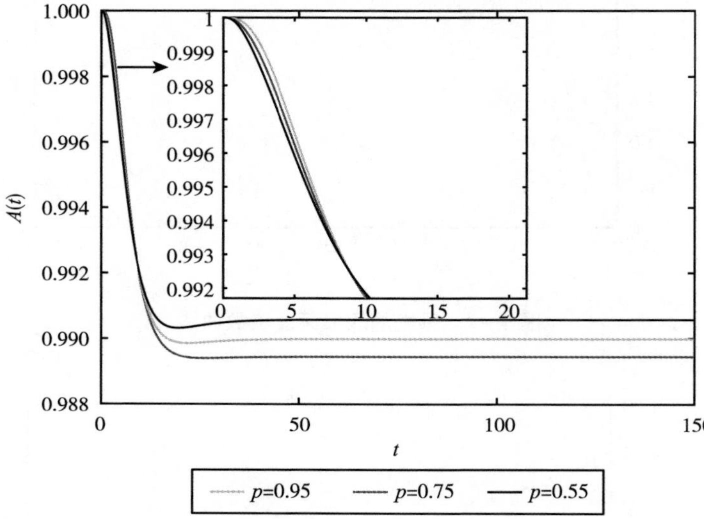

图 9－9　参数 p 关于可用度的敏感性曲线

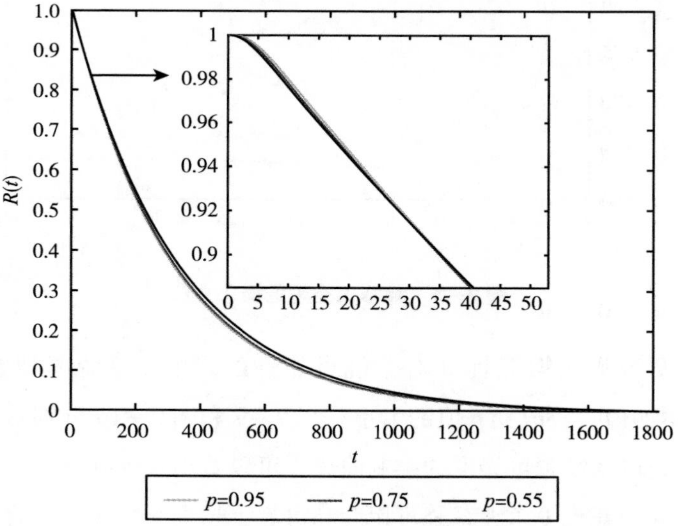

图 9－10　参数 p 关于可靠度的敏感性曲线

9.4.2　G – 混合冗余策略模型与 K – 混合冗余策略模型可靠性比较

假设四部件 K – 混合冗余策略可修系统可以用一个时间连续的马尔可夫过程 $\{Y(t),t\geqslant 0\}$ 来刻画，则对应的状态空间为 $\boldsymbol{\Omega}'=\{\boldsymbol{S}_1,\boldsymbol{S}',\boldsymbol{S}'',\boldsymbol{S}_4,\boldsymbol{S}_7,\boldsymbol{S}_8,\boldsymbol{S}_9,\boldsymbol{S}_{10},\boldsymbol{S}_{11},\boldsymbol{S}_{12},\boldsymbol{S}_{13},\boldsymbol{S}_{14}\}$，其中宏状态 $\boldsymbol{S}_1$，$\boldsymbol{S}_4$，$\boldsymbol{S}_7$，$\boldsymbol{S}_8$，$\boldsymbol{S}_9$，$\boldsymbol{S}_{10}$，$\boldsymbol{S}_{11}$，$\boldsymbol{S}_{12}$，$\boldsymbol{S}_{13}$，$\boldsymbol{S}_{14}$表示的意义和前面相同，而 $\boldsymbol{S}'=\{(1,i_1,i_2,i_3,l):1\leqslant i_1\leqslant m,1\leqslant i_2\leqslant m,1\leqslant i_3\leqslant m,1\leqslant l\leqslant n_1\}$ 表示系统中故障的部件个数是 1，三个部件在线工作，另一个部件故障等待维修，维修工在休假；$\boldsymbol{S}''=\{(1,i_1,i_2,i_3,k):1\leqslant i_1\leqslant m,1\leqslant i_2\leqslant m,1\leqslant i_3\leqslant m,1\leqslant k\leqslant n_2\}$ 表示系统中故障的部件个数是 1，三个部件在线工作，另一个部件故障且维修工正在对它进行维修。因此，系统的工作状态集为 $\boldsymbol{U}'=\{\boldsymbol{S}_1,\boldsymbol{S}',\boldsymbol{S}'',\boldsymbol{S}_4,\boldsymbol{S}_7,\boldsymbol{S}_8,\boldsymbol{S}_9,\boldsymbol{S}_{10},\boldsymbol{S}_{11}\}$，故障状态集为 $\boldsymbol{F}'=\{\boldsymbol{S}_{12},\boldsymbol{S}_{13},\boldsymbol{S}_{14}\}$，宏状态之间的转移率矩阵为：

$$\boldsymbol{Q}'=\begin{array}{c} \\ \boldsymbol{S}_1\\ \boldsymbol{S}'\\ \boldsymbol{S}''\\ \boldsymbol{S}_4\\ \boldsymbol{S}_7\\ \boldsymbol{S}_8\\ \boldsymbol{S}_9\\ \boldsymbol{S}_{10}\\ \boldsymbol{S}_{11}\\ \boldsymbol{S}_{12}\\ \boldsymbol{S}_{13}\\ \boldsymbol{S}_{14}\end{array}\begin{array}{c}\begin{array}{cccccccccccc}\boldsymbol{S}_1 & \boldsymbol{S}' & \boldsymbol{S}'' & \boldsymbol{S}_4 & \boldsymbol{S}_7 & \boldsymbol{S}_8 & \boldsymbol{S}_9 & \boldsymbol{S}_{10} & \boldsymbol{S}_{11} & \boldsymbol{S}_{12} & \boldsymbol{S}_{13} & \boldsymbol{S}_{14}\end{array}\\ \begin{pmatrix}
\boldsymbol{A}_1 & \boldsymbol{B}' & \boldsymbol{0} & \boldsymbol{D}' & \boldsymbol{0} & \boldsymbol{0} & \boldsymbol{0} & \boldsymbol{0} & \boldsymbol{0} & \boldsymbol{0} & \boldsymbol{0} & \boldsymbol{0}\\
\boldsymbol{0} & \boldsymbol{A}' & \boldsymbol{B}'' & \boldsymbol{0} & \boldsymbol{D}'' & \boldsymbol{0} & \boldsymbol{0} & \boldsymbol{0} & \boldsymbol{0} & \boldsymbol{0} & \boldsymbol{0} & \boldsymbol{0}\\
\boldsymbol{G}'' & \boldsymbol{0} & \boldsymbol{A}'' & \boldsymbol{0} & \boldsymbol{0} & \boldsymbol{0} & \boldsymbol{E}'' & \boldsymbol{0} & \boldsymbol{0} & \boldsymbol{0} & \boldsymbol{0} & \boldsymbol{0}\\
\boldsymbol{0} & \boldsymbol{0} & \boldsymbol{G}' & \boldsymbol{A}_4 & \boldsymbol{0} & \boldsymbol{E}' & \boldsymbol{0} & \boldsymbol{0} & \boldsymbol{0} & \boldsymbol{0} & \boldsymbol{0} & \boldsymbol{0}\\
\boldsymbol{0} & \boldsymbol{0} & \boldsymbol{0} & \boldsymbol{0} & \boldsymbol{A}_7 & \boldsymbol{0} & \boldsymbol{C}_3 & \boldsymbol{D}_5 & \boldsymbol{0} & \boldsymbol{0} & \boldsymbol{0} & \boldsymbol{0}\\
\boldsymbol{0} & \boldsymbol{0} & \boldsymbol{0} & \boldsymbol{0} & \boldsymbol{0} & \boldsymbol{A}_8 & \boldsymbol{B}_3 & \boldsymbol{0} & \boldsymbol{0} & \boldsymbol{E}_3 & \boldsymbol{0} & \boldsymbol{0}\\
\boldsymbol{0} & \boldsymbol{0} & \boldsymbol{G}''' & \boldsymbol{0} & \boldsymbol{0} & \boldsymbol{0} & \boldsymbol{A}_9 & \boldsymbol{0} & \boldsymbol{C}_4 & \boldsymbol{0} & \boldsymbol{0} & \boldsymbol{0}\\
\boldsymbol{0} & \boldsymbol{0} & \boldsymbol{0} & \boldsymbol{0} & \boldsymbol{0} & \boldsymbol{0} & \boldsymbol{0} & \boldsymbol{A}_{10} & \boldsymbol{B}_4 & \boldsymbol{0} & \boldsymbol{D}_6 & \boldsymbol{0}\\
\boldsymbol{0} & \boldsymbol{0} & \boldsymbol{0} & \boldsymbol{0} & \boldsymbol{0} & \boldsymbol{0} & \boldsymbol{G}_2 & \boldsymbol{0} & \boldsymbol{A}_{11} & \boldsymbol{0} & \boldsymbol{0} & \boldsymbol{D}_7\\
\boldsymbol{0} & \boldsymbol{0} & \boldsymbol{0} & \boldsymbol{0} & \boldsymbol{0} & \boldsymbol{0} & \boldsymbol{0} & \boldsymbol{0} & \boldsymbol{G}_1 & \boldsymbol{A}_{12} & \boldsymbol{0} & \boldsymbol{0}\\
\boldsymbol{0} & \boldsymbol{0} & \boldsymbol{0} & \boldsymbol{0} & \boldsymbol{0} & \boldsymbol{0} & \boldsymbol{0} & \boldsymbol{0} & \boldsymbol{0} & \boldsymbol{0} & \boldsymbol{A}_{13} & \boldsymbol{B}_5\\
\boldsymbol{0} & \boldsymbol{0} & \boldsymbol{0} & \boldsymbol{0} & \boldsymbol{0} & \boldsymbol{0} & \boldsymbol{0} & \boldsymbol{0} & \boldsymbol{G}_4 & \boldsymbol{0} & \boldsymbol{0} & \boldsymbol{A}_{14}
\end{pmatrix}\end{array} \tag{9-13}$$

其中：$\boldsymbol{A}' = \boldsymbol{W} \oplus \boldsymbol{W} \oplus \boldsymbol{W} \oplus \boldsymbol{S}$

$\boldsymbol{A}'' = \boldsymbol{W} \oplus \boldsymbol{W} \oplus \boldsymbol{W} \oplus \boldsymbol{T}$

$\boldsymbol{B}' = p\boldsymbol{W}^0 \boldsymbol{\alpha} \otimes \boldsymbol{I}_m \otimes \boldsymbol{I}_m \otimes \boldsymbol{I}_{n_1} + \boldsymbol{I}_m \otimes p\boldsymbol{W}^0 \boldsymbol{\alpha} \otimes \boldsymbol{I}_m \otimes \boldsymbol{I}_{n_1} + \boldsymbol{I}_m \otimes \boldsymbol{I}_m \otimes p\boldsymbol{W}^0 \boldsymbol{\alpha} \otimes \boldsymbol{I}_{n_1}$

$\boldsymbol{B}'' = \boldsymbol{I}_m \otimes \boldsymbol{I}_m \otimes \boldsymbol{I}_m \otimes \boldsymbol{S}^0 \boldsymbol{\gamma}$

$\boldsymbol{D}' = q\boldsymbol{W}^0 \otimes \boldsymbol{I}_m \otimes \boldsymbol{I}_m \otimes \boldsymbol{I}_{n_1} + \boldsymbol{I}_m \otimes q\boldsymbol{W}^0 \otimes \boldsymbol{I}_m \otimes \boldsymbol{I}_{n_1} + \boldsymbol{I}_m \otimes \boldsymbol{I}_m \otimes q\boldsymbol{W}^0 \otimes \boldsymbol{I}_{n_1}$

$\boldsymbol{D}'' = \boldsymbol{W}^0 \otimes \boldsymbol{I}_m \otimes \boldsymbol{I}_m \otimes \boldsymbol{I}_{n_1} + \boldsymbol{I}_m \otimes \boldsymbol{W}^0 \otimes \boldsymbol{I}_m \otimes \boldsymbol{I}_{n_1} + \boldsymbol{I}_m \otimes \boldsymbol{I}_m \otimes \boldsymbol{W}^0 \otimes \boldsymbol{I}_{n_1}$

$\boldsymbol{E}' = \boldsymbol{W}^0 \otimes \boldsymbol{I}_m \otimes \boldsymbol{I}_{n_1} + \boldsymbol{I}_m \otimes \boldsymbol{W}^0 \otimes \boldsymbol{I}_{n_1}$

$\boldsymbol{E}'' = \boldsymbol{W}^0 \otimes \boldsymbol{I}_m \otimes \boldsymbol{I}_m \otimes \boldsymbol{I}_{n_2} + \boldsymbol{I}_m \otimes \boldsymbol{W}^0 \otimes \boldsymbol{I}_m \otimes \boldsymbol{I}_{n_2} + \boldsymbol{I}_m \otimes \boldsymbol{I}_m \otimes \boldsymbol{W}^0 \otimes \boldsymbol{I}_{n_2}$

$\boldsymbol{G}' = \boldsymbol{\alpha} \otimes \boldsymbol{I}_m \otimes \boldsymbol{I}_m \otimes \boldsymbol{S}^0 \boldsymbol{\gamma}$

$\boldsymbol{G}'' = \boldsymbol{I}_m \otimes \boldsymbol{I}_m \otimes \boldsymbol{I}_m \otimes \boldsymbol{T}^0 \boldsymbol{\beta}$

$\boldsymbol{G}''' = \boldsymbol{\alpha} \otimes \boldsymbol{I}_m \otimes \boldsymbol{I}_m \otimes \boldsymbol{T}^0 \boldsymbol{\gamma}$

矩阵 $\boldsymbol{Q}'$中的其他元素和矩阵 $\boldsymbol{Q}$ 中的相应元素完全相同。

系统相关参数取表 9－2 中的值且 $p = 0.95$，则 G－混合冗余策略与 K－混合冗余策略模式下系统的可用度函数及可靠度函数曲线比较见图 9－11 和图 9－12。从图 9－11 可以看出，G－混合冗余策略下系统的可用度曲线明显高于 K－混合冗余策略下系统的可用度曲线，两种冗余策略模式下系统都是在 $t = 30$ 后达到稳态可用度，但 K－混合策略模式下系

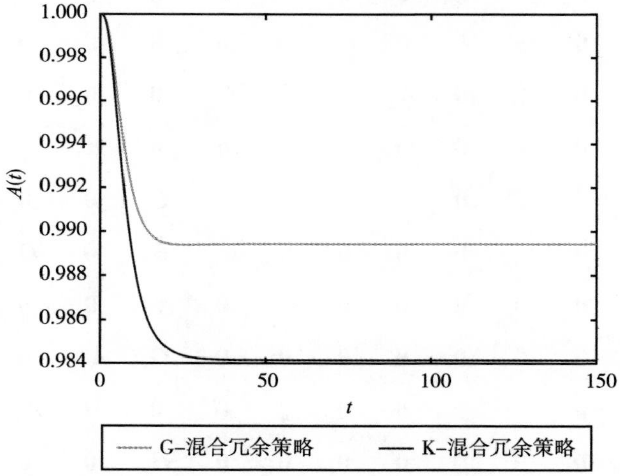

图 9－11　G－混合冗余策略和 K－混合冗余策略模式下系统可用度曲线

统的稳态可用度仅为 $A' = 0.9842$，即 K－混合冗余策略模式下系统有 98.42% 的时间处于工作状态。从图 9－12 两种冗余策略模式下系统可靠度曲线比较可以看出，系统在 G－混合冗余策略模式下的可靠度曲线明显高于在 K－混合策略模式下的可靠度曲线，在 K－混合策略模式下，系统连续两次故障的平均时间仅为 $\mu' = 201.6360$，所以系统设计师应该通过采用 G－混合冗余策略的模式来提高系统的可靠性。

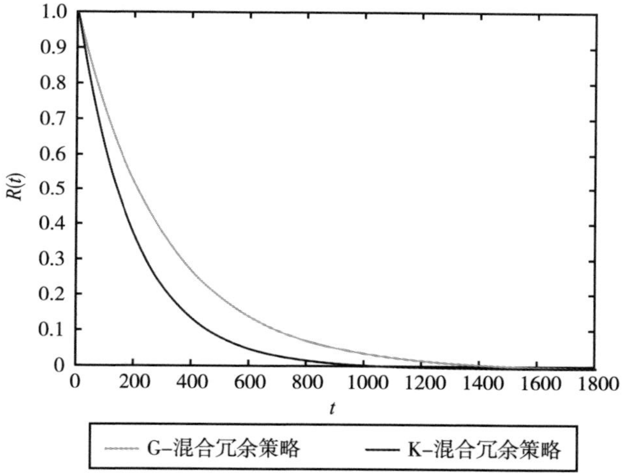

图 9－12　G－混合冗余策略和 K－混合冗余策略模式下系统可靠度曲线

9.5　本章小结

为了提高系统的可靠性，把 G－混合冗余策略引入可修系统的建模中，提出了 G－混合冗余策略多状态可修系统可靠性模型，模型中通过采用维修工多重休假策略，使人力资源得到充分利用，从而达到增加系统利润的目的。因为任意一个非负连续随机变量都可以用 PH 分布逼近到任意的精度，且 PH 分布的矩阵表示便于计算机求解，所以模型中各类随机时间分布利用 PH 分布进行拟合，使模型具有通用性和良好的解析性。通过运用矩阵分析的方法，获得了系统在瞬态和稳态情形下的一些可靠性指标：可用度、可靠度、故障频度、维修工空闲的概率以及连续两次故障的平均时间间隔，并通过数值算例分析了模型的适用性，讨论了开关可靠性对系统可靠性的影响，进一步对新提出的 G - 混合冗余策略可修系统可靠性模型与传统的 K - 混合冗余策略可修系统可靠性模型进行了比较分析。研究结果表明，所提出的 G - 混合冗余策略比 K - 混合冗余策略所能达到的可靠性更高，且系统在刚开始运行的一段时间，开关可靠性增大，系统可靠性也增大，在变点之后，开关可靠性减小，系统可靠性反而增大。这些结论可以为复杂系统的维修设计人员提供有效的决策支持和建议。

第10章 工程实例——分布式计算系统

10.1 工程实例介绍及系统建模

在工程实际中，为了在计算机上操作完成一项大型项目，通常把多台计算机通过网络相互连接组成一个分布式计算系统，每台计算机有一个处理器。根据经验，计算机的故障一般情况下是由于处理器的故障引起的，所以为了保证工作的顺利完成，必须给分布式计算系统配备专业的维修管理人员。开始工作后，只需要一台计算机在线工作，其余计算机待机等待指令。图10－1是由五台计算机和一个修理工构成的多处理器计算系统，其中一台计算机在线运行，其他四台计算机处于待机状态（即温贮备）。运行的处理器由于执行一些高优先级的处理任务而导致过热（即每次温度过高相当于受到一次外部冲击），处理器的温度超过一定限制会造成机器故障。当这个分布式计算系统开始工作后，修理工由于暂时空闲会去处理一些闲杂事务，即休假。为了提高修理工的维修服务效率，减少维修费用，只有当系统中故障的处理器个数大于等于3个时（即在维修 N 策略中取 $N=3$），修理工才开始对故障处理器进行集中维修服务。

假设在线运行处理器的工作寿命服从阶数为 m 的PH分布，记为 PH

$(\boldsymbol{\alpha},\boldsymbol{T})$，冲击到达的过程用强度为 λ 的泊松过程刻画，每次冲击对处理器造成的损坏量服从参数为 μ 的指数分布，且处理器能够承受的最大冲击量为 M；温贮备的处理器寿命服从参数为 ρ 的指数分布；故障处理器的维修时间服从阶数为 n 的 PH 分布，记为 $PH(\boldsymbol{\beta},\boldsymbol{S})$；修理工休假的完成用一个阶数为 k 的 MAP 刻画，表示为 $\mathrm{MAP}(\boldsymbol{u},\boldsymbol{H}_0,\boldsymbol{H}_1)$。

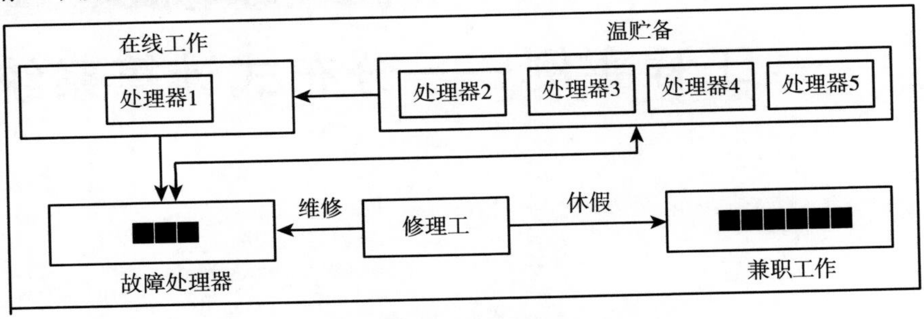

图 10-1　分布式计算系统

基于以上分布式计算系统的假设，分布式计算系统的状态空间能够记为 $\boldsymbol{\Omega}=\{0,1_v,1_r,2_v,2_r,3_v,3_r,4_v,4_r,5_v,5_r\}$，其中 0 表示分布式计算系统中所有处理器都正常且修理工在休假；$i_v(i=1,2,3,4,5)$ 表示分布式计算系统中有 i 个处理器发生了故障等待维修，修理工在休假；$i_r(i=1,2,3,4,5)$ 表示分布式计算系统中有 i 个处理器发生了故障等待维修，且修理工按照“先故障先维修”的规则维修发生故障的处理器。从而 $\boldsymbol{W}=\{0,1_v,1_r,2_v,2_r,3_v,3_r,4_v,4_r\}$ 是分布式计算系统的工作状态集，$\boldsymbol{F}=\{5_v,5_r\}$ 是分布式计算系统的故障状态集。图 10-2 是分布式计算系统状态转移。

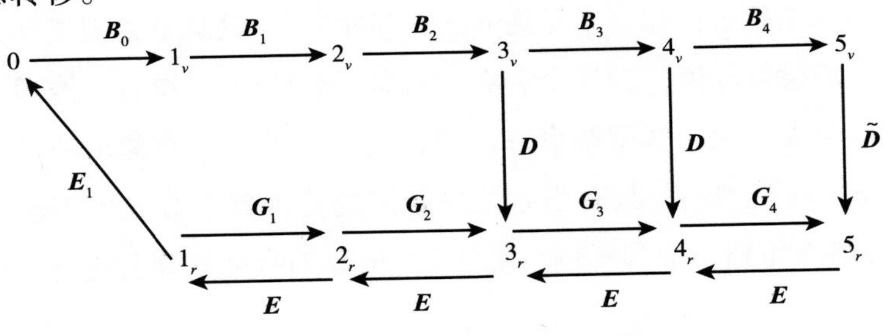

图 10-2　分布式计算系统状态转移

分布式计算系统的转移率矩阵为：

$$
\boldsymbol{Q}=\begin{array}{c}
\\ 0\\ 1_v\\ 1_r\\ 2_v\\ 2_r\\ 3_v\\ 3_r\\ 4_v\\ 4_r\\ 5_v\\ 5_r
\end{array}
\begin{array}{c}
\begin{array}{ccccccccccc}
0 & 1_v & 1_r & 2_v & 2_r & 3_v & 3_r & 4_v & 4_r & 5_v & 5_r
\end{array}\\
\begin{pmatrix}
\boldsymbol{A} & \boldsymbol{B}_0 & & & & & & & & & \\
 & \boldsymbol{C}_1 & & \boldsymbol{B}_1 & & & & & & & \\
\boldsymbol{E}_1 & & \boldsymbol{F}_1 & & \boldsymbol{G}_1 & & & & & & \\
 & & & \boldsymbol{C}_2 & & \boldsymbol{B}_2 & & & & & \\
 & & \boldsymbol{E} & & \boldsymbol{F}_2 & & \boldsymbol{G}_2 & & & & \\
 & & & & & \boldsymbol{C}_3 & \boldsymbol{D} & \boldsymbol{B}_3 & & & \\
 & & & & \boldsymbol{E} & & \boldsymbol{F}_3 & & \boldsymbol{G}_3 & & \\
 & & & & & & & \boldsymbol{C}_4 & \boldsymbol{D} & \boldsymbol{B}_4 & \\
 & & & & & & \boldsymbol{E} & & \boldsymbol{F}_4 & & \boldsymbol{G}_4 \\
 & & & & & & & & & \boldsymbol{C}_5 & \tilde{\boldsymbol{D}} \\
 & & & & & & & & \tilde{\boldsymbol{E}} & & \boldsymbol{F}_5
\end{pmatrix}
\end{array}
\tag{10-1}
$$

其中，

$$\boldsymbol{A}=\boldsymbol{T}\oplus\boldsymbol{H}_0+\boldsymbol{I}_m\otimes\boldsymbol{H}_1\boldsymbol{eu}+\lambda q\boldsymbol{I}_m\otimes\boldsymbol{I}_k-4\rho\boldsymbol{I}_{mk}-\lambda\boldsymbol{I}_{mk}$$

$$q=\int_0^M\mu e^{-\mu x}dx=1-e^{-\mu M}\qquad p=1-q$$

$$\boldsymbol{B}_i=\boldsymbol{T}^0\boldsymbol{\alpha}\otimes\boldsymbol{I}_k+\lambda p\boldsymbol{e}_m\boldsymbol{\alpha}\otimes\boldsymbol{I}_k+(n-i-1)\rho\boldsymbol{I}_{mk},i=0,1,2,3$$

$$\boldsymbol{B}_4=\boldsymbol{T}^0\otimes\boldsymbol{I}_k+\lambda p\boldsymbol{e}_m\otimes\boldsymbol{I}_k$$

$$\boldsymbol{C}_i=\boldsymbol{T}\oplus\boldsymbol{H}_0+\boldsymbol{I}_m\otimes\boldsymbol{H}_1\boldsymbol{eu}+\lambda q\boldsymbol{I}_m\otimes\boldsymbol{I}_k-(n-i-1)\rho\boldsymbol{I}_{mk}-\lambda\boldsymbol{I}_{mk},i=0,1,2$$

$$\boldsymbol{C}_i=\boldsymbol{T}\oplus\boldsymbol{H}_0+\lambda q\boldsymbol{I}_m\otimes\boldsymbol{I}_k-(n-i-1)\rho\boldsymbol{I}_{mk}-\lambda\boldsymbol{I}_{mk},i=3,4$$

$$\boldsymbol{C}_5=\boldsymbol{H}_0$$

$$\boldsymbol{D}=\boldsymbol{I}_m\otimes\boldsymbol{\beta}\otimes\boldsymbol{H}_1\boldsymbol{e}$$

$$\tilde{\boldsymbol{D}}=\boldsymbol{\beta}\otimes\boldsymbol{H}_1\boldsymbol{e}$$

$$\boldsymbol{G}_i=\boldsymbol{T}^0\boldsymbol{\alpha}\otimes\boldsymbol{I}_n+\lambda p\boldsymbol{e}_m\boldsymbol{\alpha}\otimes\boldsymbol{I}_n+(n-i-1)\rho\boldsymbol{I}_{mn},i=1,2,3$$

$$\boldsymbol{G}_4=\boldsymbol{T}^0\otimes\boldsymbol{I}_n+\lambda p\boldsymbol{e}_m\otimes\boldsymbol{I}_n$$

$$\boldsymbol{E}_1=\boldsymbol{I}_m\otimes\boldsymbol{u}\otimes\boldsymbol{S}^0$$

$$\boldsymbol{E}=\boldsymbol{I}_m\otimes\boldsymbol{S}^0\boldsymbol{\beta}$$

$$\tilde{\boldsymbol{E}}=\boldsymbol{\alpha}\otimes\boldsymbol{S}^0\boldsymbol{\beta}$$

$$\boldsymbol{F}_i=\boldsymbol{T}\oplus\boldsymbol{S}+\lambda q\boldsymbol{I}_m\otimes\boldsymbol{I}_n-(n-i-1)\rho\boldsymbol{I}_{mn}-\lambda\boldsymbol{I}_{mn},i=1,2,3,4$$

$$\boldsymbol{F}_5=\boldsymbol{S}$$

10.2 系统可靠性评估

10.2.1 系统可靠性分析

对模型中未知参数的值假定如下：

$$\lambda=0.04/\text{时},\mu=0.02/\text{GPa},\rho=0.01/\text{月},M=80\text{GPa}$$

处理器工作寿命、故障处理器维修时间和修理工休假时间如表 10－1 所示。

表 10－1　处理器工作寿命、故障处理器维修时间和修理工休假时间

处理器工作寿命	故障处理器维修时间	修理工休假时间
$\boldsymbol{\alpha}=(1,0)$	$\boldsymbol{\beta}=(1,0)$	$\boldsymbol{u}=(1,0)$
$\boldsymbol{T}=\begin{pmatrix}-0.35 & 0.30\\ 0.35 & -0.35\end{pmatrix}$	$\boldsymbol{S}=\begin{pmatrix}-1.25 & 0.70\\ 0.70 & -1.25\end{pmatrix}$	$\boldsymbol{H}_0=\begin{pmatrix}-0.40 & 0.10\\ 0.10 & -0.60\end{pmatrix}$
$\boldsymbol{T}=\begin{pmatrix}0.05\\ 0.00\end{pmatrix}$	$\boldsymbol{S}^0=\begin{pmatrix}0.55\\ 0.55\end{pmatrix}$	$\boldsymbol{H}_1=\begin{pmatrix}0.30 & 0.00\\ 0.00 & 0.50\end{pmatrix}$
平均寿命：37.1429 月	平均维修时间：1.8182 天	平均休假时间：3.0435 天

首先讨论系统的运行费用，定义每单位时间的费用如下：

c_o：系统运行时单位时间所产生的利润；

c_v：修理工休假（兼职做其他工作）时单位时间所创造的利润；

c_r：修理工开始维修故障部件时单位时间的损失费；

R：贮存温贮备部件的基本保管费；

c_f：系统故障时单位时间的损失费。

由于系统的稳态概率向量可以解释为系统在相应宏状态的逗留时间

比例，因此单位时间内系统的净费用公式如下：

$$c = c_o(\pi_0 e_4 + \sum_{i=1}^{4}\pi_{i_v}e_4 + \sum_{i=1}^{4}\pi_{i_r}e_4) + c_v(\sum_{i=1}^{4}\pi_{i_v}e_4 + \pi_{5_v}e_2)$$
$$- c_r(\sum_{i=1}^{4}\pi_{i_r}e_4 + \pi_{5_r}e_2) - c_f(\pi_{5_v}e_2 + \pi_{5_r}e_2) - R \tag{10-2}$$

如果取 $c_o=60$ 万元，$c_v=3$ 万元，$c_r=2$ 万元，$c_f=1$ 万元，$R=40$ 万元，则可以得到系统在维修策略 $N=2$ 时的净利润为 $c=21.1719$ 万元，在维修策略 $N=3$ 时的净利润为 $c=21.5200$ 万元，在维修策略 $N=4$ 时的净利润为 $c=21.3953$ 万元，即在以上费用条件的约束下选择维修策略 $N=3$ 时，系统获得的净利润最大，所以以下对系统可靠性评估中均选取维修策略 $N=3$。

运用 Matlab 软件，可以求得分布式计算系统的稳态概率向量为：

$$\boldsymbol{\pi}_0 = (0.1038,\ 0.0154,\ 0.0955,\ 0.0142)$$
$$\boldsymbol{\pi}_{1_v} = (0.1208,\ 0.0199,\ 0.1031,\ 0.0170)$$
$$\boldsymbol{\pi}_{1_r} = (0.0102,\ 0.0062,\ 0.0056,\ 0.0087)$$
$$\boldsymbol{\pi}_{2_v} = (0.1427,\ 0.0238,\ 0.1214,\ 0.0202)$$
$$\boldsymbol{\pi}_{2_r} = (0.0115,\ 0.0074,\ 0.0098,\ 0.0057)$$
$$\boldsymbol{\pi}_{3_v} = (0.0379,\ 0.0077,\ 0.0186,\ 0.0047)$$
$$\boldsymbol{\pi}_{3_r} = (0.0147,\ 0.0082,\ 0.0120,\ 0.0067)$$
$$\boldsymbol{\pi}_{4_v} = (0.0068,\ 0.0023,\ 0.0031,\ 0.0011)$$
$$\boldsymbol{\pi}_{4_r} = (0.0041,\ 0.0021,\ 0.0024,\ 0.0015)$$
$$\boldsymbol{\pi}_{5_v} = (0.0012,\ 0.0004) \qquad \pi_{5_r} = (0.0010,\ 0.0007)$$

图 10－3 是分布式计算系统的可用度曲线，可以看出系统的可用度曲线在 $t=65$ 月之前极速下降，而后出现缓慢上升且在 $t=70$ 月之后基本达到稳定状态，在系统进入平稳状态后，稳态可用度为 $A=0.9967$，即该分布式计算系统大约有 99.67% 的时间处于工作状态，且系统大约有 22.89% 的时间处于宏状态 0，有大约 26.08% 的时间处于宏状态 1_v，有大约 3.07% 的时间处于宏状态 1_r，有大约 30.81% 的时间处于宏状态 2_v，有

大约3.44%的时间处于宏状态2_r，有大约6.89%的时间处于宏状态3_v，有大约4.16%的时间处于宏状态3_r，有大约1.33%的时间处于宏状态4_v，有大约1.01%的时间处于宏状态4_r，有大约0.16%的时间处于宏状态5_v，有大约0.17%的时间处于宏状态5_r。图10－4是分布式计算系统修理工工作的概率曲线，可以看出修理工工作的概率曲线在$t=50$天之前极速上升，而后出现平稳缓慢下降且在$t=115$天之后达到稳定状态，在达到平稳状态后，修理工工作的概率为$P_W=0.1186$，即修理工大约有11.86%的时间处于繁忙的状态。

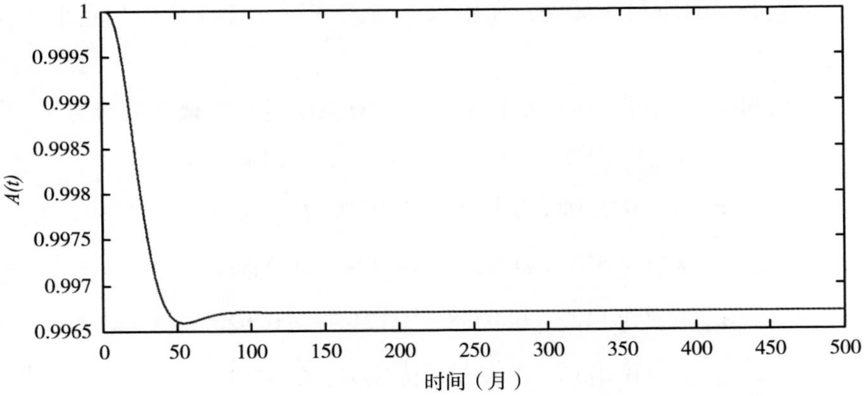

图10－3　分布式计算系统的可用度曲线

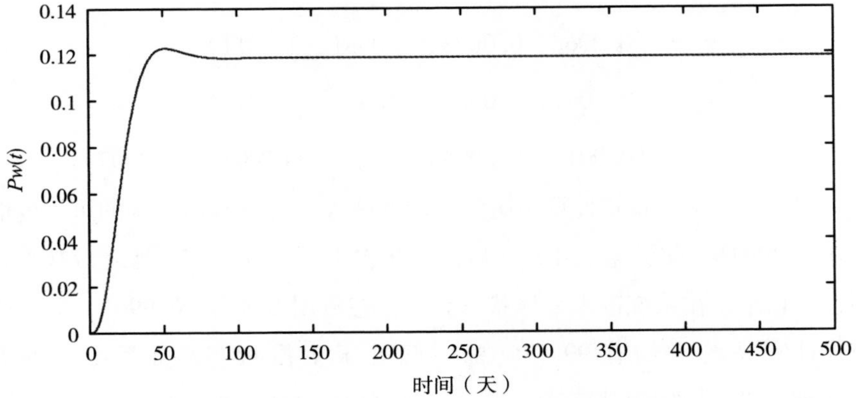

图10－4　分布式计算系统修理工工作的概率曲线

10.2.2　系统可靠度的敏感性分析

系统的可靠度关于参数 N、ρ、μ 的敏感性分析曲线分别如图 10－5、图 10－6、图 10－7 所示。通过图 10－5，在 $N=2$，3，4 三种情形下，当 $N=2$ 时系统的可靠度最高，这是因为 N 越小，系统在出现故障后能更及时得到维修服务，即系统不会出现故障部件“堆积”，这必然导致修理工休假时间减少，即修理工从事兼职工作的时间减少，从而修理工兼职产生的利润也相应减少了，所以在不考虑费用约束的条件下，N 越小，系统的可靠度越高，从图 10－6 可以看出，参数 ρ 取值越小，对应的可靠度函数曲线越高，这是因为参数 ρ 是温贮备处理器指数分布寿命的参数，ρ 越小，温贮备处理器的平均寿命越长，从而系统的可靠度越高。从图 10－7 可以看出，参数 μ 从 0.02 增加到 0.06 时，对应的可靠度曲线提高了，这是因为参数 μ 是每次冲击对处理器造成的损坏量指数分布的参数，μ 越大，每次冲击造成的损坏量越小，从而系统的可靠度越高，但当 μ 从 0.06 增加到 0.1 时，相应的可靠度曲线变化不是很大。以上结论与实际相符合，进一步说明了模型的正确性与适用性。

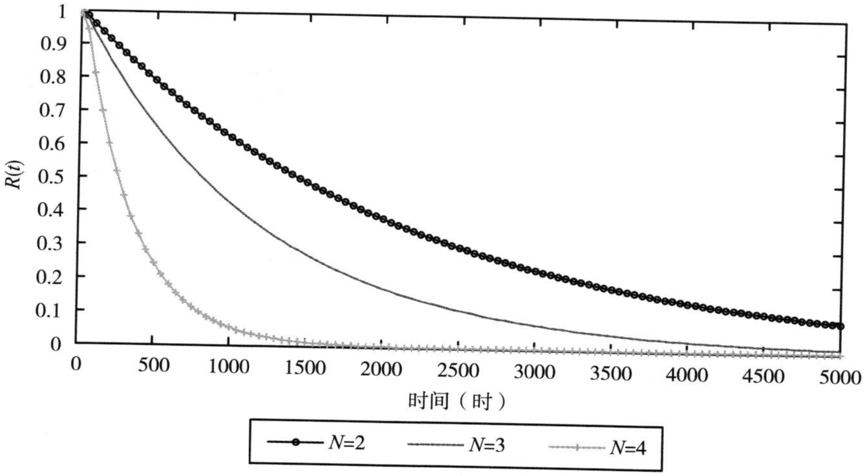

图 10－5　分布式计算系统的可靠度关于 N 的敏感性

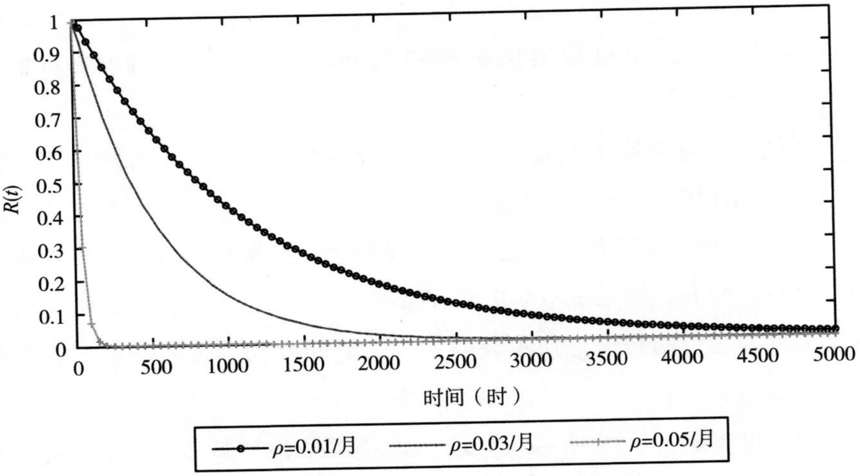

图 10-6　分布式计算系统的可靠度关于 ρ 的敏感性

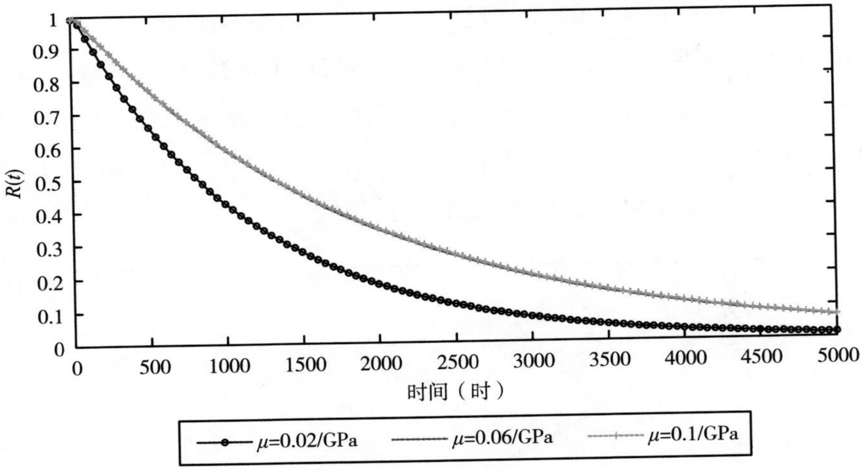

图 10-7　分布式计算系统的可靠度关于 μ 的敏感性

10.3　本章小结

本章主要研究了修理工多重休假和维修 N 策略的 n 部件温贮备多状态可修系统在一个分布式多处理器计算系统可靠性评估中的应用。系统中有五个处理器，一个在线工作，其余四个是温贮备部件，系统中故障的处理器个数至少达到三个时，修理工才开始对故障的处理器进行集中维修，修理工在空闲时间进行多重休假，即兼职做一些其他工作。运用本书前面几章的相关结论，对该分布式多处理器计算系统的可靠性进行了分析评估，分别得到系统在瞬态和稳态情形下的一些可靠性指标，并就系统模型中的一些参数变化对系统可靠度的影响进行了分析比较。敏感性分析表明，在不考虑费用约束的条件下，N 越小，系统的可靠度越高；ρ 越小，系统的可靠度越高；μ 越大，系统的可靠度越高，但当 μ 的值达到一定程度时，可靠度就不再提高了。

附录 1

转移 $S_1 \to S_1$ 由分块 $W \otimes I_m \otimes I_{n_1} + I_m \otimes W \otimes I_{n_1} + I_m \otimes I_m \otimes S + I_m \otimes I_m \otimes S^0 \beta$ 决定。前两个和表示其中一个在线工作部件的运行时间位相发生变化，而休假时间位相不发生变化［由（$W \oplus W$）$\otimes I_{n_1}$ 控制］。第三个求和表示休假时间位相发生变化，同时其中一个在线工作部件的运行时间位相不发生变化（由 $I_m \otimes I_m \otimes S$ 控制）。第四个求和表示修理工从休假按向量 S^0 返回，并且系统中的所有部件都完好，因此修理工立即按向量 β 休假，同时在线工作部件的运行时间位相不变。

转移 $S_1 \to S_2$ 相应于其中一个在线工作部件按向量 W^0 发生故障，同时冷贮备部件按向量 α 变为在线工作部件（此时开关可用的概率为 p），另一个在线工作部件的运行时间位相和休假时间位相不发生变化，这由 $pW^0 \alpha \otimes I_m \otimes I_{n_1} + I_m \otimes pW^0 \alpha \otimes I_{n_1}$ 控制。

转移 $S_1 \to S_4$ 对应于其中一个在线工作部件按向量 W^0 发生故障，开关此时不可用的概率为 q，因此冷贮备部件不能变为运行状态，且休假时间位相不发生变化，这由 $N_1 = qW^0 \otimes I_m \otimes I_{n_1} + I_m \otimes qW^0 \otimes I_{n_1}$ 控制。

转移 $S_2 \to S_2$ 表示在线工作部件工作时间位相按向量 W 变化，或休假时间位相按向量 S 变化。

转移 $S_2 \to S_3$ 由分块矩阵 $I_m \otimes I_m \otimes S^0 \gamma$ 控制，这意味着修理工按向量

$\boldsymbol{S}^0$ 结束休假，因此修理工按照向量 $\boldsymbol{\gamma}$ 立即修理故障部件，同时在线工作部件的运行时间位相不变。

转移 $\boldsymbol{S}_2 \rightarrow \boldsymbol{S}_5$ 对应于在线工作部件按向量 $\boldsymbol{W}^0$ 发生故障，而休假时间位相不受影响。

转移 $\boldsymbol{S}_3 \rightarrow \boldsymbol{S}_1$ 由 $\boldsymbol{I}_m \otimes \boldsymbol{I}_m \otimes \boldsymbol{T}^0 \boldsymbol{\beta}$ 控制，这意味着修理过程按照向量 $\boldsymbol{T}^0$ 完成。由于系统中不再有故障部件，所以修理工开始按照向量 $\boldsymbol{\beta}$ 开始休假。

转移 $\boldsymbol{S}_3 \rightarrow \boldsymbol{S}_3$ 对应在线工作部件按照向量 $\boldsymbol{W}$ 工作位相发生变化，或维修按照向量 $\boldsymbol{T}$ 维修位相发生变化。

转移 $\boldsymbol{S}_3 \rightarrow \boldsymbol{S}_6$ 由分块 $\boldsymbol{W}^0 \otimes \boldsymbol{I}_m \otimes \boldsymbol{I}_{n_2} + \boldsymbol{I}_m \otimes \boldsymbol{W}^0 \otimes \boldsymbol{I}_{n_2}$ 控制，表明在线工作部件按照向量 $\boldsymbol{W}^0$ 发生故障，而维修时间的位相不变。

转移 $\boldsymbol{S}_4 \rightarrow \boldsymbol{S}_3$ 由分块 $\boldsymbol{I}_m \otimes \boldsymbol{\alpha} \otimes \boldsymbol{S}^0 \boldsymbol{\gamma}$ 控制，这意味着修理工的休假是按照向量 $\boldsymbol{S}^0$ 完成的，因此此时故障开关是可用的（因为假设开关的修复时间可以忽略不计），冷贮备部件按照基于 K－混合冗余策略的初始概率向量 $\boldsymbol{\alpha}$ 在线开始工作，然后维修工立即按照向量 $\boldsymbol{\gamma}$ 对故障部件进行维修，同时在线工作部件的工作时间位相不变。

转移 $\boldsymbol{S}_4 \rightarrow \boldsymbol{S}_4$ 表示在线工作部件工作时间位相按照向量 $\boldsymbol{W}$ 变化，或休假时间位相按照向量 $\boldsymbol{S}$ 变化。

转移 $\boldsymbol{S}_4 \rightarrow \boldsymbol{S}_7$ 由分块 $\boldsymbol{W}^0 \otimes \boldsymbol{I}_{n_1}$ 控制，表明在线工作部件按照向量 $\boldsymbol{W}^0$ 发生了故障，并且此时开关以概率 q 不可用，因此冷贮备部件不能变为运行状态，休假时间位相也不改变。

转移 $\boldsymbol{S}_5 \rightarrow \boldsymbol{S}_5$ 表示在线工作部件工作时间位相按照向量 $\boldsymbol{W}$ 变化，或休假时间位相按照向量 $\boldsymbol{S}$ 变化。

转移 $\boldsymbol{S}_5 \rightarrow \boldsymbol{S}_6$ 由分块 $\boldsymbol{I}_m \otimes \boldsymbol{S}^0 \boldsymbol{\gamma}$ 控制，这意味着修理工的休假是按照向量 $\boldsymbol{S}^0$ 完成的，因此修理工按照向量 $\boldsymbol{\gamma}$ 立即维修故障部件，同时在线工作部件运行时间位相不变。

转移 $\boldsymbol{S}_5 \rightarrow \boldsymbol{S}_8$ 对应在线工作部件按照向量 $\boldsymbol{W}^0$ 发生故障，而休假时间位相不受影响。

转移 $\boldsymbol{S}_6 \rightarrow \boldsymbol{S}_3$ 由 $\boldsymbol{I}_m \otimes \boldsymbol{\alpha} \otimes \boldsymbol{T}^0 \boldsymbol{\gamma}$ 控制，这意味着故障部件的修复过程是

按照向量 $\boldsymbol{T}^0$完成的，修复后的部件按照初始概率向量 $\boldsymbol{\alpha}$ 在线重新启动，然后修理工按照向量 $\boldsymbol{\gamma}$ 开始维修另一个故障部件，同时在线工作部件的运行位相不变。

转移 $\boldsymbol{S}_6 \to \boldsymbol{S}_6$ 对应的分块表明在线工作部件位相按照向量 $\boldsymbol{W}$ 变化，或维修时间位相按照向量 $\boldsymbol{T}$ 变化。

转移 $\boldsymbol{S}_6 \to \boldsymbol{S}_9$ 由分块 $\boldsymbol{W}^0 \otimes \boldsymbol{I}_{n_2}$控制，表明在线工作部件按照向量 $\boldsymbol{W}^0$ 发生故障，而维修时间位相不变。

转移 $\boldsymbol{S}_7 \to \boldsymbol{S}_6$ 由分块 $\boldsymbol{\alpha} \otimes \boldsymbol{S}^0 \boldsymbol{\gamma}$ 控制，这表示修理工按照向量 $\boldsymbol{S}^0$ 完成了他的休假，因此此时故障开关是可用的（因为假设开关的修复时间可忽略不计），冷贮备部件基于 K－混合冗余策略按照初始概率向量 $\boldsymbol{\alpha}$ 在线重新启动，然后修理工立即按照向量 $\boldsymbol{\gamma}$ 维修故障部件。

转移 $\boldsymbol{S}_7 \to \boldsymbol{S}_7$ 唯一的变化发生在休假时间位相，遵循向量 $\boldsymbol{S}$。

转移 $\boldsymbol{S}_8 \to \boldsymbol{S}_8$ 唯一的变化发生在休假时间位相，遵循向量 $\boldsymbol{S}$。

转移 $\boldsymbol{S}_8 \to \boldsymbol{S}_9$ 由分块 $\boldsymbol{S}^0 \boldsymbol{\gamma}$ 控制，这意味着修理工的休假是按照向量 $\boldsymbol{S}^0$ 完成的，因此修理工根据维修规则，按照向量 $\boldsymbol{\gamma}$ 立即维修故障部件。

转移 $\boldsymbol{S}_9 \to \boldsymbol{S}_6$ 由 $\boldsymbol{\alpha} \otimes \boldsymbol{T}^0 \boldsymbol{\gamma}$ 控制，这意味着故障部件的修复过程是按照向量 $\boldsymbol{T}^0$完成的，并且修复的部件是按照初始概率向量 $\boldsymbol{\alpha}$ 在线重新启动的，然后修理工按照向量 $\boldsymbol{\gamma}$ 开始维修另一个故障部件。

转移 $\boldsymbol{S}_9 \to \boldsymbol{S}_9$ 唯一的变化发生在维修时间位相，遵循向量 $\boldsymbol{T}$。

附录2

宏状态 $\boldsymbol{S}_1=\{(0,i_1,i_2,i_3,l):1\leqslant i_1\leqslant m,1\leqslant i_2\leqslant m,1\leqslant i_3\leqslant m,1\leqslant l\leqslant n_1\}$ 表示系统中故障部件的个数是0，三个部件在线工作，另一个部件冷贮备，维修工在休假。

宏状态：

$$\begin{aligned}\boldsymbol{S}_2=\{&(0,i_2,i_3,k):1\leqslant i_2\leqslant m,1\leqslant i_3\leqslant m,1\leqslant l\leqslant n_1;\\&(0,i_1,i_3,k):1\leqslant i_1\leqslant m,1\leqslant i_3\leqslant m,1\leqslant l\leqslant n_1;\\&(0,i_1,i_2,k):1\leqslant i_1\leqslant m,1\leqslant i_2\leqslant m,1\leqslant l\leqslant n_1\}\end{aligned}$$

表示系统中故障部件的个数是0，两个部件在线工作，另外两个部件冷贮备，维修工在休假。

宏状态：

$$\begin{aligned}\boldsymbol{S}_3=\{&(1,i_1,l):1\leqslant i_1\leqslant m,1\leqslant l\leqslant n_1;\\&(1,i_2,l):1\leqslant i_2\leqslant m,1\leqslant l\leqslant n_1;\\&(1,i_3,l):1\leqslant i_3\leqslant m,1\leqslant l\leqslant n_1\}\end{aligned}$$

表示系统中故障部件的个数是1，一个部件在线工作，一个部件故障且等待维修，另外两个部件冷贮备，维修工在休假。这种情形下，系统中虽然有两个贮备部件，但是此时开关故障不可用，所以冷贮备部件不能替换故障部件在线工作。

宏状态：

$$\begin{aligned}\boldsymbol{S}_4=\{&(1,i_2,i_3,l):1\leqslant i_2\leqslant m,1\leqslant i_3\leqslant m,1\leqslant l\leqslant n_1;\\&(1,i_1,i_3,l):1\leqslant i_1\leqslant m,1\leqslant i_3\leqslant m,1\leqslant l\leqslant n_1;\\&(1,i_1,i_2,l):1\leqslant i_1\leqslant m,1\leqslant i_2\leqslant m,1\leqslant l\leqslant n_1\}\end{aligned}$$

表示系统中故障部件的个数是1，两个部件在线工作，一个部件故障且等待维修，另一个部件冷贮备，维修工在休假。

宏状态：

$$\begin{aligned}\boldsymbol{S}_5=\{&(1,i_2,i_3,k):1\leqslant i_2\leqslant m,1\leqslant i_3\leqslant m,1\leqslant k\leqslant n_2;\\&(1,i_1,i_3,k):1\leqslant i_1\leqslant m,1\leqslant i_3\leqslant m,1\leqslant k\leqslant n_2;\\&(1,i_1,i_2,k):1\leqslant i_1\leqslant m,1\leqslant i_2\leqslant m,1\leqslant k\leqslant n_2\}\end{aligned}$$

表示系统中故障部件的个数是1，两个部件在线工作，一个部件故障，另一个部件冷贮备，维修工正在对故障部件进行维修。

宏状态 $\boldsymbol{S}_6=\{(2,l):1\leqslant l\leqslant n_1\}$ 表示系统中故障部件的个数是2，两个部件故障且等待维修，另外两个部件冷贮备，维修工在休假。这种情形下，系统中虽然有两个贮备部件，但是此时开关故障不可用，所以冷贮备部件不能替换故障部件在线工作。

宏状态：

$$\begin{aligned}\boldsymbol{S}_7=\{&(2,i_2,i_3,l):1\leqslant i_2\leqslant m,1\leqslant i_3\leqslant m,1\leqslant l\leqslant n_1;\\&(2,i_1,i_3,l):1\leqslant i_1\leqslant m,1\leqslant i_3\leqslant m,1\leqslant l\leqslant n_1;\\&(2,i_1,i_2,l):1\leqslant i_1\leqslant m,1\leqslant i_2\leqslant m,1\leqslant l\leqslant n_1\}\end{aligned}$$

表示系统中故障部件的个数是2，两个部件在线工作，两个部件故障且等待维修，维修工在休假。

宏状态：

$$\begin{aligned}\boldsymbol{S}_8=\{&(2,i_3,l):1\leqslant i_3\leqslant m,1\leqslant l\leqslant n_1;\\&(2,i_2,l):1\leqslant i_2\leqslant m,1\leqslant l\leqslant n_1;\\&(2,i_1,l):1\leqslant i_1\leqslant m,1\leqslant l\leqslant n_1\}\end{aligned}$$

表示系统中故障部件的个数是2，一个部件在线工作，两个部件故障且等待维修，另一个部件冷贮备，维修工在休假。这种情形下，系统中虽然有一个贮备部件，但是此时开关故障不可用，所以冷贮备部件不能替换故障部件在线工作。

宏状态：

$$\boldsymbol{S}_9=\{(2,i_2,i_3,k):1\leqslant i_2\leqslant m,1\leqslant i_3\leqslant m,1\leqslant k\leqslant n_2;$$

$$(2,i_1,i_3,k):1\leqslant i_1\leqslant m,1\leqslant i_3\leqslant m,1\leqslant k\leqslant n_2;$$
$$(2,i_1,i_2,k):1\leqslant i_1\leqslant m,1\leqslant i_2\leqslant m,1\leqslant k\leqslant n_2\}$$

表示系统中故障部件的个数是2，两个部件在线工作，其余两个部件故障，维修工按照维修规则正在对故障部件进行维修。

宏状态：

$$\begin{aligned}S_{10}=\{&(3,i_3,l):1\leqslant i_3\leqslant m,1\leqslant l\leqslant n_1;\\&(3,i_2,l):1\leqslant i_2\leqslant m,1\leqslant l\leqslant n_1;\\&(3,i_1,l):1\leqslant i_1\leqslant m,1\leqslant l\leqslant n_1\}\end{aligned}$$

表示系统中故障部件的个数是3，一个部件在线工作，其余三个部件故障且等待维修，维修工在休假。

宏状态：

$$\begin{aligned}S_{11}=\{&(3,i_3,k):1\leqslant i_3\leqslant m,1\leqslant k\leqslant n_2;\\&(3,i_2,k):1\leqslant i_2\leqslant m,1\leqslant k\leqslant n_2;\\&(3,i_1,k):1\leqslant i_1\leqslant m,1\leqslant k\leqslant n_2\}\end{aligned}$$

表示系统中故障部件的个数是3，一个部件在线工作，其余三个部件故障，维修工按照维修规则正在维修故障的部件。

宏状态 $S_{12}=\{(3,l):1\leqslant l\leqslant n_1\}$ 表示系统中故障部件的个数是3，一个部件在冷贮备，其余三个部件故障且等待维修，维修工在休假。这种情形下，系统中虽然有一个贮备部件，但是此时开关故障不可用，所以冷贮备部件不能替换故障部件在线工作。

宏状态 $S_{13}=\{(4,l):1\leqslant l\leqslant n_1\}$ 表示系统中故障部件的个数是4，故障部件等待维修，维修工在休假。

宏状态 $S_{14}=\{(4,k):1\leqslant k\leqslant n_2\}$ 表示系统中故障部件的个数是4，维修工正在按照维修规则对故障部件进行维修。

参考文献

[1] 包新卓．故障影响忽略或滞后的表决马尔可夫可修系统的研究［D］．北京：北京理工大学，2013.

[2] 曹晋华，陈侃．可靠性数学引论［M］．北京：高等教育出版社，2006.

[3] 陈童．基于 PH 分布和马尔可夫到达过程的装备备件需求与库存模型研究［D］．长沙：国防科学技术大学，2010.

[4] 杜时佳．维修性建模与聚合随机过程分析［D］．北京：北京理工大学，2015.

[5] 刘宝亮．需求驱动的状态聚合系统建模及可靠性分析［D］．北京：北京理工大学，2015.

[6] 刘宇．多状态复杂系统可靠性建模及维修决策［D］．成都：电子科技大学，2011.

[7] 唐应辉，梁晓军．C 个修理工同步多重休假的 k/n(G) 表决可修系统［J］．系统工程理论与实践，2013，33（9）：2330－2338.

[8] 唐应辉，刘晓云．修理工带休假的单部件可修系统的可靠性分析［J］．自动化学报，2004，30（3）：466－470.

[9] 唐应辉，刘晓云．一种新型的单部件可修系统［J］．系统工程理论与实践，2003，23（7）：106－111.

[10] 王金武，张兆国．可靠性工程基础［M］．北京：科学出版社，2013.

[11] 王丽英，崔利荣．基于随机过程理论的多状态系统建模与可靠性评估 [M]．北京：科学出版社，2017.

[12] 王丽英，司书宾．空间相依圆形马尔可夫可修系统可靠性分析 [J]．西北工业大学学报，2014，32（6）：923－928.

[13] 温艳清，崔利荣，刘宝亮，师海燕．冷贮备离散时间状态聚合可修系统的可靠性 [J]．系统工程与电子技术，2018，40（10）：2382－2387.

[14] 温艳清，崔利荣，刘宝亮．修理工带休假的 n 部件冷贮备可修系统 [J]．北京航空航天大学学报，2016，42（3）：569－575.

[15] 吴文青，唐应辉，姜颖．修理工多重休假且修理设备可更换的 k/n(G)表决可修系统研究 [J]．系统工程理论与实践，2013，33（10）：2604－2614.

[16] 谢千跃，宁书存，李仲杰．可靠性维修性保障性测试性安全性概论 [M]．北京：国防工业出版社，2012.

[17] 余玅妙，唐应辉，陈胜兰．离散时间单重休假两部件并联可修系统的可靠性分析 [J]．系统科学与数学，2009，29（5）：617－629.

[18] 余玅妙．基于位相型过程的复杂随机系统研究 [D]．成都：四川师范大学，2012.

[19] 袁丽．修理工多重休假的可修系统可靠性研究 [D]．上海：同济大学，2010.

[20] 郑治华．故障影响忽略的马尔可夫可修并联系统及扩展研究 [D]．北京：北京理工大学，2009.

[21] Ahn S, Badescu A L. On the analysis of the Gerber－Shiu discounted penalty function for risk processes with Markovian arrivals [J]. Insurance Mathematics & Economics, 2007, 41 (2): 234－249.

[22] Alfa A S, Neuts M F. Modeling vehicular traffic using the discrete-time Markovian arrival process [J]. Transportation Science, 1995, 29 (2): 109－117.

[23] Alfa A S, Xue J G, Ye Q. Perturbation theory for asymptotic decay rates in the queues with Markovian arrival process and/or Markovian service process [J]. Queueing Systems, 2000, 36 (4): 287 -301.

[24] Asmussen S, Nerman O, Olsson M. Fitting phase - type distributions via the EM - algorithm [J]. Scandinavian Journal of Statistics, 1996, 23 (4): 419 -441.

[25] Bao X Z, Cui L R. An analysis of availability for series Markov repairable system with neglected or delayed failures [J]. IEEE Transactions on Reliability, 2010, 59 (4): 734 -743.

[26] Baumann H, Sandmann W. Multi - server tandem queue with Markovian arrival process, phase - type service times, and finite buffers [J]. European Journal of Operational Research, 2017, 256 (1): 187 -195.

[27] Becilacqua M, Braglia M. The analytic hierarchy process applied to maintenance strategy selection [J]. Reliability Engineering and System Safety, 2000, 70 (1): 71 -83.

[28] Breuer L. An EM algorithm for batch Markovian arrival processes and its comparison to a simpler estimation procedure [J]. Annals of Operations Research, 2002, 112 (2): 123 -138.

[29] Buchholz P, Kemper P, Kriege J. Multi - class Markovian arrival processes and their parameter fitting [J]. Performance Evaluation, 2010, 67 (11): 1092 -1106.

[30] Burke C J, Rosenblatt M. A Markovia function of a Markov chain [J]. The Annals of Mathematical Statistics. 1958, 29 (4): 1112.

[31] Chan F T S, Lau H C W, Ip R W L, Chan H K, Kong S. Implementation of total productive maintenance: a case study [J]. International Journal of Production and Economics, 2005, 95 (1): 71 -94.

[32] Colquhoun D, Hawkes A G. On the stochastic properties of bursts of single Ion Channel openings and of clusters of bursts [J]. Philosophical Trans-

actions of the Royal Society of London-Series B: Biological Sciences, 1982 (300): 1 – 59.

[33] Cui L R, Du S J, Liu B L. Multi – point and multi – interval availabilities [J]. IEEE Transactions on Reliability, 2013, 62 (4): 811 – 820.

[34] Cui L R, Li H J, Li J L. Markov repairable systems with history – dependent up and down states [J]. Stochastic Models, 2007, 23 (4): 665 – 681.

[35] De Kok A G. A moment – iteration method for approximating the waiting time characteristics of the G/G/1 queue [J]. Probability in the Engineering and Informational Sciences, 1989 (3): 273 – 287.

[36] Du S J, Cui L R, Li H J, Zhao X B. A study on joint availability for k out of n and consecutive k out of n points and intervals [J]. Quality Technology and Quatitative Management, 2013, 10 (2): 179 – 191.

[37] Du S J, Zeng Z G, Cui L R, Kang R. Reliability analysis of Markov history – dependent repairable systems with neglected failures [J]. Reliability Engineering and System Safety, 2017 (159): 134 – 142.

[38] Eryilmaz S, Tekin M. Reliability evaluation of a system under a mixed shock model [J]. Journal of Computational and Applied Mathematics, 2019 (352): 255 – 261.

[39] Eryilmaz S. Dynamic assessment of multi – state systems using phase – type modeling [J]. Reliability Engineering and System Safety, 2015 (140): 71 – 77.

[40] Eryilmaz S. Mean residual and mean past lifetime of multi – state systems with identical components [J]. IEEE Transactions on Reliability, 2010, 59 (4): 644 – 649.

[41] Gao S, Wang J T. Discrete – Time Geo (X)/G/1 retrial queue with general retrial times, working vacations and vacation interruption [J]. Quality Technology and Quantitative Management, 2013, 10 (4): 493 – 510.

[42] Gomez – Corral A. A tandem queue with blocking and Markovian arrival process [J]. Queueing Systems, 2002, 41 (4): 343 –370.

[43] Gu Y K, Li J. Multi – state system reliability: a new and systematic review [J]. Pocedia Engineering, 2012 (29): 531 –536.

[44] Hawkes A G, Cui L R, Zheng Z H. Modeling the evolution of system reliability performance under alternative environments [J]. IIE Transactions, 2011, 43 (11): 761 –772.

[45] He Q M. Fundamentals of Matrix – Analytic Methods [M]. Springer, New York, 2014.

[46] Kang K H, Kim C. Performance analysis of statistical multiplexing of heterogeneous discrete – time Markovian arrival processes in ATM network [J]. Computer Communications, 1997, 20 (11): 970 –978.

[47] Khayari REA, Sadre R, Haverkort B. Fitting world – wide web request traces with the EM – algorithm [J]. Performance Evaluation, 2003, 52 (2 –3): 175 –191.

[48] Klemm A, Lindemann C, Lohmann M. Modeling IP traffic using the batch Markovian arrival process [J]. Performance Evaluation, 2003, 54 (2): 149 –173.

[49] Lee H W. M/G/1 Queue with Exceptional First vacation [J]. Computers and Operations Research, 1988 (15): 441 –445.

[50] Levitin G, Finkelstein M, Dai Y S. Heterogeneous standby systems with shocks – driven preventive replacements [J]. European Journal of Operational Research, 2018, 266 (3): 1189 –1197.

[51] Levitin G, Lisnianski A. Importance and sensitivity analysis of multi-state systes using the universal generating function method [J]. Reliability Engineering and System Safety, 1999 (65): 271 –282.

[52] Levitin G. Universal generating function in reliability analysis and optimization [M]. London: Springer, 2005.

[53] Li J H, Tian N S. The M/M/1 queue with working vacations and vacation interruptions [J]. Journal of Systems Science and Engineering, 2007, 16 (1): 1271 - 1277.

[54] Li S M, Ren J D. The maximum severity of ruin in a perturbed risk process with Markovian arrivals [J]. Statistics & Provability Lettters, 2013, 83 (4): 993 - 998.

[55] Li X Y, Huang H Z, Li Y F. Redundancy allocation problem of phased - mission system with non - exponential components and mixed redundancy strategy [J]. Reliability Engineering and System Safety, 2020 (199): 106903.

[56] Lisnianski A, Frenkel I, Ding Y. Multi - state system reliability analysis and optimization for engineers and industrial managers [M]. London: Springer, 2010.

[57] Lisnianski A, Levitin G. Multi - state system reliability: assessement, optimization and applications [M]. Singapore: World Scientific, 2003.

[58] Lisnianski A. *Lz* - transform for a discrete - state continuous - time Markov process and its applications to multi - state system reliability. In: Lisnianski A, Frenkel I, editors. Recent advances in system reliability [M]. London: Springer - Verlag, 2012.

[59] Liu B L, Cui L R, Si S B, Wen Y Q. Performance measures for systems under multiple environments [J]. IEEE/CAA Journal of Automatic Sinica, 2016, 3 (4): 90 - 95.

[60] Liu B L, Cui L R, Wen Y Q, Guo F R. A cold standby repairable system with the repairman having multiple vacations and operational, repair and vacation times following phase - type distributions [J]. Communications in Statistics - Theory and Methods, 2016, 45 (4): 850 - 858.

[61] Liu B L, Cui L R, Wen Y Q, Shen J Y. A cold standby repairable system with working vacations and vacation interruption following Markovian arri-

val process [J]. Reliability Engineering and System Safety, 2015, 142: 1 -8.

[62] Liu B L, Cui L R, Wen Y Q. Cold standby repairable system with working vacations and vacation interruption [J]. Journal of Systems Engineering and Electronics, 2015, 26 (5): 1127 -1134.

[63] Liu B L, Cui L R, Wen Y Q. Interval reliability for aggregated Markov repairable system with repair time omission [J]. Annals of Operations Reaserch, 2014, 212 (1): 169 -183.

[64] Liu Y W, Kapur K C. Reliability measures for dynamic multistate nonrepairable systems and their applications to system performance evaluation [J]. IIE Transactions, 2006, 38 (6): 511 -520.

[65] Mobley R K. An introduction to predictive maintenance [M]. Second ed. , Elsevier Science, New York, 2002.

[66] Montoro - Cazorla D, Pérez - Ocón R, Segovia M. Shock and wear models under policy N using phase - type distributions [J]. Applied Mathematical Modelling, 2009, 33 (1): 543 -554.

[67] Montoro - Cazorla D, Pérez - Ocón R. A deteriorating two - system with two repair modes and sojourn times phase - type distributed [J]. Reliability Engineering and System Safety, 2006, 91 (1): 1 -9.

[68] Montoro - Cazorla D, Pérez - Ocón R. A maintenance model with failures and inspection following Markovian arrival processes and two repair modes [J]. European Journal of Operational Research, 2008, 186 (2): 694 -707.

[69] Montoro - Cazorla D, Pérez - Ocón R. A redundant n - system under shocks and repairs following Markovian arrival processes [J]. Reliability Engineering and System Safety, 2014 (130): 69 -75.

[70] Montoro - Cazorla D, Pérez - Ocón R. A reliability system under different types of shock governed by a Markovian arrival process and maintenance policy K [J]. European Journal of Operational Research, 2014, 235

(3): 636 - 642.

[71] Montoro - Cazorla D, Pérez - Ocón R. A shock and wear model with dependence between the interarrival failures [J]. Applied Mathematics and Computation, 2015, 259 (15): 339 - 352.

[72] Montoro - Cazorla D, Pérez - Ocón R. A shock and wear system under environmental conditions subject to internal failures, repair, and replacement [J]. Reliability Engineering and System Safety, 2012 (99): 55 - 61.

[73] Montoro - Cazorla D, Pérez - Ocón R. A shock and wear system with memory of the phase of failure [J]. Mathematical and Computer Modelling, 2011, 54 (9 - 10): 2155 - 2164.

[74] Montoro - Cazorla D, Pérez - Ocón R. A warm standby system under shocks and repair governed for MAPs [J]. Reliability Engineering and System Safety, 2016 (152): 331 - 338.

[75] Montoro - Cazorla D, Pérez - Ocón R. An LDQBD process under degradation, inspection, and two types of repair [J]. European Journal of Operational Research, 2008, 190 (2): 494 - 508.

[76] Montoro - Cazorla D, Pérez - Ocón R. Reliability of a system under two types of failures using a Markovian arrival process [J]. Operations Research Letters, 2006, 34 (5): 525 - 530.

[77] Montoro - Cazorla D, Pérez - Ocón R. Shock and wear degradating systems under three of types of repair [J]. Applied Mathematics and Computation, 2012, 218 (24): 11727 - 11737.

[78] Montoro - Cazorla D, Pérez - Ocón R. System availability in a shock model under preventive repair and phase - type distributions [J]. Applied Stochastic Models in Business and Industry, 2010, 26 (6): 689 - 704.

[79] Montoro - Cazorla D, Pérez - Ocón R. Two shock and wear systems under repair standing a finite number of shocks [J]. European Journal of Operational Research, 2011, 214 (2): 298 - 307.

[80] Neuts M F, Pérez – Ocón R, Torres – Castro I. Repairable models with operating and repair times governed by phase type distributions [J]. Advances in Applied Probability, 2000, 32 (2): 468 – 479.

[81] Neuts M F. A versatile Markovian point process [J]. Journal of Applied Probability, 1979, 16 (4): 764 – 779.

[82] Neuts M F. Matrix – Geometric Solution in Stochastic Models – An Algorithmic Approach [M]. Baltimore: Johns Hopkins University Press, 1981.

[83] Okamura H Dohi T, Trivedi KS. Markovian arrival process parameter estimation for group data [J]. IEEE – ACM Transactions on Networking, 2009, 17 (4): 1326 – 1339.

[84] Okamura H, Dohi T. Dynamic sofware rejuvenation policies in a transaction – based system under Markovian arrival processes [J]. Performance Evaluation, 2013, 70 (3): 197 – 211.

[85] Okamura H, Kishikawa H, Dohi T. Application of deterministic annealing EM algorithm to MAP/PH parameter estimation [J]. Telecommunication Systems, 2013, 54 (1): 79 – 90.

[86] Pérez – Ocón R, Ruiz Castro J E. Two models for repairable two – system with phase – type sojourn time distributions [J]. Reliability Engineering and System Safety, 2004, 84 (3): 253 – 260.

[87] Pérez – Ocón R, Segovia M C. Shock models under a Markovian arrival process [J]. Mathematical and Computer Modelling, 2009, 50 (5 – 6): 879 – 884.

[88] Rana A S, Iqbal F, Siddiqui A S, Thomas M S. Hybrid methodology to analysis reliability and techno-economic evaluation of microgrid configurations [J]. IET Generation, Transmission & Distribution, 2019, 13: 4778 – 4787.

[89] Riascos – Ochoa J, Sanchez – Silva M, Akhavan – Tabatabaei R.

Reliability analysis of shock – based deterioration using phase – type distributions [J]. Probabilistic Engineering Mechanics, 2014 (38): 88 – 101.

[90] Rodriguez J, Lillo R E, Ramirez – Cobo P. Failure modeling of an electrical N – component framework by the non – stationary Markovian arrival process [J]. Reliability Engineering and System Safety, 2015 (134): 126 – 133.

[91] Ruiz – Castro J E, Fernández – Villodre G, Pérez – Ocón R. A multi – component general discrete system subject to different types of failures with loss of units [J]. Discrete Event Dynamic Systems, 2009, 19 (1): 31 – 65.

[92] Ruiz – Castro J E, Fernández – Villodre G. A complex discrete warm standby system with loss of units [J]. European Journal of Operational Research, 2012, 218 (2): 456 – 469.

[93] Ruiz-Castro J E, Li Q L. Algorithm for a general discrete k-out-of-n: G system subject to several types of failure with an indefinite number of repairpersons [J]. European Journal of Operational Research, 2011, 211 (1): 97 – 111.

[94] Ruiz – Castro J E, Pérez – Ocón R, Fernández – Villodre G. Modelling a reliability system governed by discrete phase – type distributions [J]. Reliability Engineering and System Safety, 2008, 93 (11): 1650 – 1657.

[95] Ruiz – Castro J E. A preventive maintenance policy for a standby system subject to internal failures and external shocks with loss of units [J]. International Journal of Systems Science, 2013, 46 (9): 1600 – 1613.

[96] Ruiz – Castro J E. Complex multi – state systems modelled through marked Markovian arrival processes [J]. European Journal of Operational Research, 2016, 252 (3): 852 – 865.

[97] Ruiz – Castro J E. Discrete repairable system with external and internal failures under phase – type distributions [J]. IEEE Transactions on Re-

liability, 2009, 58 (1): 41 -52.

[98] Ruiz - Castro J E. Markov counting and reward processes for analysing the performance of a complex system subject to random inspections [J]. Reliability Engineering and System Safety, 2016 (145): 155 -168.

[99] Ruiz - Castro J E. Preventive maintenance of a multi - state device subject to internal failure and damage due to external shocks [J]. IEEE Transactions on Reliability, 2014, 63 (2): 646 -660.

[100] Schellhaas H. Single - server queues with a batch Markovian arrival process and server vacations [J]. OR Spektrum, 1994, 15 (4): 189 - 196.

[101] Shen J Y, Cui L R. Reliability Performance for Dynamic Multi - State Repairable Systems with K Regimes [J]. IISE Transactions, 2017, 49 (9): 911 -926.

[102] Shen J Y, Cui L R. Reliability performance for dynamic systems with cycles of K regimes [J]. IIE Transactions, 2016, 48 (4): 389 -402.

[103] Shen J Y, Elwany A, Cui L R. Reliability modeling for systems degrading in K cyclical regimes based on Gamma processes [J]. Proceedings of the Institution of Mechanical Engineers Part O: Journal of Risk and Reliability, 2018, 232 (6): 754 -765.

[104] Sheu S H, Zhang Z G. An optimal age replacement policy for multi-state systems [J]. IEEE Transactions on Reliability, 2013, 62 (3): 722 -735.

[105] Soszynska J. Reliability and risk evaluation of a port oil pipeline transportation system in variable operation conditions [J]. International Journal of Pressure Vessels and Piping, 2010 (87): 81 -87.

[106] Takagi H. Queuing analysis: A foundation of performance evaluation, vacation and priority systems [M]. North - Holland: Amsterdam, 2007.

[107] Tanner D M, Dugger M T. Wear mechanisms in a reliability meth-

odology [J]. Proceedings of SPIE, 2003, 4980: 22 – 40.

[108] Tareko W. Redundancy as a way increasing reliability of ship power plants [J]. New Trends in Production Engineering, 2018, 1: 515 – 522.

[109] Wang L Y, Cui L R, Yu M L. Markov repairable systems with stochastic regimes switching [J]. Journal of Systems Engineering and Electronics, 2011, 22 (5): 773 – 779.

[110] Wang L Y, Jia X J, Zhang J. Reliability evaluation for multi – state Markov repairable systems with redundant dependencies [J]. Quality Technology & Quantitative Management, 2013, 10 (3): 277 – 289.

[111] Wen Y Q, Cui L R, Si S B, Liu B L. A multiple warm standby δ-shock system with a repairman having multiple vacations [J]. Communications in Statistics – Simulation and Computation, 2017, 46 (4): 3172 – 3186.

[112] Wen Y Q, Cui L R, Si S B, Liu B L. Several new performance measures for Markov system with stochastic supply patterns and stochastic demand patterns [J]. Journal of Computational Science, 2016, 17 (1): 148 – 155.

[113] Wu W Q, Tang Y H, Yu M M, Jiang Y. Computation and profit analysis of a k – out – of – n: G repairable system under N – policy with multiple vacations and one replaceable repair facility [J]. Rairo – Operations Research, 2015, 49 (4): 717 – 734.

[114] Wu W Q, Tang Y H, Yu M M, Jiang Y. Reliability analysis of a k – out – of – n: G repairable system with single vacation [J]. Applied Mathematical Modelling, 2014, 38 (24): 6075 – 6097.

[115] Xue J, Yang K. Dynamic reliability analysis of coherent multi – state systems [J]. IEEE Transactions on Reliability, 1995, 44 (4): 683 – 688.

[116] Yi H, Cui L R, Shen J Y. Multipoint and multi – interval covering availabilities [J]. IEEE Transactions on Reliability, 2018 (67): 666 – 677.

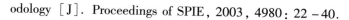

[117] Yu M M, Tang Y H, Liu L P, Cheng J. A phase – type geometric process repair model with spare device procurement and repairman's multiple vacations [J]. European Journal of Operational Research, 2013, 225 (2): 310 – 323.

[118] Yu M M, Tang Y H, Liu L P, Cheng J. A phase – type geometric process repair model with spare with spare device procurement and repairman's multiple vacations [J]. European Journal of Operational Research, 2013, 225 (2): 310 – 323.

[119] Yu M M, Tang Y H, Wu W Q, Zhou J. Optimal order – replacement policy for a phase – type geometric process model with extreme shocks [J]. Applied Mathematical Modelling, 2014, 38 (17): 4323 – 4332.

[120] Yuan L, Xu J. A deteriorating system with its repairman having multiple vacations [J]. Applied Mathematics and Computation, 2011, 217 (10): 4980 – 4989.

[121] Yuan L. Reliability analysis for a k – out – of – n: G system with redundant dependency and repairmen having multiple vacations [J]. Applied Mathematics and Computation, 2012, 218 (24): 11959 – 11969.

[122] Yun W Y, Kim G R, Yamamoto H. Economic design of a circular consecutive – k – out of – n: F system with (k – 1) – step Markov dependence [J]. Reliability Engineering and System Safety, 2007, 92 (4): 464 – 478.

[123] Zheng Z H, Cui L R, Hawkes A G. A study on a single – unit Markov repairable system with repair time omission [J]. IEEE Transactions on Reliability, 2006, 55 (2): 182 – 188.

[124] Zheng Z H, Cui L R, Li H J. Availability of semi – Markov repairable systems with history – dependent up and down states [C]. Proceeding of the 3rd Asia International Work – shop, Advanced Reliability Model III: 186 – 193.

[125] Zhou C, Wang M Z. Research on a new system with neglected or delayed failure impact [J]. Communications in Statistics - Theory and Methods, 2013, 42 (1): 1 - 10.